"十二五"国家重点图书出版规划项目
先进制造理论研究与工程技术系列

U0276152

误差理论与数据处理

丁振良　主编

哈尔滨工业大学出版社

内 容 提 要

本书系统地介绍测量误差的基本理论与测量数据处理的基本方法,包括测量误差的基本概念、特征规律性、表述方法及传递计算,一般测量问题中的数据处理方法,不确定度的估计与合成,最小二乘法和回归分析。

本书为高等工科院校机械、材料、精密仪器等专业本科生教材,也可供相关专业工程技术人员参考。

图书在版编目(CIP)数据

误差理论与数据处理 / 丁振良主编. —哈尔滨:
哈尔滨工业大学出版社,2014.12
ISBN 978-7-5603-4995-4

Ⅰ.①误… Ⅱ.①丁… Ⅲ.①测量误差-误差理论-
高等学校-教材 ②测量-数据处理-高等学校-教材
Ⅳ.①O241.1

中国版本图书馆 CIP 数据核字(2014)第 257361 号

责任编辑 张秀华
封面设计 卞秉利
出版发行 哈尔滨工业大学出版社
社　　址 哈尔滨市南岗区复华四道街 10 号　邮编 150006
传　　真 0451-86414749
网　　址 http://hitpress.hit.edu.cn
印　　刷 黑龙江省地质测绘印制中心印刷厂
开　　本 787mm×1092mm　1/16　印张 15.75　字数 400 千字
版　　次 2015 年 2 月第 1 版　2015 年 2 月第 1 次印刷
书　　号 ISBN 978-7-5603-4995-4
定　　价 36.00 元

(如因印装质量问题影响阅读,我社负责调换)

前　言

　　测量误差是不可避免的,研究测量误差的特征规律,正确地处理测量数据,以便获得可靠的测量结果,并对所得结果的可信赖程度作出评定,这是每位从事精密测量、精密仪器研究工作的技术人员必须掌握的基本知识。对测量误差的分析研究不仅用于给出测量数据的正确处理方法和相应的精度估计,而且对合理地拟定测量方法和设计测量仪器有指导意义。随着测量技术的发展,对测量误差和测量数据处理方法的研究变得越来越重要。

　　本书以概率论与数理统计为基础,叙述了测量误差的基本理论与数据处理的基本方法。在编写体系和叙述方法上除考虑教学要求外,还顾及到自学的需要。为便于读者掌握和运用所讲述的内容,编入了各种类型的例题和一定数量的习题。

　　本书为高等工科院校机械、材料、精密仪器等专业本科生教材,也可供相关专业工程技术人员参考。

　　本书由丁振良主编,参加编写的有丁振良,袁峰,陈中,谭久彬。本书由蒋作民主审。

　　因编者水平所限,难免有不当之处,望读者批评指正。

编　　者

2014 年 3 月

目　　录

1

第1章 概　　述

恰当地处理测量数据,给出正确的处理结果,并对所得结果的可靠性作出确切的估计和评价,这是测量工作中的基本环节之一。因此,有关测量误差与测量数据处理的理论和方法是测量工作者必须掌握的基本知识和基本技能。本书的有关内容不仅适用于测量数据的处理和可靠性的评定,而且对分析、改进以及拟定新的测量方法和测量系统都具有指导意义,同时也为仪器检测、精度分析和设计计算提供了依据。

本章首先对有关的基本概念作简要说明。

1.1　测量的基本概念

测量误差的理论及测量数据处理的研究与测量内容有着不可分割的联系。数据处理和误差分析不可避免地要涉及到测量的仪器设备、原理方法、环境条件等多方面的因素。

1.1.1　测量的定义

为确定被测对象的量值而进行的实验称为测量。测量过程中,将被测量与体现测量单位的标准量进行比较,比较的结果给出被测量是测量单位的若干倍或几分之几。设 L 为被测量,E 为测量单位,则有如下测量公式

$$L = qE \tag{1.1}$$

式中,比值 $q = L/E$ 为反映被测量值的数字,对于确定的量 L,q 值与所选测量单位的大小成反比。例如,对于 1 m 的长度量,若以 cm 为单位应为 100 cm,以 mm 为单位则为 1 000 mm。科学研究和生产实践中,测量的具体问题是多种多样的,涉及到各类被测量,由于测量的精度和其他要求各不相同,所以测量方法也千差万别。但测量数据处理的基本理论和基本方法却是相同的。

1.1.2　测量单位和测量基准

对不同的被测量采用不同的测量单位(见附录 2),在国际单位制中,测量单位一般采用十进制,只有少数测量单位例外。

测量过程中,测量单位必须以物质形式体现出来,这就需要有相应的标准器具和仪器。

为保证量值准确统一,对基本量已建立了相应的基准,由基准给出量值单位的真值(约定真值)。为满足不同精度的测量要求,需要建立量值的传递系统。实现量值的逐级传递需要一定的测量器具和测量方法,并应有相应的精度要求。

例如,在长度计量中,以光在真空中 1/299 792 458 s 的时间间隔内行程的长度定义为"m",这就是长度的基准。在规定的条件下,可以将这一基准长度以一定的精度复现出

来,并按量块与线纹尺两大系统分别逐极传递下去,直到被测量值。根据被测量的精度要求,由传递系统按相应级别传递尺寸。

1.1.3　测量方法及其分类

对不同的被测量和不同的测量要求,需要采用不同的测量方法。这里,测量方法是泛指测量中所涉及到的测量原理、测量方式、测量系统及测量环境条件等诸项测量环节的总和。测量中这些环节的一系列误差因素都会使测量结果偏离真实值而产生一定的误差。因此,对测量过程诸环节的分析研究是测量数据处理及其精度估计的基础。

按不同的原则,测量方法可分为直接测量和间接测量,绝对测量和相对测量,单项测量和综合测量,工序测量和终结测量,静态测量和动态测量等。测量方法不同,测量数据的具体处理方法也不相同。

1. 直接测量与间接测量

直接测量是将被测量与作为标准的量直接进行比较,或者用经标准量标定了的仪器对被测量进行测量,从而直接(不需再按某种函数关系计算)获得被测量值。例如,用尺子测量长度、用温度计测量温度、用电流表测量电流就可分别直接得到长度、温度、电流量。

间接测量是指直接测量与被测量有确定函数关系的其他量,然后按这一函数关系间接地获得被测量值的方法。例如,为测量圆的面积 s,可直接测量其直径 d,然后根据函数关系 $s = \pi d^2 / 4$,求得面积 s。

间接测量的数据处理方法,随测量的具体问题而有所不同。

2. 绝对测量和相对测量

在绝对测量中,通过测量所得数据直接得到被测量值的绝对大小。

相对测量所得测量数据是被测量相对于标准量的偏差值,被测量的绝对大小应是标准量与这一偏差值的和。

例如图 1.1 中,为测量直径 d,可用中心长度与圆柱公称直径相同的量块校对指示表,使示值为零。用该表测量圆柱直径时,其示值为圆柱直径与量块尺寸之差,即 $\Delta d = d - h$,圆柱直径则为量块尺寸与该偏差尺寸之和,即 $d = h + \Delta d$。

与绝对测量相比,相对测量中的某些误差因素的影响大为减小,因此就某些方而来说相对测量比较容易满足精度要求。

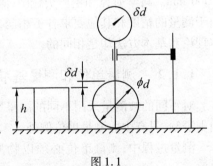

图 1.1

3. 静态测量与动态测量

静态测量是指对某种不随时间改变的量进行的测量。

动态测量是指对随时间变化的量连续进行的测量,其数据处理通常要用到随机过程理论。

此外,测量方法还可按其他原则分类。

1.1.4　测量的精确度

测量的精确程度以"不确定度"表征。不确定度表示由于存在测量误差而使被测量值不能肯定的程度,它是评价测量方法优劣的基本指标之一。根据误差理论提供的依据,可对测量的不确定度作出估计。为了满足对测量精确度的要求,需要在深入分析测量方法的基础上,正确运用误差理论知识,恰当地设计测量方法。但应看到,提高测量精确度的任何努力都要付出一定的代价,因此对测量精确度的要求应该适当,不能盲目地追求高精度。从经济效果的角度考虑,在满足测量要求的前提下,应尽量降低对精确度的要求。

1.2　测量误差的基本概念

测量误差是本书研究的核心内容,先对测量误差的一些基本概念作简略说明。

1.2.1　测量的绝对误差

人们在进行各种实验时,所获得的实验结果往往以相应数据的形式反映出来。例如,天文观测、大地测量、标准量值的传递、机械零件加工、仪器的装调、实弹射击、导弹发射等,这些实验结果给出相应的实验数据。

实验给出的某个量值的实验数据总不会与该量值的理论期望值完全相同,因此称实验或实验数据存在误差,即

$$实验误差 = 实验数据 - 期望值 \tag{1.2}$$

例如,按某一尺寸加工零件时,该尺寸的设计值是加工尺寸的期望值,加工完成以后所获得的零件尺寸与这一期望值之差,就是加工误差;按某一要求调整仪器的工作状态时,规定的工作状态参数(如电流、电压、温度等)是调整的期望值,调整后的工作状态参数与期望的工作状态参数之差就是仪器的调整误差;打靶射击时,靶心是期望的弹着点位置,实际弹着点偏离靶心的一段距离就是射击误差。

在精密测试工作中,对某个量进行测量,该量的客观真值(客观上的实际值)是测量的期望值,测量所得数据与其差值即为测量误差。因此,更具体地说,测量误差定义为被测量的测得值与其相应的真值之差,即

$$测量误差 = 测得值 - 真值 \tag{1.3}$$

对于测量仪器

$$示值误差 = 仪器示值 - 真值 \tag{1.4}$$

应当注意,这里的"真值"是指被测量的客观真实值。一般来说,这一客观真值是未知的,仅在一些特殊的场合真值才是已知的,例如某些理论分析值。国际计量大会规定的最高基准量值也可看作是真值,这是约定真值。有时可通过某种手段获得这一真值的近似值,当这一近似值与真值的差值在实际问题中可以忽略不计时,就可以用这一近似值代替真值,从而计算出测量误差。此时,称这一近似值为相对真值。

此外,应注意测量误差的正负符号,弄错符号就会给出错误的结果。

上述定义是误差的基本表达形式,为区别于相对误差,上述定义的误差也称绝对误

差,以下如不特别指明,测量误差均指绝对误差。

绝对误差给出的是测量结果的实际误差值,其量纲与被测量的量纲相同。在对测量结果进行修正时要依据绝对误差的数值。在对误差特征规律的研究、不确定度的合成及一般测量问题的数据处理中,通常也使用绝对误差这一概念。

1.2.2　测量的相对误差

测量误差可按绝对误差和相对误差两种方式表示,选用何种方式依据研究的具体问题而定。

相对误差定义为测量的绝对误差与被测量的真值之比,即

$$相对误差 = \frac{绝对误差}{真值} \tag{1.5}$$

通常测得值的绝对误差很小,因而相对误差又可表示为

$$相对误差 = \frac{绝对误差}{测得值} \tag{1.6}$$

相对误差为无名数,因而不能给出被测量的量纲。但应注意,其分子与分母应具有相同的量纲。相对误差有时以百分数(％)表示。

用相对误差能确切地反映测量效果,被测量的量值大小不同,允许的测量误差也应有所不同。被测量的量值越小,允许的测量绝对误差值也应越小。引入相对误差的概念就能很好地反映这一差别。

测量的相对误差应限定在一定的范围内,这个限定范围以最大允许相对误差给出

$$最大允许相对误差 = \frac{最大允许绝对误差}{真值(或测得值)}$$

在某些场合下,还使用引用误差。引用误差也属相对误差,常常用于仪表,特别是多档仪表的精度评定。因其各档次、各刻度位置上的示值误差都不一样,不宜使用绝对误差。而按式(1.6)计算相对误差也十分不便。为便于仪表精度等级的评定,规定了引用误差

$$引用误差 = \frac{示值误差}{最大示值} \tag{1.7}$$

这里,示值误差是仪表指示数值的绝对误差;而最大示值是指该仪表测量范围的上限。按仪表的精度,规定了最大的允许引用误差,仪表各刻度位置上的引用误差不得超过这一最大允许值。

例 1.1　测量某一物体质量 $G_1 = 50$ g,误差 $\delta_1 = 2$ g,测量另一物体质量 $G_2 = 2$ kg,误差 $\delta_2 = 50$ g,问哪个物体质量的测量效果较好?

解　测量 G_1 的相对误差为

$$\gamma_1 = \frac{\delta_1}{G_1} = \frac{2}{50} = 4 \times 10^{-2}$$

测量 G_2 的相对误差为

$$\gamma_2 = \frac{\delta_2}{G_2} = \frac{50}{2000} = 2.5 \times 10^{-2}$$

所以,G_2 的测量效果较好。

例 1.2 经检定发现,量程为 250 V 的 2.5 级电压表在 123 V 处的示值误差最大,为 5 V。问该电压表是否合格?

解 按电压表精度等级的规定,2.5 级表的最大允许引用误差为 2.5%。而该电压表的最大引用误差应为

$$q = \frac{5}{250} \times 100\% = 2\%$$

因最大引用误差小于最大允许引用误差,故该电压表合格。

1.2.3 测量误差的普遍性

实践证明,任何一种测量方法所获得的任何一个测量数据,无一是绝对准确而不含有误差的,只不过是测量误差大小不同而已。

即使是最高基准的测量传递手段(测量仪器设备和测量方法)也不是绝对准确的。以长度基准为例,18 世纪末法国科学院提出"米制"建议,1791 年法国国会批准,决定以通过巴黎的地球子午线长度的四千万分之一定义为"米",1799 年按这一定义制成了铂杆"档案尺",以其两端之间的距离定义为"米"。这是第一个米的实物基准。但由于档案尺变形造成较大的误差,1872 年在讨论米制的国际会议上决定废弃"档案尺"的米定义。1889 年第一次国际计量大会决定采用铂铱合金的 X 形尺作为国际米原器,以该尺中性面上两端的二条刻线在 0℃ 时的长度为"米",其复现精度为 $\pm(1 \sim 2) \times 10^{-7}$。随着科学技术的发展,建立自然基准的条件日趋成熟,1960 年第十一次国际计量大会决定废弃米原器,并定义"米"为 Kr 86 原子在 $2P_{10} - 5d_5$ 能级间跃迁时,所辐射的谱线在真空中波长的 1650763.73 倍。使长度基准的复现精度提高到 $\pm(0.5 \sim 1) \times 10^{-8}$。1983 年第十七届国际计量大会通过了"米"的新定义,即米是光在真空中 1/299 792 458 s 的时间间隔内行程的长度。废除原来的米定义,相对不确定度最高为 $\pm 1.3 \times 10^{-10}$。

可以预见,随着科学技术的进步,米基准的复现精度必将进一步的提高。但无论怎样改进和完善,米基准的复现也不会绝对准确。

在一定条件下,精确度的提高总要受到一定的限制。测量数据不可避免地含有一定的误差,只要误差在一定的范围内就应认为是正常的。

1.2.4 研究测量误差的意义

测量误差是不可避免的,因而研究测量误差的规律具有普遍的意义。研究这一规律的直接目的,一是要减小误差的影响,提高测量精度;二是要对所得结果的可靠性作出评定,即给出精确度的估计。

只有掌握测量误差的规律性,才能合理地设计测量仪器,拟定良好的测量方法,并正确地处理测量数据,以便在保证一定经济效果的条件下,尽量减小测量误差的影响,使所得测量结果有较高的可信程度。

随着科学技术的发展和生产水平的提高,对测量技术提出越来越高的要求。可以说在一定程度上,测量技术的水平反映了科学技术和生产发展的水平,而测量精度则是测量

技术水平的主要标志之一。在某种意义上,测量技术进步的过程就是克服误差的过程,就是对测量误差规律性认识深化的过程。

当然,无论采取何种措施,测量误差总是不可穷尽的,精度的提高总要受到一定的限制。因而就要求对测量误差的影响作出评定,即应对测量精度作出估计,其目的就是要给出测量的可信程度。

因此,任何测量数据总是相应于一定的精度,精度不同,其使用价值也就不同。可以说未知其精度的测量数据是没有意义的。因为这样的测量数据的可信程度是未知的,所以无法使用。在精密测试中,任何精密测量数据总要给出相应的精确度。

为了对测量数据的精度做出可靠的评定,应确切掌握测量误差的特征规律。

1.2.5　测量误差的分类

从不同的角度出发,可对测量误差作出种种区分,按照测量误差的来源可将其区分为装置误差、环境误差、方法误差、人员误差等;按照对测量误差掌握的程度,可将其区分为已知的和未知的误差;按照测量误差的特征规律,可将其区分为系统误差、随机误差和粗大误差等。

测量误差的分析研究与其特征规律有极为密切的关系,下面主要按测量误差的特征规律进行分类讨论,简述如下。

1. 系统误差

在顺次测量的系列测量结果中,其值固定不变或按某一确定规律变化的误差称为系统误差。

所谓确定的规律是指在顺次考察各测量结果时,测量误差具有确定的值,在相同的考察条件下,这一规律可重复地表现出来,因而原则上可用函数的解析式,曲线或数表表达出来。通常,系统误差是由固定的或按一定规律变化的因素造成的。例如,加工误差会使量块具有一恒定的系统误差;温度变化会使刻尺伸缩而产生误差;电压波动会使仪表示值产生相应的误差等。

应当指出,系统误差的规律性是有确定的前提条件的,离开了这一前提条件,系统误差的规律性就无从谈起。

系统误差虽有确定的规律性,但这一规律性并不一定确知。按照对其掌握的程度可将系统误差分为已知的系统误差(确定性的系统误差)和未知的系统误差(不确定的系统误差)。

显然,数值已知的系统误差可通过"修正"的方法从测量结果中消除。

2. 随机误差

在同一条件下对同一被测量进行多次重复测量时,各测量数据的误差值或大或小,或正或负,其取值的大小没有确定的规律性,是不可预知的,这类误差称为随机误差,也称为偶然误差。

随机误差即为随机变量,具有随机变量的一切特征。它虽不具有确定的规律性,但却服从统计规律,其取值具有一定的分布特征,因而可利用概率论提供的理论和方法来研究。

在单个的测量数据中,这类误差表现出无规则性,但在大量的测量数据中却表现出统计规律性。这类误差相互间具有正负抵消的作用,这就是极为重要的"抵偿性",是随机误差的统计特性的集中表现。

由于随机误差取值是不可预知的,因而不能通过"修正"的方法消除掉。随机误差对测量结果的影响不能以误差的具体值去表达,只能用统计的方法作出估计。

3. 粗大误差

超出正常范围的大误差称为粗大误差,也称为"过失误差"。

所谓正常范围是指误差的正常分布规律决定的分布范围,只要误差取值不超过这一正常的范围,应是允许的。而粗大误差则超出了误差的正常分布范围,具有较大的数值。它虽具有随机性,但不同于随机误差。

含有粗大误差的数据是个别的、不正常的,粗大误差使测量数据受到了歪曲。因而,含粗大误差的数据应舍弃不用。

一般粗大误差是由测量中的失误造成的,例如,使用有缺陷的测量器具,测量操作不当,读数或记录错误,突然的冲击振动,电压波动,空气扰动等,都可使测量结果产生个别的大误差。

因为粗大误差与正常的随机误差或系统误差相比仅表现出数值大小上的差别,因而在数值差别不太明显时,则不容易区分。所以,测量数据是否含有粗大误差,应按统计方法进行判断。

1.2.6 测量误差的来源

测量数据经一定的方法处理以后,即可得到待求结果,这个结果称为估计量,或称为测量结果。这一结果的主要误差成分是测量误差,它是由测量过程中的诸因素造成的,可概括为如下几方面。

1. 测量方法误差

测量方法误差是由测量原理的近似,测量方法的不完善,测量操作不正确等原因造成的,有时被测对象本身也会造成一定误差。

对测量原理或测量方法作了某种简化和近似以后,可能产生一定的误差,这是原理误差。例如,用线性关系代替非线性关系,用弦长代替弧长等都会带来这种误差。

测量方法不完善也是常见的误差因素,例如,通过测量圆上三点确定被测圆心的位置,工件本身圆度误差造成所给圆心位置有误差。这是由被测对象本身引起的误差,因测量方法不完善而反映到测量结果中。又如,尺寸测量时被测尺寸与标准尺不在同一直线上,则可引入一次方误差。

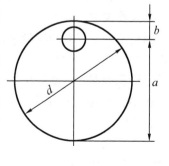

图 1.2

图 1.2 中,待测量为 a,现改为 b,则 d 的误差就会反映到测量结果中,这是基准变换造成的。

图 1.3 中的情形与图 1.2 类似,加工时以顶尖定位,测量时以外圆定位,基准的改换也

会带来误差。

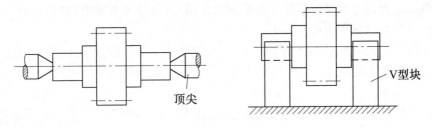

图 1.3

这类误差有时会限制测量精度的进一步提高。

2. 测量器具误差

测量仪器、设备和各种器具是测量误差的重要来源,包括仪器设备设计的原理误差,仪器零、部件的加工、装配、调整及检验误差,零件的磨损、受力变形,元器件的老化等。

恰当的测量方法和正确的测量操作可使部分这类误差得到控制。例如,当度盘有偏心误差时,使用对径位置上的两条刻线测量,测量结果的平均值即可消除这一误差的影响。在尺寸测量时,将被测尺寸放在标准尺的延长线上,可减小或消除仪器的一次方误差。

通常,作为商品的仪器设备,均由检定证书或检定规程给出了相应的精度指标,在作精度分析时可直接查用。

3. 测量环境条件误差

测量环境条件对测量结果有很大影响,如测量环境的温度、气压、湿度、振动、灰尘、气流等。环境条件参数偏离标准状态会引入一定的测量误差。例如,激光光波比长测量中,空气的温度、湿度和大气压力影响到空气的折射率,因而影响到激光波长,造成测量误差。气流对高精度的准直测量也有一定影响。温度的变化常会造成仪器示值的漂移。

通过对环境条件的改善可减小这种误差,但要付出一定的经济代价。在采取适当的测量方法以后,也可获得减小这种误差的效果。例如,采用相对法测量时,温度偏差引起的工件变形和标准件的变形相近,因而可消除或减小这种误差。

4. 人员误差

测量者调整仪器和测量操作的熟练程度、操作习惯、生理条件,以及测量时的情绪,责任心等都可能影响到测量结果。随着测量技术的进步,自动化的测量仪器有了很大发展,测量过程和数据处理摆脱了人的具体干预,使测量者对测量过程与数据处理的人为影响大为减小。此时人为因素只在仪器的调整等环节中才起一定的作用,因而对测量者的要求也有所降低。

对测量误差来源的分析是测量精度分析的依据,并为我们指出了减小测量误差、提高测量精度的途径。进一步分析这些误差因素,可帮助我们分析误差的系统性和随机性,这对数据处理和精度估计极为有用。

对误差来源的深入分析必须结合测量实践的具体问题。测量误差因素是多种多样的,没有固定的模式,因而离开了测量的具体问题就无法对误差因素作出确切的分析。

1.3　数理统计的基本概念

测量数据处理要用到数理统计中的若干结果,为便于叙述,下面结合测量数据处理的问题对有关数理统计的几个基本概念作简要的说明。这些概念的严格叙述和讨论请参阅数理统计方面的有关著述。

1.3.1　总体与子样

数理统计是研究随机现象的数学分支,它以概率论为基础,根据统计实验获得的数据对相应问题作出估计与检验。

在数理统计中,把对某一问题的研究对象的全体称为总体(或母体)ξ,组成总体的每个基本单元 ξ_i,称为个体,从总体中随机抽取 n 个个体 $(\xi_1,\xi_2,\cdots,\xi_n)$ 称为抽样,抽取的 n 个个体称为容量为 n 的子样(或样本)。实际上,常难于对总体作全面的研究,一般只能取有限个个体(即子样)加以研究,以推出总体的某种特征。当然,子样并不是总体,因而由子样给出的结果只能说是总体特征的近似。这里子样应是随机抽取的,并满足如下条件:抽取的子样个体 ξ_i 是独立的,且与总体 ξ 具有相同的分布。

例如,在测量问题中,考察对量 X 的测量结果 x。这一结果有无穷多个随机取值,可表示为一随机变量,所有可能的测量结果的整体就是所研究的 x 的总体(或母体)。其中每个测量结果 x_i 为其个体。进行 n 次重复测量,得到测量结果 $(x_1,x_2,\cdots,x_n)$,这就是 x 的容量为 n 的子样,这里 $x_1,x_2,\cdots,x_n$ 为相互独立的随机变量,且与总体 x 具有相同的分布。有时 $(x_1,x_2,\cdots,x_n)$ 也表示某组具体的测得值(子样的观测值)。当仅有随机误差时,测量结果 x 的数学期望(均值)$\mu=E(x)$ 应是被测量的真值 X 值,即

$$\mu = E(x) = X$$

为得到 μ 值,应给出全部的测量结果(即 x 的所有可能取值),则 $E(x)$ 值应为全部测量结果的平均值,显然,这是做不到的。通常是测得 1 个或几个结果 $(x_1,x_2,\cdots,x_n)$,由此给出总体 x 的参数 μ(即 X)。

这里的测量就是抽样,测量的目的就是通过有限次的测量结果求出理论真值的近似值。

就一般情形而言,测量问题的数据处理总是可归结为用子样特征去估计或推断总体的某种特征。

1.3.2　统计量和估计量

设总体以随机变量 ξ 表示,容量为 n 的子样以随机变量 $(\xi_1,\xi_2,\cdots,\xi_n)$ 表示。现作子样的实值函数

$$T = T(\xi_1,\xi_2,\cdots,\xi_n)$$

则 $T(\xi_1,\xi_2,\cdots,\xi_n)$ 也为一随机变量,称 T 或 $T(\xi_1,\xi_2,\cdots,\xi_n)$ 为统计量。

在用子样 $(\xi_1,\xi_2,\cdots,\xi_n)$ 获得的信息对总体 ξ 作出估计与推断时,要按不同的统计问题的要求来规定子样函数(统计量)。通常,所涉及到的子样函数都是多维连续函数。

一般来说,为了估计总体 ξ 的某一参数 θ,由子样($\xi_1,\xi_2,\cdots,\xi_n$)建立不带有未知参量的某一统计量 $T(\xi_1,\xi_2,\cdots,\xi_n)$,当获得子样的某一具体观测值($l_1,l_2,\cdots,l_n$)时,依此计算出统计量的值 $T(l_1,l_2,\cdots,l_n)=t$,可作为 θ 的估计值(这里 $l_1,l_2,\cdots,l_n$ 与 t 都是指具体的数值或数据),则称 $T(\xi_1,\xi_2,\cdots,\xi_n)$ 为 θ 的估计量。

θ 的估计量写为 $\hat{\theta}$,即

$$\hat{\theta} = T(\xi_1,\xi_2,\cdots,\xi_n)$$

若随机变量 ξ 的分布函数 $F(x;\theta_1,\theta_2,\cdots,\theta_k)$ 中有 k 个不同的未知参数,则要由子样($\xi_1,\xi_2,\cdots,\xi_n$)建立 k 个不带任何未知参数的统计量作为这 k 个未知参数的估计量,即

$$\hat{\theta}_1 = T_1(\xi_1,\xi_2,\cdots,\xi_n)$$
$$\hat{\theta}_2 = T_2(\xi_1,\xi_2,\cdots,\xi_n)$$
$$\vdots$$
$$\hat{\theta}_k = T_k(\xi_1,\xi_2,\cdots,\xi_n)$$

这就是参数 $\theta_1,\theta_2,\cdots,\theta_k$ 的点估计。所给估计量 $\hat{\theta}_1,\hat{\theta}_2,\cdots,\hat{\theta}_k$ 都是随机变量。

在不至于引起混淆的场合下,本书将估计量符号上的角号省掉,将 $\hat{\theta}_1,\hat{\theta}_2,\cdots,\hat{\theta}_k$ 写作 $\theta_1,\theta_2,\cdots,\theta_k$。在测量问题中,为研究某一量的测量结果 x(总体),进行 n 次重复测量,得到测量结果($x_1,x_2,\cdots,x_n$),这是容量为 n 的子样。若测量结果 x 服从正态分布,则其分布函数含有二个不同的未知参数:数学期望 μ 和标准差 σ。可由子样($x_1,x_2,\cdots,x_n$)建立二个不带任何未知参数的统计量作为 μ 与 σ 的估计量(以后将讨论这些估计量)。

$$\hat{\mu} = \frac{1}{n}(x_1 + x_2 + \cdots + x_n)$$

$$\hat{\sigma} = \sqrt{\frac{(x_1-\hat{\mu})^2 + (x_2-\hat{\mu})^2 + \cdots + (x_n-\hat{\mu})^2}{n-1}}$$

考虑叙述的便利,以后各章 $\hat{\sigma}$ 都写成 s。

通过 n 次重复测量获得 n 个具体的数据,代入估计量的表达式可得到 $\hat{\mu}$ 与 $\hat{\sigma}$ 的一组具体值。因为估计量 $\hat{\mu}$ 与 $\hat{\sigma}$ 是随机变量,所以将再次的重复测量所获得的 n 个具体数据代入估计量的表达式,所求得的 $\hat{\mu}$ 与 $\hat{\sigma}$ 值将是不同。因而估计量 $\hat{\mu}$ 与 $\hat{\sigma}$ 只是 μ 与 σ 的具有一定概率意义的近似,并无绝对"相等"之意。

1.3.3　估计量的评价

如前所述,由子样函数给出待求参数 θ_i 的估计量 $\hat{\theta}_i$,这是参数 θ_i 的点估计。参数的点估计有许多方法,如矩法、最大似然法、最小二乘法等。对同一参数,用不同方法来估计可能得到不同的估计量。究竟什么样的估计量较好,应按一定的标准作出评价。现给出以下几个评价标准。

1. 无偏性

设 $\hat{\theta}$ 为未知参数 θ 的估计量,若

$$E(\hat{\theta}) = \theta$$

则称 $\hat{\theta}$ 为 θ 的无偏估计量。

因为估计量是随机变量,对于不同的样本现实它有不同的估计值,即估计量的取值具有随机波动性。若 $E(\hat{\theta}) = \theta$,则表明估计量 $\hat{\theta}$ 的波动中心为 θ,此时估计量 $\hat{\theta}$ 相对 θ 仅有随机波动而无系统偏移。

2. 有效性

无偏估计量 $\hat{\theta}$ 在 θ 附近取值的分散程度可用 $E[(\hat{\theta} - \theta)^2]$ 来衡量。因为 $\hat{\theta}$ 是无偏的,故

$$E[(\hat{\theta} - \theta)^2] = D(\hat{\theta})$$

这表明无偏估计量以方差较小为好,即较为有效。

设 $\hat{\theta}_1$ 与 $\hat{\theta}_2$ 都是 θ 的无偏估计量,若

$$D(\hat{\theta}_1) < D(\hat{\theta}_2)$$

则称 $\hat{\theta}_1$ 比 $\hat{\theta}_2$ 有效。

在某些条件下,估计量 $\hat{\theta}$ 的方差 $D(\hat{\theta})$ 有一下界,即

$$D(\hat{\theta}) \geqslant \frac{1}{nE\{[\frac{\partial}{\partial\theta}\ln f(x,\theta)]^2\}}$$

上式为罗 – 克拉美不等式,不等式右端即为方差下界,它依赖于总体的概率密度 $f(x,\theta)$,也依赖于样本容量 n。

当无偏估计量 $\hat{\theta}$ 的方差 $D(\hat{\theta})$ 恰好等于它的下界时,称它为最小方差无偏估计量或称最优无偏估计量。

3. 一致性

若估计量 $\hat{\theta}$ 依概率收敛于 θ,则称 $\hat{\theta}$ 为 θ 的一致估计量。即子样容量 n 趋于无穷大时,$\hat{\theta}$ 在概率的意义上无限地接近 θ。这一性质可由下式表示,对于任意小的正数 ε,有

$$\lim_{n \to \infty} P(|\hat{\theta} - \theta| > \varepsilon) = 0$$

例如,测量数据 x_i 的统计量 $\bar{x} = (x_1 + x_2 + \cdots + x_n)/n$ 及 $\hat{\sigma}^2 = \sum_{1}^{n}(x_i - \bar{x})^2/(n - 1)$ 分别是测量结果总体 x 的均值 μ 及方差 σ^2 的一致估计量。当测量数据充分多(n 充分大)时,$\bar{x}$ 与 $\hat{\sigma}^2$ 分别无限地接近 μ 与 σ^2。

1.3.4 区间估计

对于未知参数 θ,除了要求出它的点估计 $\hat{\theta}$ 外,还常常需要以一定的可靠程度估计出包含真值的某个区间,这就是区间估计。参数的区间估计应给出包含参数 θ 真值的区间

及参数 θ 包含于这一区间的概率。

设对总体参数 θ 作区间估计。抽取样本 $(x_1, x_2, \cdots, x_n)$，并作统计量

$$\theta_1(x_1, x_2, \cdots, x_n) < \theta_2(x_1, x_2, \cdots, x_n)$$

对于给定概率值 $\alpha(0 < \alpha < 1)$，使其满足

$$P\{\theta_1(x_1, x_2, \cdots, x_n) < \theta < \theta_2(x_1, x_2, \cdots, x_n)\} = 1 - \alpha$$

则称 $P = (1 - \alpha)$ 为置信概率或置信度，随机区间 (θ_1, θ_2) 为 θ 的置信度为 $P = 1 - \alpha$ 的置信区间，θ_2 为上置信限，θ_1 为下置信限。所谓区间估计就是要给出置信限（置信上限与置信下限）及相应的置信度。

因为区间 (θ_1, θ_2) 为随机区间，所以参数 θ 的真值并不一定在区间 (θ_1, θ_2) 之内。若给定置信度 $(1 - \alpha)$，则区间 (θ_1, θ_2) 包含 θ 真值的概率为 $(1 - \alpha)$，而区间 (θ_1, θ_2) 不包含 θ 真值的概率为 α。

置信区间的上下限常取为对称的，显然，置信区间不是惟一的，给定的置信度不同，相应的置信区间也不同。而置信度则应按具体问题的可靠性要求给出。

例如，对于正态分布的总体 x，由子样 $(x_1, x_2, \cdots, x_n)$ 给出其真值 X（即总体的均值）的估计量 $\hat{\mu} = \bar{x}$，这是参数的点估计。若所给置信度为 $P = 1 - \alpha$，则置信区间应为

$$\{\hat{\mu} - t(n, \alpha)\hat{\sigma}_{\bar{x}}, \hat{\mu} + t(n, \alpha)\hat{\sigma}_{\bar{x}}\}$$

这就是真值 X 的区间估计。这一估计表明，上面给出的区间包含真值 X 的概率为 $P = 1 - \alpha$，而所给区间不含真值 X 的概率则为 α。

若改变置信度的给定值，则相应的置信区间也有所改变。

由此可见，区间估计具有明确的可靠性的含意。

1.4　数据的有效数字和数字的舍入规则

任何一个量值都是用数字表示的，量值的精度或误差也是用数字表示的。正确地运用数字表达量值及合理地处理运算中的数字是精密测量中数据处理的基本问题之一。

1.4.1　数据的误差及其表述方法

精密测量和其他科学实验给出了各种各样的数据，它们所表达的量值的精度各不相同。有些数据是准确无误的，例如，计数物体的个数 n（若无疏忽）是准确数值，$\pi, \sqrt{2}$ 也是准确数值。但很多数据是有误差的，例如，某个量的测得数值就必定含有测量误差，各种数据的近似值相对于准确值也有一定的误差。数据的误差是数据处理中必须关注的问题，数据的误差来自以下几个方面。

1. 测量误差

前面已经讲过，通过测量手段获得的数据总包含有一定的测量误差。通常测量误差是数据误差的主要成分。

在间接测量的情形中，若由直接测量获得数据 x，通过某一函数关系 $y = f(x)$ 求得待求量 y，则由于数据 x 存在测量误差，所得数据 y 也含有一定的误差。这是间接测量误差。

2. 数据处理误差

测量数据和其他数据经过一定的程序处理以后便获得我们所需要的数据。若按某一近似关系处理数据,就会使所得数据产生一定的误差。例如,间接测量中非线性函数关系 $y=f(x)$ 用线性函数关系 $y=ax$ 代替会带来一定的误差,这是数学模型的误差;还有计算中级数的截尾误差,以及其他简化运算所带来的误差。

此外,在随机数据处理中,子样参数代替总体参数,有偏估计代替无偏估计等也会引入这类误差。因此,在数据处理中建立数学模型和寻找数据处理方法时,应考虑到数据的精度要求。

3. 数字计算误差

位数较多的小数、无理数 $\sqrt{2}$,π,e 等,根据需要截取其一定位数,使所得数据有一误差,这是数字的舍入误差。在数字计算中,舍入误差的转移和积累常会对计算结果造成不可忽视的影响。

给定某一数据时,应同时指明其误差的影响(即应给出其精度估计),数据误差(精度)的表述方法有二种:

(1) 给出数据的精度参数

严格的实验报告中给出的测量数据都应附有相应的精度参数,如标准差或扩展不确定度等。此时,对测量数据的可信赖程度给出了确切的说明。

实践中,对某些具有约定精度(由约定的测量方法所决定)的测量数据,则常不注明其精度参数。但这只是一种简化,实质上其精度也应是明确的。例如,在标准器具的检定中,检定方法和检定精度已在检定规程中作了明确规定,因而所给检定结果常不注明其精度参数。在用米尺量布或用台秤称量物品时,人们自然不会要求给出其精度参数,只要所用计量器具符合国家计量部门的法定要求,度量结果的精度也应满足标准规定的要求。

(2) 以有效数字的形式表示数据的精度

在一般的数据报导中常采用规定"有效数字"位数的方法来表达数据的精度,而不给出精度参数,这使数据报导及其运算处理得到了简化。

可见在讨论测量数据的误差及表述其精度时,正确地运用和处理数字是十分重要的。

1.4.2 数据的有效数字

若数据的最末一位有半个单位以内的误差,而其他数字都是准确的,则各位数字都是"有效数字"。例如,设有数据 $x=4.638$,已知由某种原因引起的误差不超过 ±0.004,则该数据前三位数字为有效数字,最末一位数字则不为有效数字。一般为确切表述数据的精度,给出的数据只应保留有效数字。

对于小数,第一个非零有效数字前面的零不是有效数字,例如 $l=0.0023$ m,前面的三个 0 都不是有效数字。此时,改变量值单位,小数点位置改变,但其有效数字不变。上例中,若将单位 m 改为 cm,则 $l=0.23$ cm,其有效数字仍为二位。

数据末尾的一个或数个零应为有效数字,例如,数据 1450,其有效数字应为 4 位,误差在 ±0.5 以内。又如,数据 0.460 有效数字为三位,其误差在 ±0.0005 以内。若将 0.460

写为0.46,则有效数字少了一位,其误差在 ±0.005 以内,将所示的数据精度变低,这是不允许的;反之,也不能将 0.46 写成 0.460。

数字末尾的零的含意有时并不清楚,例如 12 000 m,很难说它的后面三个零全是有效数字,此时应该用10的方次表示。上例若写成 1.2 × 10^4,则表示有效数字为二位;若写成 1.20 × 10^4,则表示有效数字为三位。

为正确地反映量值,记录数据时数据的位数应适当,位数太少会增大数据的误差,位数太多又会对数据的精度产生误解。

对于给出不确定度的数据,其不确定度的数字取一到二位。数据的最末一位取到与不确定度末位同一量级。例如,测量结果 l = 4.295 8 mm,不确定度 U_l = 0.015 mm,则应取 l = 4.296 mm。

对于一般的数据,应按有效数字取舍数据的位数。此时,由书写出的数字可断定数据的误差应在末位的半个单位以内。例如,数据2.38的误差在 ±0.005 以内,数据0.082的误差在 ±0.000 5 以内。

可见按有效数字确定数据位数表述了数据的精度,这是规定有效数字的实质意义。

1.4.3　数字的舍入规则

确定了数据需要保留的位数后,多余位数的数字就应舍去,这就是数字的舍入处理。为了尽可能地减小舍入误差,对于一般数据的舍入处理(或称修约),应遵守以下规则:

(1) 若舍去部分的数值小于保留数字末位的 0.5 个单位,则舍去多余数字后保留数字不变。如数据 3.141 59…,取三位有数字时,写为 3.14。

(2) 若舍去部分的数值大于保留数字末位的 0.5 个单位,则舍去多余数字后,保留数字的末位加 1。如数据 3.141 59…,取 4 位有效数字,应写为 3.1412。

(3) 若舍去部分的数值正好等于保留数字末位的 0.5 个单位,则在舍去多余数字后,保留数字的末位凑成偶数,即当保留数字末位为偶数时不变,当末位数字为奇数时,末位加 1。如数据 2.55,保留二位数字时,写为 2.6;数据 2.65,保留二位数字时,写成 2.6。

以上数字的舍入规则可归纳为一句话:"四舍六入五凑双"。

按上述规则舍入数字,可保证数据的舍入误差最小,在数据运算中不会造成舍入误差的迅速累积。

但对于表示精度的数据(标准差、扩展不确定度等),在去掉多余位数时,只入不舍。例如,不确定度0.23,若取一位数字则应写为0.3,而不写为0.2。因此,若误差限定在0.2才算合格,则判定这一结果不合格。

1.4.4　数字运算规则

运算中的数据和运算结果,其保留位数应按下述规则处理。

(1) 数据加减运算中,所得结果(和或差)的小数点后保留的位数,应与参与加减运算的各数据中小数点后位数最少的那一数据的位数相同。例如,将各数据按下式作加减运算

$$4.286 + 1.32 - 0.456 3 = 5.149 7$$

第二个数据 1.32 的小数点后的位数最少,为二位,则最后结果按小数点后二位截取有效数字,得运算结果为 5.15。

为使计算简便,可先将各数据按这一位数截取有效数字,再作加减运算,如上例可写为

$$4.29 + 1.32 - 0.46 = 5.15$$

但有时这可能增大舍入误差,因此最好使各数据小数点后的数字多保留一位。在使用计算器或电子计算机进行运算时,无须作简化处理,可将各数据的全部数字保留进行运算,记录结果时再按上述规则修约。

(2)数据乘除运算时,参与运算的各数据中有效数字位数最少的数据的相对误差最大,运算结果的有效数字位数应与这一数据的有效数字位数相同。例如,下面算式中

$$462.8 \times 0.64 \div 1.22 = 242.780\ 33$$

按数据 0.64 的有效数字位数截取所得结果的有效数字,得 2.4×10^2。

为简化运算,可先以有效数字位数最少的数据为准,修约各数据,然后再进行乘除运算,如上例中的运算式可写为

$$4.6 \times 10^2 \times 0.64 \div 1.2 = 2.5 \times 10^2$$

为尽力减小数字舍入带来的误差,参与运算的各数据可多保留一位数字。在使用计算器或计算机计算时,各数据也可先不修约,待计算完成,只对最后结果按精度修约。

(3)数据经乘方与开方运算,所得结果的有效数字位数与该数据的位数相同。例如,$3.25^2 = 10.562\ 5$,记为 10.6。

(4)对数计算中,所取对数应与真数有效数字位数相同。例如,$\lg 32.8 = 1.515\ 87\cdots$,取 $\lg 32.8 = 1.52$。因而查表时应按同一位数查取对数。

(5)运算的中间结果的数字可多保留 1~2 位,以便减小舍入误差的影响。例如用于计算残差的算术平均值属中间结果,对计算残差影响较大,其保留位数应多些,能有效地减小舍入误差的影响。特别是利用计算机计算时,这些中间结果可不修约。

(6)运算中,计数数据的有效位数时,对于常数 π,e,$\sqrt{2}$ 及其他无误差的数值,其有效数字的位数可认为是无限的,在计算中需要几位就取几位。例如 $\frac{1}{2} = 0.500\ 0\cdots$,其有效数字可任意取用。

(7)运算中,计数数据的有效位数时,若第一位有效数字等于或大于8,则其有效数字的位数可多计一位。例如,计算 8.5,1.38,0.267 三个数的乘积,应计 8.5 的有效数字位数为三位,则算式与结果为

$$8.5 \times 1.38 \times 0.267 = 3.13$$

思考与练习1

1.1　说明"中华人民共和国法定计量单位"的基本内容。

1.2　举例说明测量误差的概念。

1.3　比较绝对误差与相对误差的异同点。

1.4　为何规定引用误差?在什么情况下使用引用误差?

1.5　怎样理解测量误差的普遍性。

1.6　研究测量误差的意义是什么?

1.7　举出系统误差与随机误差的实例、并分析其产生的原因。

1.8　怎样理解"总体"与"子样"?

1.9　说明"统计量"和"估计量"的意义。

1.10　估计量的评价标准是什么?

1.11　什么是数据的"区间估计"?

1.12　数据的误差来源于哪些方面?

1.13　什么是有效数字?规定有效数字有何意义?

1.14　如何确定数据的数字位数?

1.15　什么是舍入误差?它对测量结果有何影响?

1.16　称量范围为 500 kg 的台秤,其称量误差限为 ±2 kg,称量范围为 10 kg 的台秤,其误差限为 ±0.05 kg,问哪台精确度高?

1.17　射手能射中 1000 m 远处的 ϕ3 m 的目标,问有无把握射中 100 m 远处 ϕ40 cm 的靶子?

1.18　用量程 250 V 的 2.5 级电压表测量电压,问能否保证测量的绝对误差不超过 ±5 V?

1.19　量程为 10 A 的 0.2 级电流表经检定在示值为 5 A 处出现最大示值误差为 15 mA,问该电流表是否合格?

1.20　下列数据的有效数字各是几位?

230,18.5,0.072,0.072 0,7.2 × 10^{-2}

1.21　正确写出下面的结果

(1) 26.25 + 0.129 4 + 0.026 =

(2) 4.25 × 10^{12} + 5 × 10^{11} =

(3) 25.238π =

(4) 6.967 × 10.6 ÷ 2 =

(5) 1.24^2 =

1.22　下列数据的最大相对误差各是多少? 哪个数据的精度高?

(1) 2.63 × 10^3;(2) 2 630;(3) 2.63 × 10^{-3}

第2章　测量误差的规律性及其表述

测量误差按其性质可分为随机误差(偶然误差)、系统误差和粗大误差。粗大误差是偶然出现的过大的误差,含有粗大误差的数据是不正常的,应该舍弃。正常的测量数据只含随机误差与系统误差。

本章以概率论为基础,分别讨论随机误差和系统误差的特征规律及其表述方法。本章内容是数据处理和不确定度估计的基础。

2.1　随机误差统计规律的表述

随机误差(偶然误差)为随机变量。我们以概率论与数理统计的理论与方法为基础,研究它的统计规律性(即其分布特征)。随机误差统计规律的完整描述用分布函数或分布密度,而对其局部特征的表征,则采用相应的特征参数(数字特征)。

2.1.1　随机误差的分布函数和分布密度

测量数据中总是包含一定的随机误差。因此,诸测量结果的数值大小各不相同,且不遵从确定的规律性。某个具体测量值的出现完全是随机的(或称为偶然的),在没有完成测量之前,不能预先确定这一测量结果的数值。掌握了随机误差的上述特点后,就不难对它的存在作出判别。例如,打靶时弹着点偏离靶心的一段距离是射击误差,如图2.1所示。

十分明显,弹着点呈分散状态,各次射击误差的大小和方向各不相同,不具有确定的规律性。在未完成射击之前,任何人都无法预言其弹着点的准确位置,即射击误差表现出明显的随机性,这是射击中随机因素作用的结果。

在用仪器对某量进行多次测量时,我们会发现测得的结果各不相同,它们分布在某一范围内。测量之前,我们无法预先给出它的准确数值,因而测量数据具有随机性,这是测量过程中随机因素造成的。

上述事实表明,随机误差不具有确定的规律性,即随机误差不能用确定的解析式或其他方法预计它的数值。但随机误差却遵从统计规律,这是不同于确定性规律的另一类规律。这一统计规律支配着所有的测量结果,但就单个测量结果而言,还难以看出它遵从的统计规律。只有给出多次测量结果,这一统计规律才能显示出来,并且测量结果越多,表现出的统计规律越明显,这种多次测量就是统计实验。例如(图2.1)打靶的例子中,进行一次射击时,不能从弹着点的

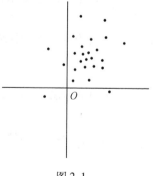

图 2.1

位置看出射击误差的统计规律,但当进行多次射击后,可由弹着点的分散状况判断出射击误差的分布规律,而且射击次数越多这一规律表现得越明显。

随机变量的统计规律已在概率论中作了详细论述。作为随机变量,随机误差 δ 的统计规律可由分布函数 $F(\delta)$ 或分布密度 $f(\delta)$ 给出完整的表述。按分布函数定义,随机变量 x 的分布函数为

$$F(\delta) = P(x < \delta) \qquad (2.1)$$

式中,$P(x < \delta)$ 是作为随机变量的随机误差取值小于 δ 的概率。

若随机误差取值在数轴上,$P(x < \delta)$ 表示随机误差落在 δ 点左面的概率(如图 2.2)。当 δ 点右移(即 δ 增大)时这一概率增大;当 δ 点移向无穷远处($\delta \to \infty$)时,这一概率为 1,即

$$F(+\infty) = 1$$

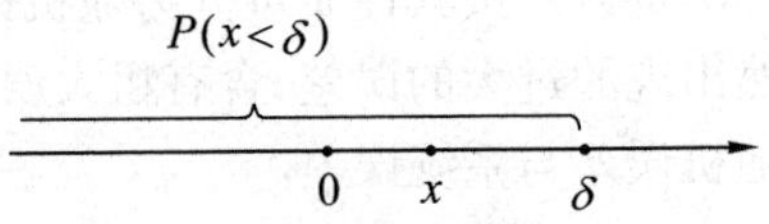

反之,当 δ 点向左移(即 δ 减小)时,这一概率减小;当 δ 点左移至无穷远处($\delta \to -\infty$)时,这一概率为 0,即

$$F(-\infty) = 0$$

图 2.2

可见,分布函数是非负函数(即其取值为正数或零),也是非降函数(随 δ 的增大分布函数不会减小)。

利用分布函数可以给出随机误差落入任意区间上的概率,这对随机误差分布的理论分析与实际计算十分有用。

例 2.1　求误差 δ 取值在下列区间的概率

(1)$P(a \leqslant \delta < b) = ?$

(2)$P(\delta < a$ 或 $b \leqslant \delta) = ?$

解　(1)$P(a \leqslant \delta < b) = F(b) - F(a)$

　　　(2)$P(\delta < a$ 或 $b \leqslant \delta) = P(\delta < a) + P(\delta \geqslant b) = F(a) + [1 - F(b)]$

按分布密度的定义,随机误差的分布密度是分布函数 $F(\delta)$ 的导数(设 $F(\delta)$ 连续)

$$f(\delta) = F'(\delta) \qquad (2.2)$$

而分布函数为分布密度的积分

$$F(\delta) = \int_{-\infty}^{\delta} f(\delta) \mathrm{d}\delta \qquad (2.3)$$

由于分布函数 $F(\delta)$ 是非降函数,因此分布密度函数是非负的,即

$$f(\delta) \geqslant 0$$

因为 $F(+\infty) = 1$,所以分布密度从 $-\infty$ 到 ∞ 的积分等于 1,即

$$\int_{-\infty}^{\infty} f(\delta) \mathrm{d}\delta = 1 \qquad (2.4)$$

这一积分是整个分布密度曲线下的面积,代表测量误差全部取值的概率。而在任意区间 $[a, b]$ 内的概率则为

$$P(a \leqslant \delta \leqslant b) = \int_{a}^{b} f(\delta) \mathrm{d}\delta \qquad (2.5)$$

这一概率是区间 $[a, b]$ 上分布密度曲线下的面积。

分布函数或分布密度给出了随机误差 δ 取值的概率分布,这是对随机误差统计特征的完整描述,是十分有用的。

2.1.2 随机误差的表征参数

在一般的测量数据处理中,并不需要给出随机误差详细的概率分布,无须给出随机误差的分布密度 $f(\delta)$ 或分布函数 $F(\delta)$。通常只须给出一个或几个特征参数即可对随机误差的影响作出评定。

根据概率论,作为随机变量,随机误差的数字特征给出了它的基本特征。在一般的数据处理中,随机误差的数字特征主要使用数学期望 $E(\delta)$ 和方差 $D(\delta)$(或用标准差 σ)。

实际应用中还常使用其他一些参数。

1. 数学期望

按数学期望的定义,随机误差 δ 的数学期望为

$$E(\delta) = \int_{-\infty}^{\infty} \delta f(\delta)\,\mathrm{d}\delta \tag{2.6}$$

式中,$f(\delta)$ 为 δ 的分布密度函数。

数学期望 $E(\delta)$ 是误差 δ 的分布中心,它反映了 δ 的平均特征,或者说数学期望 $E(\delta)$ 是 δ 所有可能取值的平均值(当然这只是一种抽象,实际上不可能找出 δ 的所有可能的取值)。

数学期望有如下重要性质:

(1) 常数 C 的数学期望为 $E(C) = C$;

(2) 随机误差 δ 乘以常数 C,则有

$$E(C\delta) = CE(\delta)$$

(3) 随机误差 $\delta_1, \delta_2, \cdots, \delta_n$ 之和的数学期望为

$$E(\delta_1 + \delta_2 + \cdots + \delta_n) = E(\delta_1) + E(\delta_2) + \cdots + E(\delta_n)$$

(4) 相互独立的随机误差 δ_1 与 δ_2 之积的数学期望为

$$E(\delta_1 \cdot \delta_2) = E(\delta_1) \cdot E(\delta_2)$$

2. 方差和标准差

按定义,随机误差 δ 的方差为

$$D(\delta) = \int_{-\infty}^{\infty} [\delta - E(\delta)]^2 f(\delta)\,\mathrm{d}\delta \tag{2.7}$$

通常,随机误差的数学期望 $E(\delta) = 0$,因而有

$$D(\delta) = \int_{-\infty}^{+\infty} \delta^2 f(\delta)\,\mathrm{d}\delta \tag{2.8}$$

随机误差的方差是反映随机误差取值的分散程度的,是误差随机波动性的表征参数。

对于具有某一确定分布的随机误差 δ,其方差为一确定的常数。由于一般随机误差的数学期望为零,因而在通常的数据处理中只给出方差就足够了,它成为评定数据精度的基本参数。

方差有如下性质:

（1）常数 C 的方差为

$$D(C) = 0$$

（2）随机误差 δ 乘以常数 C 的方差为

$$D(C\delta) = C^2 D(\delta)$$

（3）随机误差 $\delta_1, \delta_2, \cdots, \delta_n$ 之和的方差为

$$D(\delta_1 + \delta_2 + \cdots + \delta_n) =$$
$$D(\delta_1) + D(\delta_2) + \cdots + D(\delta_n) + 2\sum_{i<j} D_{ij}$$

式中，D_{ij} 为 δ_i 与 δ_j 的相关矩（协方差）（$i = 1,2,\cdots,n$；$j = 1,2,\cdots,n$）。

（4）当随机误差 $\delta_1, \delta_2, \cdots, \delta_n$ 相互独立时，和的方差为

$$D(\delta_1 + \delta_2 + \cdots + \delta_n) = D(\delta_1) + D(\delta_2) + \cdots + D(\delta_n)$$

实用上更常使用标准差（或均方差）。按照定义，标准差应为方差的正平方根，即

$$\sigma = \sqrt{D(\delta)} \tag{2.9}$$

应注意，标准差没有负值。

显然，标准差与方差具有相同的作用，其意义是十分明显的。方差或标准差可作为测量精度的评定参数。

由于 σ 的量纲与被测量的量纲相同，因此标准差是更常使用的参数。

3. 协方差（相关矩）和相关系数

随机误差 δx 与 δy 的协方差定义为

$$D(\delta x, \delta y) = E[(\delta x - E\delta x)(\delta y - E\delta y)] \tag{2.10}$$

随机误差 δx 与 δy 的相关系数则为

$$\rho_{xy} = \frac{D(\delta x, \delta y)}{\sigma_x \cdot \sigma_y} \tag{2.11}$$

协方差或相关系数反映误差之间的线性相关关系，这一相关关系影响到误差间的抵偿性，这一情形将在第 5 章详细说明。

4. 实用中的其他一些参数

作为数据精度的评定参数，实用中更广泛地使用极限误差（或误差限），即扩展不确定度（见第 5 章）

$$U = ks \tag{2.12}$$

式中，k 为置信系数。k 值相应于一定的置信概率 P。

置信概率 P 为误差 δ 落入区间 $(-ks, +ks)$ 的概率，若 δ 超出该区间的概率为 α，则有 $P = 1 - \alpha$。

此外，平均误差 θ 与或然误差 ρ 在实践上也有应用。

平均误差为测量误差绝对值的平均值，其期望值为

$$\theta = \int_{-\infty}^{\infty} |\delta| f(\delta) \mathrm{d}\delta \tag{2.13}$$

实践上取

$$\theta = \frac{1}{n} \sum_{i=1}^{n} |\delta_i| \tag{2.14}$$

或然误差规定为满足下式的 ρ 值

$$\int_{-\rho}^{\rho} f(\delta)\,\mathrm{d}\delta = \frac{1}{2} \tag{2.15}$$

2.2 正态分布随机误差的统计规律及其表述

通常随机误差服从或近似服从正态分布,因此,正态分布规律构成了误差理论的基本内容之一。这里,对正态分布误差的讨论仍需使用分布密度(或分布函数)与数字特征,并有更具体的结果。

2.2.1 正态分布的统计直方图和经验分布曲线

对某一量 X 进行多次重复测量(每次测量用的仪器、方法、测量者、测量环境等所有的测量条件都不改变),由于随机误差因素的作用,各次测量结果都不相同,这些结果按一定的规律分布。为给出这一分布规律,现作出其统计直方图。

在直角坐标中,由横坐标给出测量结果,将测量结果的取值范围等分为适当数量(m)的区间,每一区间间隔为 Δx。设测量次数为 n,计数测量结果落入每一区间的数目 $n_i(i = 1, 2, \cdots, m)$。以 Δx 为底,以 $n_i/n\Delta x$ 为高在坐标图中第 i 区间作矩形,所得矩形的面积即为测量结果在该区间上的频率 n_i/n(即相应概率的近似)。依此类推在各区间上作出这样的矩形,所有矩形的总合就称为统计直方图,如图2.3所示。显而易见,直方图的面积总和应为1。

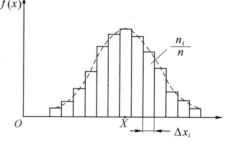

图 2.3

连接各矩形上边中点而得一曲线,这是通过统计实验得到的分布密度曲线,这一曲线称为经验分布曲线。经验分布曲线给出了测量结果的概率分布,其相应的纵坐标为概率密度。其某区段的面积即代表了相应的概率。增加测量次数 n 可使各组频率 n_i/n 趋于稳定,而增加区间数目、减小区间间隔,则可使直方图变得精细,相应的经验曲线则变得圆滑。即测量次数 n 越多,分组间距 Δx 越小,所得经验分布曲线就越可靠。

将坐标原点位置移至 X 处(即相当于进行了坐标变换,横坐标由 x 转换为 $\delta = x - X$),则相应横坐标应为 $\delta = x - X$,经验分布曲线则为 δ 的分布曲线,这就是随机误差的正态经验分布曲线(图2.4)。分析考查这一分布曲线可知,这一误差分布有如下特点:

(1)对称性

分布曲线关于纵坐标对称,表明该随机误差正值与负值出现的机会均等,这就是误差分布的对称性。

(2)单峰性

分布曲线中间高、两端渐低而接近于横轴,表明误差以较大的可能性分布于 O 附近,即绝对值小的误差出现的可能性大,而绝对值大的误差出现的可能性小。

（3）有界性

测量的实际误差总是有一定界限而不会无限大，因而经验分布曲线总有一实际范围，这就是误差的有界性。

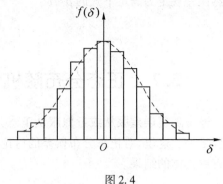

图 2.4

由误差的对称性和有界性可知，这类误差在叠加时有正负抵消的作用。这就是随机误差的抵偿性，这一性质是极为重要的。利用这一性质建立的数据处理法则可有效地减小随机误差的影响。

一般地说，不论随机误差服从何种分布，只要其数学期望

$$E(\delta) = 0$$

则该随机误差就有这一抵偿性。由于随机误差有抵偿性，因而当 $n \to \infty$ 时，有

$$\frac{1}{n} \sum_{i=1}^{n} \delta_i \to 0$$

即当测量次数足够大时，该随机误差的算术平均值趋于零（注意 $\sum_{i=1}^{n} \delta_i$ 并不趋于 0）。

2.2.2　正态分布随机误差的分布函数和分布密度

由测量误差的上述三个特性，利用最大似然原理可推得这一误差 δ 的分布密度为

$$f(\delta) = \frac{1}{\sigma \sqrt{2\pi}} e^{-\frac{\delta^2}{2\sigma^2}} \tag{2.16}$$

式中　e——自然对数的底，e = 2.718 3…；

π——圆周率，π = 3.14159…；

σ——误差 δ 的均方差或称标准差，对同一分布的随机误差，σ 为一常数。

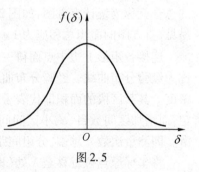

图 2.5

误差 δ 的分布密度函数 $f(\delta)$ 的曲线如图 2.5 所示。图中横坐标为 δ 值，纵坐标为相应的分布密度 $f(\delta)$（即概率密度）的数值。这一曲线与前述的经验分布曲线是一致的。这是一条指数曲线，曲线两端向无穷远处延伸，并逼近横坐标轴。这是与经验分布曲线不同的。

按定义，误差 δ 的分布函数为

$$F(\delta) = \int_{-\infty}^{\delta} f(\delta)\,\mathrm{d}\delta = $$

$$\frac{1}{\sigma \sqrt{2\pi}} \int_{-\infty}^{\delta} e^{-\frac{\delta^2}{2\sigma^2}}\,\mathrm{d}\delta \tag{2.17}$$

$F(\delta)$ 曲线如图 2.6 所示。

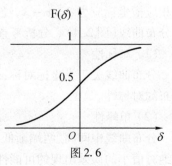

图 2.6

具有上述分布特征的随机误差 δ 为服从正态分布的误差。

由概率论的理论可知,正态分布的随机变量的和仍为正态分布的随机变量。因此,若存在有限个正态分布的随机误差 $\delta_1, \delta_2, \cdots, \delta_n$,其相应的标准差分别为 $\sigma_1, \sigma_2, \cdots, \sigma_n$,则它们的和

$$\delta = \sum_{i=1}^{n} \delta_i$$

也为随机误差,且仍服从正态分布。和的数学期望为

$$E(\delta) = 0$$

和的方差为(当 $\delta_1, \delta_2, \cdots, \delta_n$ 相互独立时)

$$D(\delta) = \sigma^2 = \sum_{i=1}^{n} \sigma_i^2$$

但在和式 $\sum_{i=1}^{n} \delta_i$ 中若有部分误差不服从正态分布,则这一误差和就不服从正态分布。这是应当特别注意的。不过当和式 $\sum_{i=1}^{n} \delta_i$ 中的误差项 δ_i 数量增加,而又“均匀地”小,由概率论的中心极限定理可知,和 $\delta = \sum_{i=1}^{n} \delta_i$ 的分布将趋近于正态分布。

因此,若有 n 项随机误差 $\delta_1, \delta_2, \cdots, \delta_n$(它们总有有限的数学期望和方差),则无论这些随机误差服从何种分布,当 n 很大时,其和

$$\delta = \sum_{i=1}^{n} \delta_i$$

为随机误差,并近似服从正态分布。实践上,当各随机误差 $\delta_1, \delta_2, \cdots, \delta_n$ 较为“均匀”,即它们的方差相差不太大时,n 大致在 10 左右,这些误差的和 $\sum_{i=1}^{n} \delta_i$ 就能较好地接近正态分布。

2.2.3 正态分布随机误差概率的计算

由分布密度 $f(\delta)$ 的定义可知,正态分布随机误差 δ 取值在 $a \sim b$ 区间内的概率应为相应区间上密度函数的积分

$$P(a \leqslant \delta \leqslant b) = \int_a^b f(\delta) \mathrm{d}\delta = \frac{1}{\sigma\sqrt{2\pi}} \int_a^b \mathrm{e}^{-\frac{\delta^2}{2\sigma^2}} \mathrm{d}\delta$$

(2.18)

这一概率等于相应区段密度曲线下的面积,如图 2.7 所示。

实践上,给定区间的概率计算是常会遇到的,但上面的积分的直接计算是困难的。实用中都是利用数表给出上面的积分,为此须将上面的积分进行变换。作变量

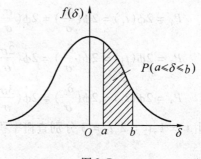

图 2.7

$$z = \frac{\delta}{\sigma}$$

则有

$$P(a \leqslant \delta \leqslant b) = P(\frac{a}{\sigma} \leqslant z \leqslant \frac{b}{\sigma}) = \frac{1}{\sqrt{2\pi}} \int_{\frac{a}{\sigma}}^{\frac{b}{\sigma}} e^{-\frac{z^2}{2}} dz = \frac{1}{\sqrt{2\pi}} \int_{0}^{\frac{b}{\sigma}} e^{-\frac{z^2}{2}} dz - \int_{0}^{\frac{a}{\sigma}} e^{-\frac{z^2}{2}} dz$$

引入函数

$$\phi(t) = \frac{1}{\sqrt{2\pi}} \int_{0}^{t} e^{-\frac{z^2}{2}} dz$$

则

$$P(a \leqslant \delta \leqslant b) = \phi(\frac{b}{\sigma}) - \phi(\frac{a}{\sigma}) = \phi(t_2) - \phi(t_1) \tag{2.19}$$

函数 $\phi(t)$ 称为概率积分(或称拉普拉斯函数),其值可按 t 值查概率积分表获得(见附录1)[①]。

由 $t_1 = \frac{a}{\sigma}, t_2 = \frac{b}{\sigma}$ 查概率积分表可得 $\phi(\frac{a}{\sigma})$ 及 $\phi(\frac{b}{\sigma})$ 值,按式(2.19)立即可求得概率 $P(a \leqslant \delta \leqslant b)$ 值。而误差 δ 取值在 $[a, b]$ 之外的概率则为

$$\alpha = 1 - P$$

实践上常遇到对称区间上的概率计算,由式(2.19),对称区间 $[-\alpha, \alpha]$ 上的概率为

$$P(-a \leqslant \delta \leqslant a) = \phi(\frac{a}{\sigma}) - \phi(\frac{-a}{\sigma}) = 2\phi(\frac{a}{\sigma}) \tag{2.20}$$

而分布概率的总和应为1,即密度曲线下的全部面积为1,有

$$P(-\infty < \delta < \infty) = \frac{1}{\sigma\sqrt{2\pi}} \int_{-\infty}^{\infty} e^{-\frac{\delta^2}{2\sigma^2}} d\delta = 1$$

利用概率积分表计算误差的分布概率,解决了上述积分运算的困难,给出了简便实用的概率计算手段。

例 2.2　分别求出正态分布随机误差出现于 $\pm\sigma$, $\pm2\sigma$, $\pm3\sigma$ 范围内的概率 P_1, P_2 和 P_3,如图 2.8 所示。

解　将误差限 $\pm\sigma$, $\pm2\sigma$, $\pm3\sigma$ 分别代入式 (2.20),得

$$P_1 = 2\phi(t_1) = 2\phi(\frac{\delta_1}{\sigma}) = 2\phi(\frac{\sigma}{\sigma}) = 2\phi(1)$$

$$P_2 = 2\phi(t_2) = 2\phi(\frac{\delta_2}{\sigma}) = 2\phi(\frac{2\sigma}{\sigma}) = 2\phi(2)$$

$$P_3 = 2\phi(t_3) = 2\phi(\frac{\delta_3}{\sigma}) = 2\phi(\frac{3\sigma}{\sigma}) = 2\phi(3)$$

由 $t_1 = 1, t_2 = 2, t_3 = 3$ 分别查概率积分表得

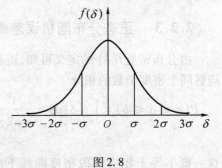

图 2.8

---

①　概率积分表有不同的形式,使用时应注意。

$$P_1 = 2\phi(1) = 2 \times 0.341\,3 = 0.682\,6$$

$$P_2 = 2\phi(2) = 2 \times 0.477\,25 = 0.954\,5$$

$$P_3 = 2\phi(3) = 2 \times 0.498\,65 = 0.997\,3$$

例2.3　某一正态分布的随机误差 δ 的标准差为 $\sigma = 0.002$ mm，求误差值落在 ± 0.005 mm 以外的概率。

解　误差落入 $[-0.005, 0.005]$ 范围内的概率为

$$P(|\delta| \leqslant 0.005) = 2\phi\left(\frac{a}{\sigma}\right) = 2\phi\left(\frac{0.005}{0.002}\right) = 0.987\,6$$

而 δ 落在 ± 0.005 mm 以外的概率则为

$$\alpha = 1 - P = 1 - 0.987\,6 = 0.012\,4$$

例2.4　某一随机误差 δ 服从正态分布，其标准差为 $\sigma = 0.06$ N，给定 $|\delta| \leqslant a$ 的概率为 0.9，试确定 a 的值。

解　由式（2.20）可得

$$P(-a \leqslant \delta \leqslant a) = 2\phi\left(\frac{a}{\sigma}\right) = 0.9$$

由概率积分表可查得

$$t = \frac{a}{\sigma} = 1.64$$

所以

$$a = t\sigma = 1.64 \times 0.06\ \text{N} = 0.10\ \text{N}$$

2.2.4　正态分布随机误差的表征参数

对于正态分布的随机误差 δ，其数学期望为 0，即

$$E(\delta) = \int_{-\infty}^{\infty} \delta f(\delta)\,\mathrm{d}\delta = \frac{1}{\sigma\sqrt{2\pi}} \int_{-\infty}^{\infty} \delta \mathrm{e}^{-\frac{\delta^2}{2\sigma^2}}\,\mathrm{d}\delta = 0 \tag{2.21}$$

这表明正态分布随机误差的均值为 0（测量次数足够多时），这正是前面所述随机误差抵偿性的反映。由分布曲线（图2.5）的对称性也可推得上述结论。

由于正态分布随机误差的数学期望为 0，因而对任一正态分布随机误差的数学期望无须再作说明。

正态分布随机误差的方差为

$$D(\delta) = \int_{-\infty}^{\infty} [\delta - E(\delta)]^2 f(\delta)\,\mathrm{d}\delta =$$

$$\int_{-\infty}^{\infty} \delta^2 f(\delta)\,\mathrm{d}\delta =$$

$$\frac{1}{\sigma\sqrt{2\pi}} \int_{-\infty}^{\infty} \delta^2 \mathrm{e}^{-\frac{\delta^2}{2\sigma^2}}\,\mathrm{d}\delta$$

作变量代换

$$t = \frac{\delta}{\sigma\sqrt{2}}$$

代入上式，则有

$$D(\delta) = \frac{2\sigma^2}{\sqrt{\pi}} \int_{-\infty}^{\infty} t^2 e^{-t^2} dt$$

经分部积分得

$$D(\delta) = \frac{\sigma^2}{\sqrt{\pi}} \int_{-\infty}^{\infty} t \cdot 2t e^{-t^2} dt =$$

$$\frac{\sigma^2}{\sqrt{\pi}} \left\{ - t e^{-t^2} \Big|_{-\infty}^{\infty} + \int_{-\infty}^{\infty} e^{-t^2} dt \right\}$$

括号内的第一部分为 0,第二部分是欧拉 – 波阿松积分,等于 $\sqrt{\pi}$,故

$$D(\delta) = \sigma^2 \tag{2.22}$$

可见,正态分布随机误差的方差等于其分布密度函数中的参数 σ 的平方。

由正态分布的分布密度函数式(2.16)可知,只要确定了 σ 值,则分布密度函数即已确定,可见参数 σ 的重要性。显然,参数 σ 即为标准差。

以后无论 δ 服从何种分布,其方差都用符号 σ^2 表示。

由图 2.9 可见,标准差大,相应的分布曲线低而宽,表明误差取值分散程度大,对测量结果的影响就大。标准差小,则情形正相反。

由例 2.2 结果可知,正态分布的随机误差 δ 取值超出 $\pm 3\sigma$ 的概率仅为 0.27%,因而一般将 $\pm 3\sigma$ 视为这一误差的实际界限。即认为实际的误差不会超出其极限误差 $\pm 3\sigma$。实践上,t 也可取其他值,如取 $t = 2$,相应的置信概率 $P = 95.45\%$。一般 t 应取约定值,否则应作出说明。

平均误差期望值为

$$\theta = \int_{-\infty}^{\infty} |\delta| f(\delta) d\delta = 0.797\ 9\sigma \tag{2.23}$$

或然误差的期望值为

$$\rho = 0.674\ 5\sigma \tag{2.24}$$

在分布曲线图 2.10 上,σ 为曲线的拐点,θ 为曲线半边面积之重心横坐标,ρ 则为将曲线半边面积等分为左右两半的坐标线相应的横坐标。

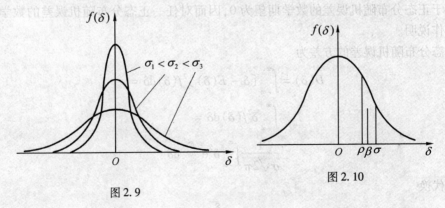

图 2.9

图 2.10

2.2.5　误差分布的正态性检验

测量误差（或测量数据）的分析、检验、不确定度的估计与合成等都与误差的分布形式密切相关。在实际问题中，正态分布的形式是十分广泛的，许多分析方法与分析结果都是在正态分布的前提下建立与获得的，测量误差（或测量数据）是否服从正态分布是研究这类问题的前提。分布正态性的检验是测量数据处理中可能遇到的基本问题之一。

分布正态性的检验方法有二类：一类是通用的检验方法，适用于检验各种分布，如 χ^2 检验法等。另一类检验方法是专门用于检验正态分布的方法，这类方法利用了正态分布的特点，因而更为有效。如正态概率纸检验法；偏态、峰态检验法；W 检验法等。其中正态概率低检验法简便实用，是实践中经常使用的方法，下面简略地介绍这一方法。

正态概率纸是一种具有特殊分度的专用坐标纸，其坐标构造按标准正态分布设计，但适用于任何正态分布的检验（因一般正态变量与标准正态变量具有简单的线性关系）。正态概率纸的横坐标表示被检验的数据值 x，分度是均匀的；纵坐标为相应的概率值 $P = F(x)$，分度是不均匀的，但相应的横坐标是等距变化的，见图2.11。因此，正态分布的数据的坐标点 $\{x_i, P(x_i)\}$ 在正态概率纸上成一直线分布，据此可检验某组数据是否服从正态分布。

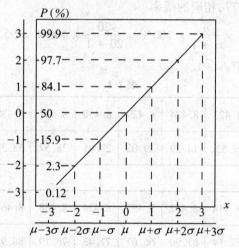

图 2.11

检验方法如下：

（1）将待检验的 n 个数据按大小重新排列，得顺序数列 $x_1 \leqslant x_2 \leqslant \cdots \leqslant x_n$；

（2）计算相应的概率 $P(x_1), P(x_2), \cdots, P(x_n)$，可按下式计算

$$P(x_i) = \frac{i}{n+1} \tag{2.25}$$

式中　　n——给出数据的数目；

　　　　i——数据按大小排列的序号，$i = 1, 2, \cdots, n$。

（3）以 $\{x_i, P(x_i)\}$ 为坐标，将各点逐一描于正态概率纸上；

（4）按所得各坐标点进行判别，若各点分布于一直线附近，则表明该组数据服从正态

分布,否则认为数据分布偏离正态;

（5）若该组数据经检验服从正态分布,则可由所得坐标图上的直线查得均值 μ 及子样标准差 s：$P = 0.5$ 相应的 x 值即为均值的估计值 μ,而 $P = 0.159$ 相应的 x 值为

$$x_{p=0.159} = \mu - s$$

则标准差的估计值为

$$s = \mu - x_{p=0.159} \tag{2.26}$$

例 2.5　现有一组测量数据共 20 个,按其大小顺序排列为:8.412,8.423,8.424,8.429, 8.430,8.437,8.438,8.441,8.442,8.444,8.445,8.448,8.452,8.453,8.454,　8.458,8.463,8.466, 8.467,8.477,试用正态概率纸检验这组数据分布的正态性。

解　按式(2.25)计算各测量值相应的概率,对第一个数据 $x_1 = 8.412$,相应的概率

$$P(x_1) = \frac{i}{n+1} \times 100\% = \frac{1}{20+1} \times 100\% = 4.76\%$$

对第二个数据 $x_2 = 8.423$,相应的概率

$$P(x_2) = \frac{i}{n+1} \times 100\% = \frac{2}{20+1} \times 100\% = 9.52\%$$

$$\vdots$$

对第 20 个数据 $x_{20} = 8.477$,相应的概率

$$P(x_{20}) = \frac{n}{n+1} \times 100\% = \frac{20}{20+1} \times 100\% = 95.24\%$$

将所得数据列入表 2.1 中。

表 2.1

x_i	8.412	8.423	8.424	8.429	8.430	8.437	8.438	8.441	8.442	8.444
$P(x_i)/\%$	4.76	9.52	14.29	19.05	23.81	28.57	33.33	38.10	42.86	47.62

x_i	8.445	8.448	8.452	8.453	8.454	8.458	8.463	8.466	8.467	8.477
$P(x_i)/\%$	52.38	57.14	61.90	66.67	71.43	76.19	80.95	85.71	90.48	95.24

以成组数据 $\{x_i, P(x_i)\}$ 为坐标在正态概率纸上标出坐标点,如图 2.12 所示。由图可见,各坐标点分布近似于一直线,故可认为所检验的这组数据服从正态分布。

由该直线纵坐标 $P = 50\%$ 对应的横坐标值查得该组数据的均值为 $\mu = 8.445$。

该直线纵坐标 $P = 15.9\%$ 对应的横坐标为 $x_{p=0.159} = 8.427$,故该组数据的标准差

$$s = \mu - x_{p=0.159} = 8.445 - 8.427 = 0.018$$

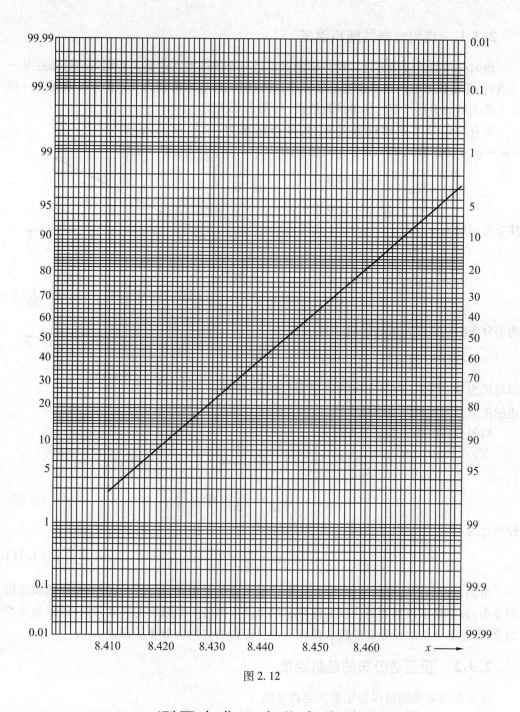

图 2.12

2.3　测量中非正态分布的随机误差

　　大多数的测量误差因素具有正态分布的特征,但在测量实践中确实存在非正态分布的随机误差因素。测量结果的非正态分布的误差因素所占比重虽然不大,但仍是常会遇到的,因而也应引起注意。下面列举几种非正态分布的随机误差。

2.3.1　均匀分布的随机误差

均匀分布的随机误差是一种重要的非正态分布的误差。这类误差均匀地分布在某一区域内,即在该区域内概率密度处处相等,在该区域外概率密度为 0。其分布曲线为一相应于该区域的平行于横坐标轴的直线段,如图 2.13 所示。

设有均匀分布的随机误差 δ,其分布区域为 $-a \sim a$(a 为正数),则 δ 的分布密度应为

$$f(\delta) = \begin{cases} \dfrac{1}{2a} & (-a \leq \delta \leq a) \\ 0 & (\delta < -a \text{ 或 } \delta > a) \end{cases} \quad (2.27)$$

其分布函数为

$$F(\delta) = \begin{cases} 0 & (\delta < -a) \\ \dfrac{\delta + a}{2a} & (-a \leq \delta \leq a) \\ 1 & (\delta > a) \end{cases} \quad (2.28)$$

均匀分布的随机误差的数学期望为

$$E(\delta) = \int_{-a}^{a} \frac{\delta}{2a} \, \mathrm{d}\delta = 0 \quad (2.29)$$

即均值为 0。因此,均匀分布的随机误差也具有前述的正态分布随机误差的抵偿性。

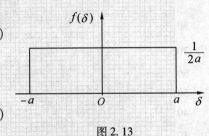

图 2.13

均匀分布的随机误差的方差为

$$\sigma^2 = \int_{-\infty}^{\infty} \delta^2 f(\delta) \, \mathrm{d}\delta =$$

$$\int_{-\infty}^{\infty} \delta^2 \cdot \frac{1}{2a} \cdot \mathrm{d}\delta = \frac{a^2}{3} \quad (2.30)$$

标准差为

$$\sigma = \frac{a}{\sqrt{3}} \quad (2.31)$$

由测量仪器传动件的间隙、摩擦力等造成一定的灵敏阈,由此引入的测量误差服从均匀分布;数字显示仪器的量化误差使显示结果产生末位一个数字的误差,这一误差服从均匀分布;正态分布的误差在经较大截尾后也可近似看作均匀分布的误差。

2.3.2　反正弦分布的随机误差

反正弦分布的随机误差也是常会遇见的。

若随机变量 φ 服从均匀分布,

$$g(\varphi) = \begin{cases} \dfrac{1}{2\pi} & (-\pi \leq \varphi \leq \pi) \\ 0 & (\varphi < -\pi \text{ 或 } \varphi > n) \end{cases}$$

则随机变量

$$\delta = a\sin\varphi$$

服从反正弦分布 $\quad f(\delta) = \begin{cases} \dfrac{1}{\pi\sqrt{a^2-\delta^2}} & (-a < \delta < a) \\ 0 & (\delta \leqslant -a \text{ 或 } \delta \leqslant a) \end{cases}$ （2.32）

为导出分布密度公式（2.32），先求分布函数

$$F(\delta) = P(-\infty, \delta)$$

如图 2.14 所示，概率

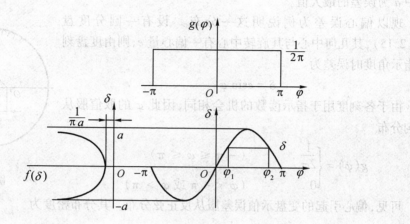

图 2.14

$$P(-\infty, \delta) = P(-a, \delta) = P(\varphi < \varphi_1) + P(\varphi > \varphi_2) =$$
$$P(-\pi \leqslant \varphi < 0) + P(0 \leqslant \varphi < \varphi_1) + P(\varphi_2 < \varphi \leqslant \pi) =$$
$$\frac{1}{2} + \frac{\varphi_1}{2\pi} + \frac{\varphi_1}{2\pi} = \frac{1}{2} + \frac{1}{\pi}\arcsin\frac{\delta}{a}$$

故有

$$F(\delta) = \begin{cases} 0 & (\delta < -a) \\ \dfrac{1}{2} + \dfrac{1}{\pi}\arcsin\dfrac{\delta}{a} & (-a \leqslant \delta \leqslant a) \\ 1 & (\delta > a) \end{cases}$$ （2.33）

而分布密度则为

$$f(\delta) = F'(\delta) = \begin{cases} \dfrac{1}{\pi\sqrt{a^2-\delta^2}} & (-a \leqslant \delta \leqslant a) \\ 0 & (\delta < -a \text{ 或 } \delta > a) \end{cases}$$

反正弦分布误差的数学期望为

$$E(\delta) = \int_{-\infty}^{\infty} \delta f(\delta)\,\mathrm{d}\delta =$$
$$\int_{-a}^{a} \delta \cdot \frac{1}{\pi\sqrt{a^2-\delta^2}}\,\mathrm{d}\delta = 0$$ （2.34）

而方差为

$$D(\delta) = \int_{-\infty}^{\infty} \delta^2 f(\delta)\,\mathrm{d}\delta =$$

$$\int_{-a}^{a} \delta^2 \cdot \frac{1}{\pi\sqrt{a^2 - \delta^2}} \cdot \mathrm{d}\delta = \frac{a^2}{2} \tag{2.35}$$

标准差则为

$$\sigma = \frac{a}{\sqrt{2}} \tag{2.36}$$

式中 a 为误差的最大值。

　　现以偏心误差为例说明这一分布。设有一圆分度盘（图 2.15），其几何中心与其旋转中心有一偏心量 e，则由度盘刻度指示角度时误差为

$$\delta = e\sin\varphi$$

　　由于各刻度用于指示读数的机会相同，因此 φ 的取值服从均匀分布

$$g(\varphi) = \begin{cases} \dfrac{1}{2\pi} & (-\pi \leqslant \varphi \leqslant \pi) \\[2mm] 0 & (\varphi < -\pi \text{ 或 } \varphi > \pi) \end{cases}$$

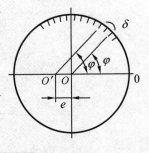

图 2.15

　　可见，偏心引起的变盘示值误差服从反正弦分布。其分布密度为

$$f(\delta) = \begin{cases} \dfrac{1}{\pi\sqrt{e^2 - \delta^2}} & (-e \leqslant \delta \leqslant e) \\[2mm] 0 & (\delta < -e \text{ 或 } \delta > e) \end{cases}$$

标准差为

$$\sigma = \frac{e}{\sqrt{2}}$$

2.3.3　其他非正态分布的随机误差

　　除上述二种非正态分布的随机误差以外，测量实践中还可能遇到其他的非正态分布的随机误差。

　　例如截尾正态分布，如图 2.16 所示。正态分布的随机误差被限定在某一有限区域 $(-\Delta, \Delta)$ 内，即服从截尾正态分布。如加工出某种零件，其尺寸（或尺寸误差 δ）服从正态分布，按给定的公差要求 $|\delta| \leqslant \Delta$ 验收这批工件，将超差（$|\delta| > \Delta$）的工件报废。验收合格的这些工件尺寸（或尺寸误差 δ）就服从截尾正态分布。设其正态母体分布密度为

$$g(\delta) = \frac{1}{\sigma\sqrt{2\pi}} e^{-\frac{\delta^2}{2\sigma^2}}$$

则截尾正态分布的分布密度为

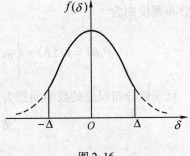

图 2.16

$$f(\delta) = \begin{cases} \dfrac{g(\delta)}{\displaystyle\int_{-\Delta}^{\Delta} g(\delta)\,\mathrm{d}\delta} = \dfrac{\dfrac{1}{\sigma\sqrt{2\pi}}\mathrm{e}^{-\frac{\delta^2}{2\sigma^2}}}{2\phi\left(\dfrac{\Delta}{\sigma}\right)} & (-\Delta \leqslant \delta \leqslant \Delta) \\ 0 & (\delta < -\Delta \text{ 或 } \delta > \Delta) \end{cases} \tag{2.37}$$

这一分布的方差显然已不是 σ^2,而应为

$$D(\delta) = \int_{-\Delta}^{\Delta} \delta^2 f(\delta)\,\mathrm{d}\delta \tag{2.38}$$

又如,两个均匀分布误差的和服从三角形分布,如图 2.17 所示。

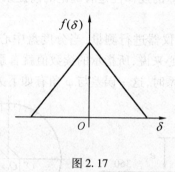

图 2.17

此外还可见到歪曲了的正态分布等,图2.18(a) 称偏态的,用偏态系数表征其偏离正态的程度。图 2.18(b),(c) 的情形用峰态系数表征其偏离正态的程度。

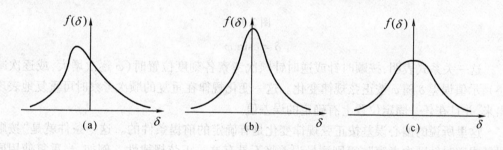

图 2.18

2.4　系统误差的特征及其表述

通常,测量结果中除随机误差外,还包含一定的系统误差,有时甚至系统误差占据主要地位,因此应对系统误差给以足够的重视。

对系统误差的研究有待进一步发展和完善,这已引起人们的普遍重视。本节只讨论有关系统误差的一般特征,测量中具体的系统误差则应结合测量的实际问题来研究。

2.4.1　系统误差的特征

系统误差具有确定的规律性,这是与随机误差的根本区别。这一确定的规律性给我

们研究系统误差带来某种便利。不过,系统误差虽然具有确定的规律性,却因测量内容的不同而千差万别,特别是有些系统误差的具体规律是并未掌握的。因而不能像随机误差那样给出一个规则化的处理方法。这又给掌握和处理系统误差带来了困难。

1. 系统误差遵从确定的规律性

在逐次测量的一系列测量结果中,系统误差表现出具有确定的规律性,在相同的条件下,这一规律可重复地表现出来。在只含系统误差的多次重复的测量数据中,没有随机数据那样的离散特点,这就使系统误差不具有随机误差那样的抵偿性。这是系统误差与随机误差的本质差别。

应特别指出,所说系统误差的规律性是有确定的前提条件的,研究系统误差的规律性应首先注意到这一前提条件。

例如,用带有圆分度盘的仪器进行测量,当分度盘中心相对指针转动中心有偏心 e 时,各条刻线相对指针转动中心来说,所指示的读数值就有系统误差。

当有如图 2.19 所示的关系时,这一误差与 φ 角有如下关系

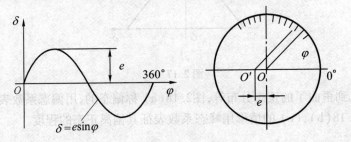

图 2.19

$$\delta = e\sin\varphi$$

这一关系式表明,按顺时针或逆时针顺次考察各刻度位置时(φ 逐次增大,或逐次减小),示值误差 δ 随 φ 按正弦规律变化。这一变化规律在重复的顺次考察时可重复地表现出来,并且在任一固定位置上有确定的误差值。

这里所说的偏心误差按正弦规律变化是有确定的前提条件的。这一条件就是"按顺时针或逆时针顺次考察",否则测量误差将不具有这一正弦规律性。例如,当重复使用同一刻度(或固定的二条刻线间距)进行测量时,由度盘偏心带入测量结果的测量误差是固定不变的系统误差。而当随机地逐次取用任一刻度进行测量时,度盘偏心引入测量结果的误差则不具有确定的规律性。

可见,在讨论误差的规律性时,前提条件具有关键性的意义。系统误差所表现出的规律性,是在确定的测量条件下,系统误差因素所具有的确定规律性的反映。因此,掌握误差因素对认识误差规律性来说至关重要。

掌握了系统误差的规律性,就可以为控制和消除系统误差提供依据。例如,在上述度盘偏心误差的例子中,根据误差 δ 与转角 φ 的正弦关系可采取相隔 180° 二次重复测量取平均值的方法消除这一误差。当各刻度位置经检定确定了其误差值,则可利用修正的方法减小其影响。

2. 系统误差规律的多样性和复杂性

系统误差虽然具有确定的规律性,但具体的测量问题千差万别,使这一规律表现出多样性和复杂性,因此对系统误差的研究有更困难的一面。

在系列测量数据中,按其表现的规律特征,系统误差分为恒定的系统误差和按某种规律变化的系统误差。

（1）恒定的系统误差

多次测量时,条件完全不变,或条件改变并不影响测量结果,因而各次测量的结果中该项误差恒定不变。

例如,量块、线纹尺、砝码、温度计等标准器具给出量值的误差在测量过程中恒定不变,带入测量结果的是一恒定的系统误差。又如测量仪器调整偏差、恒定的测力变形、恒定的温度偏差等都会使测量结果引入恒定不变的系统误差。

恒定系统误差在各测量结果中保持常值,因而恒定系统误差不会使诸测量结果间出现差异。它的存在不能由诸测量的结果本身作出判断,也不能借助算术平均值原理等方法减小其影响。

例如,使用电子秤对某一质量进行五次测量,得 102.5 g、102.3 g、102.6 g、102.5 g、102.4 g,则算术平均值为 102.46 g。若电子秤有 + 2g 的系统误差,则最后结果应为 100.46 g。但仅由测得结果不能判断这一误差的存在,在取上述结果的算术平均值时,这一误差没有相互抵消的作用,因而不能减弱其影响,这是与随机误差不同的。

多次重复测量数据中的系统误差常表现为这种恒定的形式,因而恒定系统误差是最常见的一种系统误差。

（2）按线性规律变化的系统误差

这类系统误差在多次测量中,其值随条件的改变按线性关系变化。

例如,线纹刻尺安装歪斜时,各刻度的累积误差成线性关系变化（图 2.20）。电学测量仪放大比的调整误差,光学仪器放大率误差,温度偏差等也会引起与被测量成线性关系变化的测量误差。有时,机构紧固装置的松动等也可能引起误差的逐次累积,形似线性误差。此时应注意作出判断,及时清除。

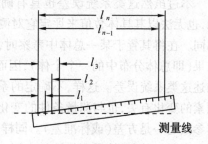

图 2.20

这类系统误差可通过测量数据的逐次变化表现出来。

（3）周期变化的系统误差

周期性系统误差在逐次测量中随条件的改变作周期性变化。最常见的是按正弦关系变化的周期误差。例如,带有刻度盘的仪器中,刻度盘安装偏心引起的示值误差;齿轮周节累积误差,基节偏差带给仪器的传动误差;电源滤波不好,造成仪器示值随电压周波变化的误差等,都属周期性误差。

周期误差在一个周期内正负变化一次,其幅值是该项误差的最大值。

周期误差易于在系列测量结果中显现出来,采用一定的方法（如半周期法）可减小或消除这一误差。有时这一周期误差是由若干不同周期的误差综合而成的,可通过谐波分析法将各种成分分解出来。

（4）按复杂规律变化的系统误差

在若干系统误差因素的作用下,逐次测量结果的误差作复杂的有一定变化趋势的改变。这一变化难以用某一简单的规律描述。

3. 对系统误差规律的认识

系统误差的规律性不仅多种多样,而且在很多场合下其具体数值和取值的规律性并未被掌握,这就使系统误差的处理更为困难和复杂。按照对其掌握的程度,系统误差分为确定的系统误差和不确定的系统误差。

（1）确定的系统误差

确定的系统误差是指其取值的变化规律及其具体数值都是已知的误差。可通过修正的方法消除这类系统误差的影响。因而最后给出结果中应不再包含这类误差。一般来说,能确知误差的具体数值的情形并不很多。

（2）不确定的系统误差

不确定的(未知的、未定的)系统误差是指具体数值(甚至其规律性)并未确切掌握的系统误差。这类误差广泛地存在于测量的各个环节中,是测量所含误差的基本成分之一。

2.4.2　不确定的系统误差的特征和评定方法

不确定的系统误差在某一确定的条件下考察时具有确定的规律性,表现出系统误差的特征,在多次重复测量的数据间这类误差(同一项误差)不具有随机误差那样的抵偿性,这是它与随机误差之间的根本差别。

不过虽然这类系统误差也具有确定的规律性,但并不确知,因此无法通过修正法消除,也无法以其具体数值来评定它对测量结果的影响,这又与确定的(已知的)系统误差不同。在将其置于某一总体中考察时,可把这一系统误差看作是总体的一次具体的抽样结果(即总体分布中的一个个体),因而可用该总体的分布特征(分布函数或分布参数)去描述这类系统误差。这样,不确定的系统误差又与随机误差有相通之处。其分布与误差因素的变化有关,也与测量条件的变化有关,由测量的具体问题所决定。描述其分布的基本参数之一是方差(或标准差)。同样,方差(或标准差)也反映了这类误差可能取值的分散程度,是对测量结果可靠性的表征。与随机误差的情形一样,也引入不确定度这一概念来表述这类误差的分布特征。这一不确定度可用方差或标准差表述,也可用标准差乘以某一系数来表述(即扩展不确定度)。

多个这样的误差共同作用时,相互间表现出具有一定的抵偿性,这也与随机误差的情形一致。

现以长度计量的基准器具 —— 量块为例为说明不确定的系统误差的特征及其评定方法。

在长度计量中,基准器具 —— 量块是以其中心长度传递尺寸的,即量块的中心长度是测量中的标准尺寸。测量过程中,量块的尺寸误差将直接传递到测量结果中。

量块在加工完成以后就获得了一个确定的尺寸 l（图 2.21）。此时，中心长度的实际值 l 与其公称值（名义值）L_0 有一差值 Δ_0，这就是量块中心长度误差（或称偏差）。对于具体的某一量块，这一误差已确定不变了。显然，在使用这一量块进行测量时，由此引入的误差是一个恒定不变的系统误差。在多次重复测量结果中，这一误差没有抵偿性。但在未经检定的情况下使用该量块时，这一误差值是未知的，属于不确定的系统误差，它不能通过修正的方法消除而存留于测量结果中。因此需要对它作出估计。

量块尺寸误差由诸加工误差因素造成。若量块加工误差 δ_g 服从正态分布，其加工标准差为 σ_g，则加工出的一批量块尺寸误差将会呈现正态分布的状况，而一具体的量块尺寸误差只不过是这一正态分布误差中的一个具体取值，其值在 $\pm 3\sigma_g$ 范围之内。使用时，我们认为这些量块都有同等的机会被使用，使用哪一块或哪几块具有随机性。在这个意义上，量块尺寸带给测量方法的误差具有随机性。可以认为这一误差与加工误差具有同一分布，并与加工误差具有相同的标准差（方差）和极限误差。

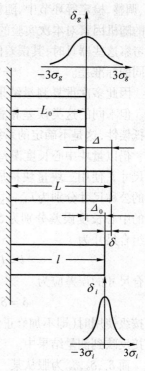

图 2.21

为减小量块加工误差的影响，量块经计量部门检定，给出量块尺寸 L，它与公称尺寸 L_0 之差为 Δ，这就是确定的系统误差，可通过修正法将其从测量结果中消除。但由于检定方法有一定误差，经检定给出的量块尺寸 L 并不绝对准确（$\Delta \neq \Delta_0$）。即经过修正后的量块中心长度仍有误差 $\delta = \Delta_0 - \Delta$。这一误差是由检定过程中诸误差因素造成的，这就是检定误差，它与加工误差具有同样的特征。

通常，可认为检定方法的误差服从正态分布，设其标准差为 σ_j，该检定方法随机地给所检量块一个误差具体值。因此对于某量块，一旦检定完成而给出修正值，则检定方法带来的误差 δ 便已确定。以后无论怎样使用这一量块，只要在测量结果中加入了该修正值，就会引入这一误差，其值固定不变，为一恒定的系统误差。在多次重复测量中，相互间不具有抵偿性。因而在取算术平均值时不能减小其影响。

但量块检定误差 δ 的具体数值并不确知，它是经修正后残留在测量结果中的误差。既不能修正，也无法用具体数值作出评定，因此又不同于已知的系统误差。这一误差可看作是服从正态分布的检定误差的一个随机取值。对于不同的量块，这种随机出现的检定误差就会表现出正态分布的状况（这一状况在大量的量块中表现尤为明显）。使用修正值时，某一量块的检定误差就将按这一正态分布出现，并且具有与检定方法误差相同的标准差 σ_j 和相同的误差限 $\pm 3\sigma_j$。

由此可见，量块的加工误差和检定误差都是不确定的系统误差，测量过程使用的是同一块量块，表现为恒定不变的系统误差。但考察它对测量结果的影响时，应按其分布规律作出评定。

这是未知的系统误差较为普遍的一种情形，一般来说，量具、仪器、设备等在加工、装配、调整、检定等环节中,随机因素使其获得一实际的恒定误差而具有确定性,这是前次实验的随机因素对本次实验的影响,它通过量具、仪器等以固定的形式表现出来。但在随机地考察这些器具时,其误差值又表现出随机性,并具有与前次实验随机因素相同的分布和相同的标准差。

因此多次重复测量结果中同一项这类误差间没有抵偿性。但不同的这类误差相叠加时却表现出如随机误差那样的抵偿性,这是不确定的系统误差二重性的具体表现。

仍以量块中心长度误差为例。如图2.22所示,为获得某一尺寸 l,使用三块量块构成的量块组。设各量块的中心长度的公称尺寸分别为 L_{10}, L_{20}, L_{30},实际尺寸分别 l_1, l_2, l_3,其相应的中心长度误差分别为 $\delta_1, \delta_2, \delta_3$,则三块量块研合在一起的组合尺寸为

$$l = l_1 + l_2 + l_3$$

组合尺寸的误差应为

$$\delta = \delta_1 + \delta_2 + \delta_3$$

当按级使用时(即不加修正值,直接按公称尺寸使用),误差 δ 直接反映到测量结果中。

而 $\delta_1, \delta_2, \delta_3$ 为服从某一分布的具体值(即属于某一总体的个体),随意地考察它们(在任意的三盒量块中取出三块量块,或在一盒量块中任取三块不同尺寸的量块进行研合),$\delta_1, \delta_2, \delta_3$ 在其分布范围内随机地取值,其大小,正负是随机的,求和时就具有正负相互抵消的作用,这种作用与随机误差的抵偿作用是相同的。

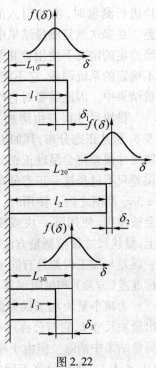

图2.22

同样,测量的若干项不确定的系统误差,例如仪表的示值误差,标准器具的检定误差,温度偏差等,在作用于测量结果进行叠加时,相互间也表现出这样的抵偿性。

2.5　系统误差的检验方法

与随机误差相比,系统误差的存在不易直接由测量数据作出判断。因而研究检验系统误差存在与否的方法具有重要意义。

2.5.1　通过实验对比检验系统误差

通过实验对系统误差的存在在作出检验,这是十分有效的方法。

为了验证某一测量仪器或某一测量方法(或所得的测量结果)是否存在系统误差,应用高一级精度的仪器或测量方法(其测量误差相对来说很小)给出标准量进行对比检验。这一方法在计量工作中称为"检定"。例如用一等标准器检定二等标准器,用二等标准器检定三等标准器等等,通过检定不仅能发现测量中是否存在系统误差,而且能准确地确定其具体数值,为消除这一误差创造了条件。因此,这是很实用的方法,获得了广泛的

应用。

有时,因测量精度高或被测参数复杂,难以找到高一级精度的测量仪器或测量方法提供的标准值(相对真值)。此时,可用同等精度的其他仪器或测量方法给出的测量结果作对比,若发现两者之间有明显的差别,则表明二者间有系统偏差,应怀疑测量结果含有系统误差,这就是对比实验。

当已知误差因素与测量误差之间的关系时,可通过测量实验得出原始误差,再按它与测量误差间的函数关系求得相应的测量误差。或反之,将测量误差进行分解(如利用谐波分析法),以确定误差分量。例如,已知温度偏离标准温度 Δt 时对测量结果的影响为 $\Delta l = \alpha \cdot l \cdot \Delta t$,则可通过测量得到 Δt,再根据上面的关系式计算出相应的测量误差 Δl,由此判断测量的该项系统误差的大小。

2.5.2　通过理论分析判断系统误差

对测量器具、测量原理、方法及数据处理等方面的具体分析,能找出测量中的各系统误差因素。这对测量精度的分析是十分有用的(有关精度分析的例子请参阅第 3 ~ 6 各章)。

有时可根据测量的具体内容找出系统误差所遵从的函数关系,由此计算出测量的系统误差的具体数值,可利用修正法消除这一误差。

通过理论分析来发现系统误差的方法简便可靠,是测量实践中普遍使用的方法,分析的方法与实验的方法相互补充,构成了精度分析的基本内容。

例 2.6　某电路输出电压表达式为 $V_0 = \dfrac{R_2}{R_1 + R_2} V_s$,已知电阻 R_2 的温度系数为 K_2,若温度变化 Δt,分析引起的输出电压 V_0 的变化。

解　当温度变化 Δt,R_2 变化为

$$\Delta R_2 = K_2 R_2 \Delta t$$

则输出电压为

$$V_0' = \frac{R_2 + K_2 R_2 \Delta t}{R_1 + R_2 + K_2 R_2 \Delta t} \cdot V_s$$

而输出电压的误差为

$$\delta V_0 = V_0' - V_0 =$$

$$\frac{R_2 + K_2 R_2 \Delta t}{R_1 + R_2 + K_2 R_2 \Delta t} \cdot V_s - \frac{R_2}{R_1 + R_2} V_s$$

例 2.7　图 2.23 所示为按正弦原理测量小角度的原理示意图。设正弦臂长 l,当测得位移 s 后,被测角 α 即可按下式求得

$$\sin \alpha = \frac{s}{l}$$

即

$$\alpha = \arcsin \frac{s}{l}$$

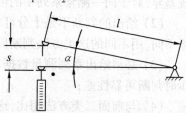

图 2.23

为简化测量工作,当被测角 α 很小时,可采用下面的线性关系代替这一非线性关系

$$\alpha' = \frac{s}{l}$$

显然,这一替代会带来角度的测量误差,其值为

$$\delta\alpha = \alpha' - \alpha = \frac{s}{l} - \arcsin\frac{s}{l}$$

该误差为系统误差,它随被测角的增大而增大,并可由误差式计算出各测量位置上的误差值,必要时可通过修正消除其影响。

2.5.3　对测量数据的直接判断

通过观察系列测量结果的数值变化趋势,可发现随测量次序变化的系统误差。例如,系列测量结果随测量次序成线性关系变化(图 2.24),表明含有线性误差;测量结果随测量次序呈周期性变化(图 2.25)。表明含有周期性误差。

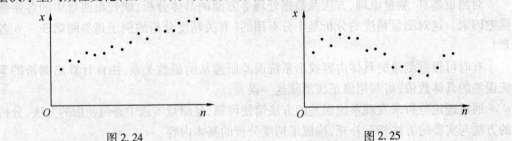

图 2.24　　　　　　　　　　　　　　　　　　图 2.25

在对比两组测量结果(或两台仪器的示值)时,可直接地看出它们的差异,从而判断出二者间的系统偏差。

这一方法较为粗略,但却简单易行,在现场测量中,对分析判断系统误差因素十分有效。

2.5.4　用统计方法进行检验

按随机误差的统计规律作出某种统计法则,看测量数据系列是否与之相符,若不相符合则说明该测量数列包含系统误差。这类方法很多,适应性各有差异。由于较少涉及测量本身具体内容,仅针对测量数据即可作出判断,因而便于掌握和使用。

不过这类方法有很大的局限性:

(1) 这类方法只能用于检验在系列测量数据中变化的系统误差或检验两组数列的系统差异,对于同一测量系列中的恒定系统误差,所有这些方法都是无效的;

(2) 给出的判断不是十分可靠的,在不同的情况下,对不同类型的系统误差判别的效果不同,用不同的这类方法判断同一组数据所得结果可能是不同的;

(3) 必须给出系列测量数据才能作出判断,对单个数据不能作出判断,数据的数目较少时判断可靠性差;

(4) 与前面二类方法相比,这类方法只能对系统误差的存在与否作出判断,不能给出系统误差的具体数值。

在上述意义上,各种统计检验方法都远不是完美的,其应用是有限的,特别是在计量

行业中应用较少。因而本书对这类方法只就其中的部分内容作概要的介绍,详尽的内容请参阅有关文献。

(1) 残差校核法

对等精度系列测量数据 $x_1, x_2, \cdots, x_n$,按式 $v_i = x_i - \bar{x} = x_i - \dfrac{1}{n}\sum_{i=1}^{n} x_i$(见式 4.4)求残差 $v_1, v_2, \cdots, v_n$。

将残差 v_i 分为前后数目相等的二部分: $v_1, v_2, \cdots, v_K$ 和 $v_{K+1}, v_{K+2}, \cdots, v_n$。分别求和并作比较,若

$$\Delta = \sum_{i=1}^{k} v_i - \sum_{i=s+1}^{n} v_i \tag{2.39}$$

显著不为零,则应怀疑测量系列中存在系统误差。这一方法适于判别线性变化的系统误差。

(2) 阿贝 – 赫梅特判别法

对等精度的系列测量数据 $x_1, x_2, \cdots, x_n$,求得相应残差 $v_1, v_2, \cdots, v_n$,作统计量

$$u = |\, v_1 v_2 + v_2 v_3 + \cdots + v_{n-1} v_n \,| = \left|\, \sum_{i=1}^{n-1} v_i v_{i+1} \,\right|$$

若

$$u > \sqrt{n-1}\, s^2 \tag{2.40}$$

则判定该组数据含有系统误差。这一判别方法能有效地反映周期性系统误差。

s 为子样标准差,用贝塞尔公式计算,见 5.2 节式(5.9),即

$$s = \sqrt{\dfrac{\sum\limits_{i=1}^{n} v_i^2}{n-1}}$$

(3) 残差总和判别法

对于等精度系列测量数据 $x_1, x_2, \cdots, x_n$,设相应的残差分别为 $v_1, v_2, \cdots, v_n$,若有

$$\left|\, \sum_{i=1}^{n} v_i \,\right| > 2s\sqrt{n} \tag{2.41}$$

则怀疑测量数据有系统误差。式中 n 为测量数据的数目。

(4) 标准差比较法

对等精度的一组测量结果 $x_1, x_2, \cdots, x_n$,求得各自的残差 $v_1, v_2, \cdots, v_n$,用不同的公式计算其标准差,通过比较可发现存在的系统误差。用贝塞尔公式计算

$$s_1 = \sqrt{\dfrac{\sum\limits_{i=1}^{n} v_i^2}{n-1}}$$

用别捷尔斯公式计算

$$s_2 = 1.253\,\dfrac{\sum\limits_{i=1}^{n} |\, v_i \,|}{\sqrt{n(n-1)}}$$

若

$$\dfrac{s_2}{s_1} \geq 1 + \dfrac{2}{\sqrt{n-1}} \tag{2.42}$$

则应怀疑测量中存在系统误差。

（5）数据比较法

设对某一量 A 独立测得两组数据

$$x_1, x_2, \cdots, x_n$$
$$y_1, y_2, \cdots, y_m$$

计算其平均值

$$\bar{x} = \frac{1}{n} \sum_{i=1}^{n} x_i$$

$$\bar{y} = \frac{1}{m} \sum_{j=1}^{m} y_j$$

计算其标准差

$$s_x = \sqrt{\frac{\sum\limits_{i=1}^{n} (x_i - \bar{x})^2}{n-1}}$$

$$s_y = \sqrt{\frac{\sum\limits_{j=1}^{m} (y_j - \bar{y})^2}{m-1}}$$

若

$$|\bar{x} - \bar{y}| > 2\sqrt{s_x^2 + s_y^2} \tag{2.43}$$

则怀疑两组数据间存在系统误差。

2.6　各类误差间的关系

如上所述，测量误差按其特征规律分为系统误差、随机误差和粗大误差。为减小误差的影响所采取的种种措施，为获得尽可能精确的结果所使用的种种数据处理方法以及误差计算与评定方法等多与误差的性质有关。因此，测量的实践要求对不同性质的测量误差作出确切的区分。但对测量误差的区分并不是绝对的，它们之间没有绝对的分界线，随着考察条件的变化，误差的性质也会发生变化。

例如，正态分布的随机误差是由许多微小的未加控制的因素综合作用的结果，若能对其某项因素加以控制，则可使其消减或转化为系统误差。而系统误差也可在一定条件下使其随机化。以前面述及的度盘偏心误差为例，在固定地使用度盘的同一刻度进行测量时，带入测量结果的误差是恒定不变的系统误差。若按顺时针或逆时针顺次考察各刻度时，其示值误差是按正弦规律变化的系统误差。但在逐次测量时，随机地选择任一刻度进行测量（每次测量都是随意地，不附带任何选择条件地取用任一刻度位置进行测量），则由此引入测量结果的误差应为随机误差。

又如，环境温度对测量结果的影响，条件不同产生的误差性质亦会有所不同，不能一概归结为系统误差或是随机误差。当环境温度相对标准温度有一固定偏差，则引起的测量误差常是恒定的系统误差；当温度渐次升高，引起仪器示值漂移，造成变化的系统误差；当温度随机波动时，则会引起测量结果的随机变化。

考察某一具体的标准器的量值,其误差为确定值,对测量结果的影响应按恒定系统误差处理;但若考察出厂的成批产品时,这种标准器的量值误差具有随机分布的特征,需要用统计规律去描述。

对于数值未知的系统误差,在固定的条件下,其取值在多次重复测量结果中恒定不变而无抵偿性,因此属于系统误差。但在条件适当改变时,这类误差又表现出随机误差的分布特征,因而也用表征随机误差的特征参数去表征它。而不同因素的这类误差综合作用时,相互间也表现出随机误差那样的抵偿性,因而在考虑精度参数的合成时,又应按随机误差的特征去处理。

同样,在概念上粗大误差与随机误差及系统误差有明确的差别,但实际上,这一界限并不十分清晰。在系列测量结果中,粗大误差与另二误差的差别只表现为数值大小的差别。由于正态分布的随机误差分布的"无限性",有时很难区分粗大误差与正常的服从正态分布的大误差。特别是在误差值处于测量的误差界限附近时更是如此。此时应采用某一判定准则加以区别,而这些判定准则的选择使用也具有某种随机性。首先,这些判定准则是按一定的概率对粗大误差作出区分鉴别的,因此这一区分具有某种不确定的含意。其次,判定方法及显著性水平的选择也具有人为的主观因素,选择不同的判别方法、按着不同的显著性水平,判别的结果可能是不同的。

某一误差因素,在某种条件下可造成粗大误差,从而歪曲测量结果,应舍弃不用。但在另外的条件下,同一误差因素引起的误差却在正常范围之内。例如,查点房间内的人数时,若漏点了人数(或多计了人数)时,获得的数字应认为是错误的,含有粗大误差。但在人口普查中,计数误差被认为是不可避免的,而且遵从某种分布规律。

由上述可见,误差性质的转化在误差的分析与处理过程中具有重要意义,而相应的条件则是这种转化的前提。因此,在讨论误差的性质和对误差进行分类时绝不能脱离相应的前提条件。

最后应指出,任何一个测量结果总是包含随机误差和系统误差的,个别的数据还包含粗大误差,不会只含随机误差或系统误差。但在一个具体的测量结果中,它们集中地反映在一个具体的数据中,而无法在数量上作出区分。只有在多次测量的系列数据中,不同性质的误差才显露出来。图 2.1 所示的射击时弹着点的例子可以形象地说明这一情形。只进行一次射击时,用这一射击结果说明射击水平是很不充分的,更无法区分出射击的系统误差、随机误差和粗大误差。只有通过大量的射击,才能确切地反映射击水平,并区分出系统误差、随机误差和粗大误差。由图 2.1 可知,射击的随机误差反映为弹着点的分散程度;系统误差则表现为弹着点分布中心对靶心的偏离程度;而远离正常弹着点分布区域的个别弹着点反映了粗大误差的作用。

这种多次实验就是统计实验,因此在对测量误差进行分析研究时,统计实验具有重要的意义。

思考与练习2

2.1　测量误差的分布函数和分布密度的意义是什么?

2.2　用分布函数表示下面的概率

$$P(\delta < a), P(a \le \delta < b), P(\delta < a \text{ 或 } \delta \ge b)$$

2.3　用分布密度表示下面的概率

$$P(a > \delta), P(a < \delta), P(a \le \delta \le b)$$

2.4　怎样理解随机误差的抵偿性？抵偿性有何意义？

2.5　正态分布的随机误差有何性质？

2.6　对于随机误差 δ_i，当测量次数无限增大（$n \to \infty$）时，是否有 $\sum\limits_{i=1}^{n} \delta_i \to 0$？为什么？

2.7　测量误差的数学期望和方差的意义是什么？

2.8　若某一误差的数学期望为零，应怎样解释？

2.9　测量误差与标准差有何区别与联系？

2.10　标准差大的测量数据的误差是否一定大？标准差小的测量数据的误差是否一定小？

2.11　随机误差有哪些表征参数？它们之间有何联系？

2.12　极限误差与标准差有何差别与联系？

2.13　均匀分布的随机误差有无抵偿性？为什么？

2.14　比较均匀分布与正态分布随机误差的极限误差异同点。

2.15　举出恒定系统误差的实例。

2.16　说明确定的系统误差与不确定系统误差的区别与联系。

2.17　不确定系统误差的分布规律含义是什么？

2.18　怎样理解不同因素的不确定的系统误差间的抵偿性？

2.19　检验数据中是否存在系统误差的方法有哪些？

2.20　怎样辩证地理解各类误差间的区别与联系？

2.21　设测量误差 δ 服从正态分布，试求：$|\delta| < 4\sigma$ 及 $|\delta| > 4\sigma$ 的概率。

2.22　设测量误差 δ 服从正态分布，其标准差为 $\sigma = 0.015\ \text{mm}$，求 $|\delta| < 0.04\ \text{mm}$，$\delta > 0.04\ \text{mm}$，及 $\delta < -0.04\ \text{mm}$ 的概率。

2.23　设测量误差 δ 服从正态分布，标准差为 $\sigma = 0.025\ \text{g}$，若使 $P(|\delta| > \Delta) = 0.1$，问 Δ 应为多少？

2.24　设测量误差 δ 服从均匀分布

$$f(\delta) = \begin{cases} \dfrac{1}{0.006} & (-0.003 \le \delta \le 0.003) \\ 0 & (\delta < -0.003 \text{ 或 } \delta > 0.003) \end{cases}$$

求 δ 的标准差 σ。

2.25　设测量误差 δ 服从均匀分布，标准差 $\sigma = 0.06\ \text{mA}$，求概率 $P(-0.10 \le \delta \le 0.10)$。

2.26　设测量误差服从反正弦分布

$$f(\delta) = \begin{cases} \dfrac{1}{\pi\sqrt{2.5 \times 10^{-5} - \delta^2}} & -0.005 \le \delta \le 0.005 \\ 0 & \delta < -0.005 \text{ 或 } \delta > 0.005 \end{cases}$$

求 δ 的标准差 σ。

2.27　设测量误差 δ 服从反正弦分布,求概率 $P(-\sigma \leqslant \delta \leqslant \sigma)$。

2.28　抽取某零件 15 件,测量其尺寸,分别为(单位 mm)4.987,4.993,4.995,4.996,4.998,4.998,5.000,5.001,5.002,5.004,5.006,5.009,5.011,5.012,5.017,若不计测量误差,试用正态概率纸检验加工误差的正态性。

2.29　长 200 mm 的线纹尺在使用时安装歪斜 10′,求由此引起的最大测量误差。

2.30　百分表装夹歪斜 3°(测杆相对工作台面),计算在下列两种情况下的测量误差,并作分析对比(图 2.26)。

(1)测量某工件尺寸得测量结果为 8 mm;

(2)将被测工件与标准件作相对比较,得工件的尺寸偏差为 0.08 mm。

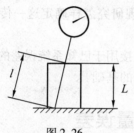

图 2.26

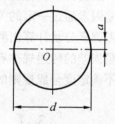

图 2.27

2.31　测量圆的直径 d 时,若测量线偏离中心距离 a,问由此引起的测量误差是多少(图 2.27)?

2.32　图 2.28 所示为正弦机构,被测尺寸偏差 p 使测杆位移 p,测杆推动杠杆转动 a 角使指针偏转,若指针刻度是均匀的,试分析由传动关系的非线性引起的测量误差。

2.33　对温度的 10 次测量结果依次为(单位 ℃):20.05,20.08,20.06,20.09,20.10,20.12,20.14,20.18,20.16,20.20,试分别用残差校核法、残差总和判别法判断测量中有无系统误差?

2.34　用不同方法制取氮,分别测得氮气密度平均值 $\bar{\rho}$ 及其标准差 σ 如下:
化学法制氮 $\bar{\rho}_1 = 2.299\ 71$,$\sigma_1 = 0.000\ 41$;由大气提取氮 $\bar{\rho}_2 = 2.310\ 22$,$\sigma_2 = 0.000\ 19$。试判别两者有无系统差异。

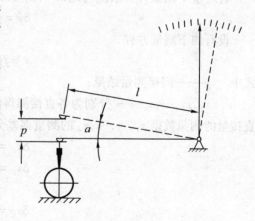

图 2.28

第 3 章 测量误差的传递

在间接测量中,待求量通过间接测量的方程式 $y = f(x_1, x_2, \cdots, x_n)$ 获得。通过测量获得量 $x_1, x_2, \cdots, x_n$ 的数值后,即可由上面的函数关系计算出待求量 y 的数值。那么测量数据的误差怎样作用于间接量 y,即给定测量数据 $x_1, x_2, \cdots, x_n$ 的测量误差,怎样求出所得间接量 y 的误差值?

对于更一般的情形,测量结果的误差是测量方法各环节的诸误差因素共同作用的结果。这些误差因素通过一定的关系作用于测量结果。现研究怎样确定这一传递关系,即怎样由诸误差因素分量计算出测量的总误差。

研究测量误差的传递规律有重要意义,它不仅可直接用于已知系统误差的传递计算,并且是建立不确定度合成规则的依据,因而是精度分析的基础①。

3.1 按定义计算测量误差

现在按测量误差的定义给出测量结果的误差,这是研究误差传递关系的基本出发点。

若对量 Y 用某种方法测得结果 y,则按测量误差的定义,该数据的测量误差应为

$$\delta y = y - Y \tag{3.1}$$

设有如下测量方程

$$y = f(x_1, x_2, \cdots, x_n)$$

式中 y——间接测量结果;

$x_1, x_2, \cdots, x_n$——分别为各直接测得值。

直接量的测量数据 $x_1, x_2, \cdots, x_n$ 的测量误差分别为

$$\delta x_1 = x_1 - X_1$$
$$\delta x_2 = x_2 - X_2$$
$$\vdots$$
$$\delta x_n = x_n - X_n$$

式中,$X_1, X_2, \cdots, X_n$ 分别为相应量的实际值(真值)。

则间接测量结果的误差可写为

$$\delta y = y - Y = f(x_1, x_2, \cdots, x_n) - f(X_1, X_2, \cdots, X_n) =$$

---

① 注意,本章所指测量误差是按定义给出的误差量,而不是误差的表征参数(如标准差,扩展不确定度等)。因而以下给出的传递规律适用于任何性质的误差(系统误差或随机误差)。只不过对于随机误差只有理论分析的意义,而不必要进行具体数值的计算。

$$f(X_1 + \delta x_1, X_2 + \delta x_2, \cdots, X_n + \delta x_n) -$$
$$f(X_1, X_2, \cdots, X_n) \tag{3.2}$$

式(3.2)给出了由测量数据的误差计算间接量 y 的误差的传递关系式,这一误差关系是准确无误的。

直接按定义计算测量结果误差的方法在误差传递计算中经常使用,特别是在单独分析某项误差因素对测量结果的影响时,若这一影响关系不便或不能化成简单的线性关系,则这一方法更常使用。因此直接按定义作误差传递计算的方法不能完全用下面所述的线性化的误差传递方法代替。

但在实用上,这种方法较为繁琐,特别是在分析多个误差因素对测量结果的综合影响时更是如此,并且往往会遇到困难而无法解决。更重要的是这种方法没有给出规则化的、简明的误差传递关系,因此在讨论与处理不确定度的合成关系时,它也无法给出简明实用的合成关系,这是这种方法的局限性。

例3.1 设矩形长度为 x,宽度为 y,则矩形面积 $s = xy$。现通过测量获得 x 和 y 的测得值,分别为 x' 和 y',其测量误差分别为 δx 和 δy,如图 3.1 所示,求由此引起的面积误差 δs。

解 这是间接测量的情形。因测得的 x' 值和 y' 值是有误差的,故按函数关系求得的面积 s' 也有误差,按测量误差的定义,面积误差应为

$$\delta s = s' - s = x'y' - xy =$$
$$(x + \delta x)(y + \delta y) - xy =$$
$$x\delta y + y\delta x + \delta x \delta y$$

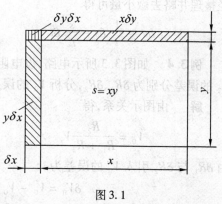

图 3.1

显然,该误差为三项之和,这三项分别相应于图中划有阴影的三块小面积。

例3.2 测量工件平行端面间的距离 L,若工件在测量时,安置歪斜 α 角,则测量线 $\overline{ac}$ 与被测线 $\overline{ab}$ 方向不一致,分析由此引起的测量误差(图 3.2)。

解 由图 3.2 的三角形 abc,被测量的实际值 L 与测得值 l 间有如下关系

$$L = l\cos\alpha$$

按定义,测量误差为

$$\delta l = l - L =$$
$$l - l\cos\alpha =$$
$$l(1 - \cos\alpha)$$

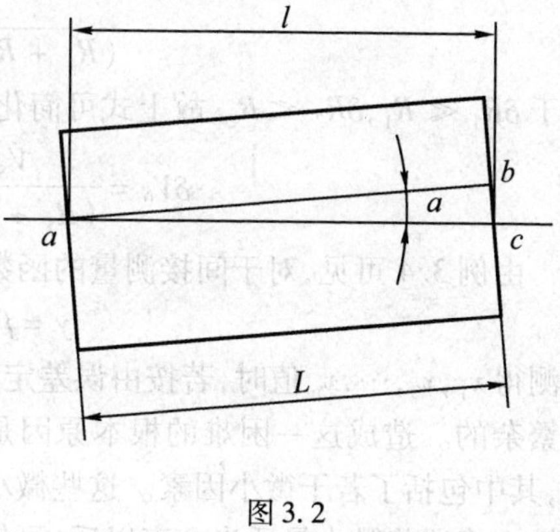

图 3.2

将 $(1 - \cos\alpha)$ 按级数展开,略去三次以上的高次项可得

$$\delta l = \frac{1}{2}l\alpha^2$$

此例不能按下面所述的线性化的方法计算。

例3.3   为求得某物体在给定时间间隔内的平均速度,测得时间间隔 t 和物体相应移过的距离 s,若测量误差分别为 δt 和 δs,求所给速度的误差表达式。

解   给出的速度应按下式计算

$$v = \frac{s}{t}$$

而排除测量误差的速度表达式则为

$$V = \frac{s - \delta s}{t - \delta t}$$

按误差的定义,所给出速度的误差应为

$$\delta v = v - V = \frac{s}{t} - \frac{s - \delta s}{t - \delta t}$$

经整理并略去微小量可得

$$\delta v \approx \frac{1}{t}\,\delta s - \frac{s}{t^2}\,\delta t$$

例3.4   如图3.3所示电路,设电阻 R_1,R_2 的误差分别为 δR_1、δR_2,分析 V_0 的误差。

解   由图示关系,得

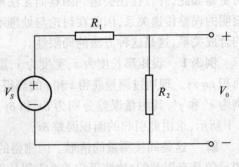

图 3.3

$$V_0 = \frac{R_2}{R_1 + R_2}V_s$$

由 δR_1 与 δR_2 引入 V_0 的误差为

$$\delta V_0 = V_0' - V_0 =$$

$$\frac{R_2 + \delta R_2}{R_1 + \delta R_1 + R_2 + \delta R_2}V_s - \frac{R_2}{R_1 + R_2}V_s =$$

$$\frac{R_1\delta R_2 - R_2\delta R_1}{(R_1 + R_2 + \delta R_1 + \delta R_2)(R_1 + R_2)}V_s$$

由于 $\delta R_1 \ll R_1, \delta R_2 \ll R_2$,故上式可简化为

$$\delta V_0 = \frac{V_s}{(R_1 + R_2)^2}(R_1\delta R_2 - R_2\delta R_1)$$

由例3.4可见,对于间接测量的函数

$$y = f(x_1, x_2, \cdots, x_n)$$

当测得 $x_1, x_2, \cdots, x_n$ 值时,若按由误差定义所给出的式(3.2)计算 y 的误差,一般来说是较为繁杂的。造成这一困难的根本原因是这一方法给出的误差计算关系是完全准确的关系,其中包括了若干微小因素。这些微小因素产生了非线性的关系,造成误差表达式的复杂性。将这些微小量适当舍弃以后,可使误差表达式大为简化。

3.2　函数误差传递计算的线性化

设有函数

$$y = f(x_1, x_2, \cdots, x_n)$$

若 $x_1, x_2, \cdots, x_n$ 分别含有误差 $\delta x_1, \delta x_2, \cdots, \delta x_n$，则 y 的误差为

$$\delta y = f(x_1, x_2, \cdots, x_n) - f(X_1, X_2, \cdots, X_n)$$

为获得简单的误差关系式，将函数 $y = f(x_1, x_2, \cdots, x_n)$ 按泰勒级数展开，并略去二次以上的高次项，则得

$$y = f(x_1, x_2, \cdots, x_n) =$$

$$f(X_1, X_2, \cdots, X_n) + \left(\frac{\partial f}{\partial x_1}\right)_0 (x_1 - X_1) + \left(\frac{\partial f}{\partial x_2}\right)_0 (x_2 - X_2) + \cdots +$$

$$\left(\frac{\partial f}{\partial x_n}\right)_0 (x_n - X_n) =$$

$$f(X_1, X_2, \cdots, X_n) + \left(\frac{\partial f}{\partial x_1}\right)_0 \delta x_1 + \left(\frac{\partial f}{\partial x_2}\right)_0 \delta x_2 + \cdots + \left(\frac{\partial f}{\partial x_n}\right)_0 \delta x_n$$

式中　　$X_1, X_2, \cdots, X_n$——分别为 $x_1, x_2, \cdots, x_n$ 的真值；

$\delta x_1, \delta x_2, \cdots, \delta x_n$——分别为 $x_1, x_2, \cdots, x_n$ 的误差；

$\left(\frac{\partial f}{\partial x_1}\right)_0, \left(\frac{\partial f}{\partial x_2}\right)_0, \cdots, \left(\frac{\partial f}{\partial x_n}\right)_0$——分别为函数 $f(x_1, x_2, \cdots, x_n)$ 对 $x_1, x_2, \cdots, x_n$ 的偏

导数在 $x_1 = X_1, x_2 = X_2, \cdots, x_n = X_n$ 处的值。

将展开式代入上面的误差式中，则有

$$\delta y = f(x_1, x_2, \cdots, x_n) - f(X_1, X_2, \cdots, X_n) =$$

$$\left(\frac{\partial f}{\partial x_1}\right)_0 \delta x_1 + \left(\frac{\partial f}{\partial x_2}\right)_0 \delta x_2 + \cdots + \left(\frac{\partial f}{\partial x_n}\right)_0 \delta x_n$$

或简单写成

$$\delta y = \frac{\partial f}{\partial x_1} \delta x_1 + \frac{\partial f}{\partial x_2} \delta x_2 + \cdots + \frac{\partial f}{\partial x_n} \delta x_n = \sum_{i=1}^{n} \frac{\partial f}{\partial x_i} \delta x_i \tag{3.3}$$

式中，偏导数 $\frac{\partial f}{\partial x_i}$ 可用真值 X_i 代入求得，也可用测得值 x_i 代入求得。这是因为 x_i 与 X_i 的差别甚小，相应的偏导数值十分接近。

上式表明，函数 y 的总误差应是各误差分量 δx_i 与相应偏导数 $\frac{\partial f}{\partial x_i}$ 之积的代数和，即函数 y 的总误差是各误差分量 δx_i 的线性和。

这样，通过函数线性化的方法获得了线性的误差传递关系。既简明，又有规则。在函数关系较复杂的情形下，更具有突出的优越性。

由于函数关系通常是非线性的，在作线性化处理时需要略去展开式中二次以上的高次项，保留的一次项部分（即线性部分）只是原来的函数 y 的近似表达式，所以严格地说，上面的误差传递关系（式3.3）在一般情况下只是一个近似的关系式。只有在 y 是 x_i 的线

性函数时,该式才是准确的。当展开式的高次项不可忽略(如例3.2的情形)时,函数不能作线性化处理,此时只能直接按定义计算误差。因此,线性化方法的应用受一定条件的限制。

但就一般情形看,由于测量误差 δx_i 相对来说通常是很微小的,所以函数线性化处理时略去的高次项部分也常可忽略不计。可以说,一般按线性和求总误差在实用上具有足够的精度,因而式(3.3),具有普遍意义。

根据式(3.3),对一些具有特殊函数关系的间接量,可以获得更具体的结果。

对于线性函数

$$y = k_1 x_1 + k_2 x_2 + \cdots + k_n x_n$$

式中,$k_1, k_2, \cdots, k_n$ 为系数。

间接量 y 的总误差应为

$$\delta y = k_1 \delta x_1 + k_2 \delta x_2 + \cdots + k_n \delta x_n = \sum_{i=1}^{n} k_i \delta x_i \qquad (3.4)$$

当 $k_1 = k_2 = \cdots = k_n = 1$ 时,则有

$$\delta y = \delta x_1 + \delta x_2 + \cdots + \delta x_n = \sum_{i=1}^{n} \delta x_i \qquad (3.5)$$

显然式(3.4)与式(3.5)是准确关系式。

对于三角函数

$$\sin \varphi = f(x_1, x_2, \cdots, x_n)$$

由式(3.3),得

$$\delta \sin \varphi = \frac{\partial f}{\partial x_1} \delta x_1 + \frac{\partial f}{\partial x_2} \delta x_2 + \cdots + \frac{\partial f}{\partial x_n} \delta x_n \qquad (3.6)$$

为求角度 φ 的误差,对正弦函数微分

$$d\sin\varphi = \cos \varphi d\varphi$$

则有

$$d\varphi = \frac{d\sin\varphi}{\cos \varphi}$$

以误差量代替微分量,得

$$\delta\varphi = \frac{\delta \sin \varphi}{\cos \varphi}$$

将式(3.6)代入上式,得角度误差的表达式

$$\delta\varphi = \frac{1}{\cos \varphi}\left(\frac{\partial f}{\partial x_1} \delta x_1 + \frac{\partial f}{\partial x_2} \delta x_2 + \cdots + \frac{\partial f}{\partial x_n} \delta x_n\right) = \frac{1}{\cos \varphi} \sum_{i=1}^{n} \frac{\partial f}{\partial x_i} \delta x_i \qquad (3.7)$$

同样,也可给出具有其他三角函数关系的角度误差表达式。

对于函数

$$\cos \varphi = f(x_1, x_2, \cdots, x_n)$$

角度 φ 的误差式为

$$\delta\varphi = -\frac{1}{\sin \varphi} \sum_{i=1}^{n} \frac{\partial f}{\partial x_i} \delta x_i \qquad (3.8)$$

对于函数

$$\tan \varphi = f(x_1, x_2, \cdots, x_n)$$

角度 φ 的误差式为

$$\delta\varphi = \cos^2\varphi \sum_{i=1}^{n} \frac{\partial f}{\partial x_i} \delta x_i \tag{3.9}$$

对于函数

$$\cot \varphi = f(x_1, x_2, \cdots, x_n)$$

角度 φ 的误差式为

$$\delta\varphi = -\sin^2\varphi \sum_{i=1}^{n} \frac{\partial f}{\partial x_i} \delta x_i \tag{3.10}$$

对于对数函数

$$y = \ln x$$

y 的误差式为

$$\delta y = \frac{1}{x} \delta x \tag{3.11}$$

对于对数函数

$$y = \log_a x$$

y 的误差式为

$$\delta y = \frac{1}{x\ln \alpha} \delta x \tag{3.12}$$

当函数误差以相对误差的形式给出时,由式(3.3),其传递关系为

$$\beta_y = \frac{\delta y}{y} = \frac{1}{y} \sum_{i=1}^{n} \frac{\partial f}{\partial x_i} \delta x_i \tag{3.13}$$

或写成

$$\beta_y = \frac{\delta y}{y} = \sum_{i=1}^{n} \frac{\partial \ln f}{\partial x_i} \delta x_i \tag{3.14}$$

以相对误差表示各误差分量时,其传递关系为

$$\beta_y = \frac{1}{y} \sum_{i=1}^{n} \frac{\partial f}{\partial x_i} x_i \beta x_i \tag{3.15}$$

或

$$\beta_y = \sum_{i=1}^{n} \frac{\partial \ln f}{\partial x_i} x_i \beta x_i \tag{3.16}$$

例 3.5　利用线性化的方法给出例 3.3 中速度的误差表达式。

解　由速度的函数式 $v = s/t$,求偏导数

有

$$\alpha_s = \frac{\partial v}{\partial s} = \frac{1}{t}$$

$$\alpha_t = \frac{\partial v}{\partial t} = -\frac{s}{t^2}$$

根据误差传递关系式(3.3),由测量误差 δs 和 δt 引起的 v 的误差为

$$\delta v = \alpha_s \delta s + \alpha_t \delta t = \frac{\partial v}{\partial s} \delta s + \frac{\partial v}{\partial t} \delta t = \frac{1}{t} \delta s - \frac{s}{t^2} \delta t$$

这一结果与例3.3中经简化处理(将 δs 与 δt 的系数的分母中的 δt 略去)后的结果相同,表明这一结果是 v 的近似的、但却是十分简单的误差表达式。

例3.6   利用函数线性化的方法给出例3.4中输出 V_0 的误差表达式。

解   对输出电压 V_0 的函数式

$$V_0 = \frac{R_2}{R_1 + R_2}V_s$$

求偏导,有

$$\alpha_{R_1} = \frac{\partial V_0}{\partial R_1} = \frac{-R_2}{(R_1 + R)^2}V_s$$

$$\alpha_{R_2} = \frac{\partial V_0}{\partial R_2} = \frac{R_1}{(R_1 + R_2)^2}V_s$$

则按式(3.3),V_0 的误差式为

$$\delta V_0 = \frac{\partial V_0}{\partial R_1}\delta R_1 + \frac{\partial V_0}{\partial R_2}\delta R_2 =$$

$$\frac{-R_2 V_s}{(R_1 + R_2)^2}\delta R_1 + \frac{R_1 V_s}{(R_1 + R_2)^2}\delta R_2$$

与例3.4的简化结果一致。

例3.7   以压力 F 将一直径为 D 的钢球压入样块,样块上压痕高度为 t,则样块的布氏硬度 HB 为 $\frac{0.102F}{\pi Dt}$(F 的单位为 N;D,t 的单位为 mm)。设所加负荷 $F = 29\,420$ N,钢球直径 $D = 10$ mm,测得压痕高度 $t = 0.425$ mm,试给出布氏硬度的误差表达式(只考虑 F,D,t 的误差)。

解   设所加压力 F 的误差为 δF,钢球直径 D 的误差为 δD,压痕高度 t 的测量误差为 δt,则布氏硬度误差的线性化的表达式为

$$\delta HB = \frac{\partial HB}{\partial F}\delta F + \frac{\partial HB}{\partial D}\delta D + \frac{\partial HB}{\partial t}\delta t$$

现计算各偏导数(量纲略)

$$\frac{\partial HP}{\partial F} = \frac{\partial}{\partial F}\left(\frac{0.102F}{\pi Dt}\right) = \frac{0.102}{\pi Dt} =$$

$$\frac{0.102}{3.1416 \times 10 \times 0.425} = 7.6 \times 10^{-3}$$

$$\frac{\partial HP}{\partial D} = \frac{\partial}{\partial D}\left(\frac{0.102F}{\pi Dt}\right) = \frac{-0.102F}{\pi D^2 t} =$$

$$\frac{-0.102 \times 29420}{3.1416 \times 10^2 \times 0.425} = -22.5$$

$$\frac{\partial HP}{\partial t} = \frac{\partial}{\partial t}\left(\frac{0.102F}{\pi Dt}\right) = \frac{-0.102F}{\pi Dt^2} =$$

$$\frac{-0.102 \times 29420}{3.1416 \times 10 \times 0.425^2} = -529$$

则可得所给硬度值的误差表达式

$$\delta HP = 0.0076\delta F - 22.5\delta D - 529\delta t$$

由上式可见，δt 的系数较大，所以对 t 的测量精度应有较高的要求。

3.3 误差传递计算的线性叠加法则

当给出测量函数关系 $y = f(x_1, x_2, \cdots, x_n)$ 时，式(3.3)给出的误差关系式表明，函数的误差是自变量误差的线性和。若把函数 y 看作是间接测量的量，自变量 x_i 看作是直接的测量结果，则间接量的误差应是直接测量数据误差的线性和。

我们可以把上述误差的这一线性叠加关系推广到一般的情形。不管能否写出如上所述的函数关系，一般可将测量结果 y 的误差表示为

$$\delta y = \alpha_1 \delta x_1 + \alpha_2 \delta x_2 + \cdots + \alpha_n \delta x_n = \sum_{i=1}^{n} \alpha_i \delta x_i \qquad (3.17)$$

式中　δy —— 测量结果的总误差；

$\delta x_1, \delta x_2, \cdots, \delta x_n$ —— 原始误差，包括直接量的误差和其他各种因素造成的误差；

$\alpha_1, \alpha_2, \cdots, \alpha_n$ —— 各原始误差相应的系数，称为原始误差的传递系数；

$\alpha_i \delta x_i$ —— 局部误差或分量误差。

式(3.17)表明，测量结果的总误差是测量的各原始误差综合作用的结果，它等于各原始误差分别乘以相应的传递系数后的代数和，即测量结果的总误差可表述为各原始误差的线性和(局部误差之和)，这就是误差传递的线性叠加法则。

这一法则指出误差作用具有独立性，即各原始误差对测量结果的作用是独立的，一个误差因素对测量结果的影响与其他误差因素的大小无关，它们构成总误差的单独组成部分。这一性质为误差分析和不确定度的合成创造了极为方便的条件①。

误差的线性叠加法则给出了一个形式非常简单、使用非常方便的误差传递关系。任何一个原始误差只要乘以相应的传递系数即可折合为最终结果的误差分量。这里的传递系数可以通过求导数的方法得到，也可以通过其他方法求得。

当然，严格地说，误差因素与总误差之间的这一线性关系只是近似的，事实上常常存在着非线性的影响。只不过在一般情况下，由于误差量相对于被测量来说总是很微小的，所以非线性的影响十分微小，可忽略不计，即可认为误差对最终结果是按线性关系独立作用的。

误差作用的线性叠加法则可用于已知系统误差的分析计算，并且是建立不确定度合成法则的基本依据，因而是精度分析的基础。

以上结果都是按绝对误差加以讨论的，这是误差传递关系的基本表达形式。

当测量误差以相对误差的形式表述和分析时，不难由相对误差的定义和上述结果给

---

① 注意，这里所指误差作用的独立性是对测量结果作用的函数关系而言，与第5章中涉及到的误差间的相关关系、独立性不同。

出传递关系。设测量结果 y 有式(3.17)的误差传递关系,则其相对误差可表示为

$$\beta_y = \frac{\delta y}{y} = \frac{\sum_{i=1}^{n} \alpha_i \delta x_i}{y} \tag{3.18}$$

或写成

$$\beta_y = \frac{1}{y} \sum_{i=1}^{n} \alpha_i x_i \frac{\delta x_i}{x_i} = \frac{1}{y} \sum_{i=1}^{n} \alpha_i x_i \beta_{x_i} \tag{3.19}$$

即

$$\beta_y = \sum_{i=1}^{n} b_i \beta_{x_i} \tag{3.20}$$

式中　　β_{x_i}——x_i 的相对误差,$\beta_{x_i} = \frac{\delta_{x_i}}{x_i}$;

　　　　b_i——β_{x_i} 的传递系数。

式(3.20)即为相对误差的线性叠加关系,其传递系数 b_i 与绝对误差形式的线性叠加传递系数 α_i 有如下关系

$$b_i = \frac{x_i}{y} \alpha_i \tag{3.21}$$

若　　　　　　　　　　　　$y = x_1, x_2, \cdots, x_n$

则有　　　$\beta_y = \frac{\delta y}{y} = \frac{\delta x_1}{x_1} + \frac{\delta x_2}{x_2} + \cdots + \frac{\delta x_n}{x_n} =$

$$\beta_{x_1} + \beta_{x_2} + \cdots + \beta_{x_n} \tag{3.22}$$

若　　　　　　　　　　　　$y = \frac{x_1}{x_2}$

则有　　　$\beta_y = \frac{\delta y}{y} = \frac{\delta x_1}{x_1} - \frac{\delta x_2}{x_2} = \beta_{x_1} - \beta_{x_2} \tag{3.23}$

对不同的函数关系,β_y 有不同的具体表达式,可针对具体问题给出,这里从略。

例 3.8　按线性叠加法则分析计算例3.1中面积 s 的误差。

解　根据误差作用的线性叠加法则(式3.17),矩形面积 s 的误差可写成

$$\delta s = \alpha_x \delta x + \alpha_y \delta y$$

由间接测量的函数式 $s = xy$,得

$$\alpha_x = \frac{\partial s}{\partial x} = y$$

$$\alpha_y = \frac{\partial s}{\partial y} = x$$

则面积 s 的误差式可写成

$$\delta s = y \delta x + x \delta y$$

将这一结果与例3.1所得结果作一对比可见,这一结果只包含二项线性的误差项。而例3.1的结果中还包含一项非线性的二次项 $\delta x \cdot \delta y$,是准确的误差式。不过,由于误差量 δx 与 δy 相对于 x 与 y 是十分微小的,所以其非线性部分 $\delta x \cdot \delta y$ 的值相对来说十分微小,

可忽略不计。因此,在按线性叠加法则计算时略去这一部分,对实际结果影响极小。

例如,设 $x = 300$ mm, $y = 100$ mm, $\delta x = 0.5$ mm, $\delta y = 0.3$ mm,则 $s = xy = 300$ mm $\times$ 100 mm = 30 000 mm^2, $y\delta x = 100$ mm $\times$ 0.5 mm = 50 mm^2, $x\delta y = 300$ mm $\times$ 0.3 mm = 90 mm^2, $\delta x \cdot \Delta y = 0.5$ mm $\times 0.3$ mm = 0.15 mm^2。

可见二次项 $\delta x \delta y$ 确实可忽略不计。

例 3.9　三块量块 l_1, l_2, l_3 的中心长度误差分别为 $\delta l_1 = -0.5 \times 10^{-3}$ mm, $\delta l_2 = 0.2 \times 10^{-3}$ mm, $\delta l_3 = 0.1 \times 10^{-3}$ mm,求三块量块组合后的尺寸误差。

解　三块量块组合尺寸为

$$l = l_1 + l_2 + l_3$$

由此可得 $\delta l_1, \delta l_2, \delta l_3$ 的传递系数都为 1,则按式(3.17),组合尺寸的误差应为

$$\delta l = \delta l_1 + \delta l_2 + \delta l_3 =$$
$$(-0.5 \times 10^{-3} \text{ mm} + 0.2 \times 10^{-3} \text{ mm} + 0.1 \times 10^{-3} \text{ mm}) =$$
$$-0.2 \times 10^{-3} \text{ mm}$$

例 3.10　测量闸门时间 T 与计数的脉冲数 N,则频率可按式 $f = \dfrac{N}{T}$ 求得,若已知 N, T 的相对误差 β_N, β_T,给出 f 的相对误差。

解　由测量方程 $f = \dfrac{N}{T}$,得误差传递关系式

$$\delta f = \frac{1}{T} \delta N - \frac{N}{T^2} \delta T$$

其相对误差为

$$\beta_f = \frac{\delta f}{f} = \frac{N}{fT} \cdot \frac{\delta N}{N} - \frac{N}{fT} \cdot \frac{\delta T}{T} = \frac{\delta N}{N} - \frac{\delta T}{T}$$

即

$$\beta_f = \beta_N - \beta_T$$

例 3.11　已知光在空气中的波长 λ,空气折射率 n 与光在真空中的波长关系为 $\lambda = \dfrac{\lambda_0}{n}$,当空气温度改变 δt 而引起的空气折射率变化为 $\delta n_t = n_t - n$。按定义直接计算和用微分法分别给出由此引起的波长变化,并作对比。

解　按误差的定义,波长误差应为

$$\delta \lambda_t = \lambda_t - \lambda$$

由给出的函数式,有

$$\frac{\lambda_t}{\lambda} = \frac{n}{n_t}$$

代入误差式,得

$$\delta \lambda_t = \frac{\lambda n}{n_t} - \frac{\lambda n_t}{n_t} =$$
$$\frac{-\lambda(n_t - n)}{n_t} = -\frac{\lambda}{n_t} \delta n_t$$

按微分法计算波长误差,由式

$$\lambda = \frac{\lambda_0}{n}$$

微分得波长误差

$$\delta\lambda_t = -\frac{\lambda_0}{n^2}\delta n_t$$

将 $\lambda = \frac{\lambda_0}{n}$ 代入上式,得

$$\delta\lambda_t = -\frac{\lambda}{n}\delta n_t$$

按定义计算的结果应为准确的结果,线性化的结果是近似的。比较两个结果可见,其差异十分微小。二者之差

$$\Delta = -\frac{\lambda}{n}\delta n_t - \left(-\frac{\lambda}{n_t}\delta n_t\right) = \left(\frac{1}{n_t} - \frac{1}{n}\right)\lambda\delta n_t =$$

$$\frac{n - n_t}{n_t n}\lambda\delta n_t = \frac{-\lambda}{n_t n}(\delta n_t)^2$$

为空气折射率误差的二次微小量。对于标准条件下的空气折射率 $n = 1.000\ 276\ 5$,温度偏差 1 ℃ 时的折射率偏差 $\delta n_t = -9.3 \times 10^{-7}$,则

$$\Delta = -8.644 \times 10^{-14}\lambda$$

可见二者差异十分微小,用微分法获得的线性化的结果具有足够高的近似程度。

例 3.12   分析杆秤的误差因素及其传递关系。

解   杆秤是按杠杆原理设计的。设被称量的质量为 M,秤砣质量为 m,秤盘质量为 w,秤秆质量为 u,秤秆上各作用点几何关系如图 3.4 所示。

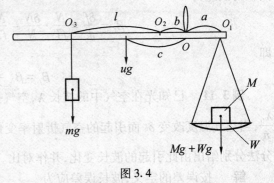

当秤盘中不放任何物品,提起秤杆时,将秤砣置于 O_2 处,秤秆平衡(O_2 为定盘星位置),由杠杆原理,此时有如下关系

$$awg = bmg + cug \qquad (1)$$

式中,g 为重力加速度;c 为秤秆重心至提手处的距离。上式可简化为

$$aw = bm + cu \qquad (2)$$

图 3.4

当称量质量 M 时,秤砣置于 O_3,秤秆平衡,则有如下关系

$$aM + aw = cu + (b + l)m \qquad (3)$$

考虑到式(2),则有

$$M = \frac{m}{a}l = kl \qquad (4)$$

因而,质量 M 可由长度 l 按一定的刻度指示出来。对于确定的杆秤,$m/a = k$ 为一常数。

当读取的 l 值有误差 δl,则称得的质量 M 的误差应为

$$\delta M = k\delta l \tag{5}$$

误差 δl 包括:各参数(m,w,u 及 a,b,c)误差引起的读数误差 δl_1,刻度误差 δl_2,秤的灵敏阈引起的误差 δl_3 及人的判读误差 δl_4 等。按线性叠加法则,称量的总误差应是各分量的线性和

$$\delta M = \delta M_1 + \delta M_2 + \delta M_3 + \delta M_4 = k\delta l_1 + k\delta l_2 + k\delta l_3 + k\delta l_4 \tag{6}$$

现进一步分析误差分量 δM_1。由式(3),l 可表示为

$$l = \frac{aw}{m} + \frac{aM}{m} - \frac{cu}{m} - b \tag{7}$$

当式(7)中各参数有误差时,读数误差为

$$\delta l_1 = \frac{a}{m}\delta w - \frac{c}{m}\delta u - \frac{1}{m^2}(aw + aM - cu)\delta m + \frac{1}{m}(w + M)\delta a - \delta b - \frac{u}{m}\delta c \tag{8}$$

则

$$\delta M_1 = k\delta l_1 \tag{9}$$

将 δl_1 及 $k = m/a$ 代入(9),则有

$$\delta M_1 = \delta w - \frac{c}{a}\delta u - \frac{1}{m}(w + M - \frac{c}{a}u)\delta m + \frac{1}{a}(w + M)\delta a - \frac{m}{a}\delta b - \frac{u}{a}\delta c \tag{10}$$

例 3.13 分析用量杯量取溶液时的误差,如图 3.5 所示。

解 用量杯量取溶液是按体积度量的,影响度量的误差因素是与体积有关的诸因素。

(1)量杯内径误差

设量杯内径为 d,所量溶液相应刻度的高度为 h,则相应的容积为

$$V = \frac{1}{4}\pi d^2 h$$

当有内径误差 δd 时,对上式微分可得相应的容积误差分量为

$$\delta V_1 = \frac{1}{2}\pi dh\delta d$$

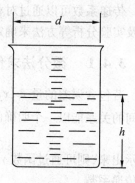

图 3.5

该项分量为系统误差。

(2)量杯刻度误差

若量杯刻度误差为 δh,对 V 微分可得相应的容积误差为

$$\delta V_2 = \frac{1}{4}\pi d^2 \delta h$$

该项误差也为系统误差。

（3）观测误差

观测度量时,液面应与刻度瞄准重合。但因观察方式、习惯及人眼的判断能力等因素的影响,使液面与刻度瞄准有误差 $\delta h'$,产生的容积度量误差为

$$\delta V_3 = \frac{1}{4}\pi d^2 \delta h'$$

这一误差包括随机的与系统的两部分。

（4）温度误差

由于量杯的体膨胀系数 β_1 与所量溶液的体膨胀系数 β_2 不同,当温度偏离标准温度 Δt 时,会使度量结果造成误差,约为

$$\delta V_4 = V_0 \beta_2 \delta t - V_0 \beta_1 \delta t = V_0 (\beta_2 - \beta_1) \delta t$$

式中,V_0 为溶液的标称体积。

这一误差为系统误差。

将上列各项分量线性求和,可得总误差

$$\delta V = \delta V_1 + \delta V_2 + \delta V_3 + \delta V_4$$

3.4　传递系数的计算

在误差的线性传递关系中,传递系数是误差分量转换为总误差的比例系数,就如同误差的"传动比"一样,某项误差乘以这样一个"传动比"就可折合为最后结果的总误差。无疑,确定传递系数是误差分析中的重要一环。

传递系数可以通过对相应函数关系的分析、几何关系的分析、测量传动关系的分析,以及实验分析等方法来确定。

3.4.1　微分法求传递系数

若包含误差的量 $x_1, x_2, \cdots, x_n$ 与测量的最终结果 y（直接测量结果或间接测量结果）之间的关系能以一个明确的函数式

$$y = f(x_1, x_2, \cdots, x_n)$$

表示出来,则可通过函数 y 求导数的方法,得到相应于 $x_1, x_2, \cdots, x_n$ 的误差 $\delta x_1, \delta x_2, \cdots, \delta x_n$ 的传递系数

$$a_1 = \left(\frac{\partial y}{\partial x_1}\right)_0 = \left[\frac{\partial}{\partial x_1} f(x_1, x_2, \cdots, x_n)\right]_0$$

$$a_2 = \left(\frac{\partial y}{\partial x_2}\right)_0 = \left[\frac{\partial}{\partial x_2} f(x_1, x_2, \cdots, x_n)\right]_0$$

$$a_n = \left(\frac{\partial y}{\partial x_n}\right)_0 = \left[\frac{\partial}{\partial x_n} f(x_1, x_2, \cdots, x_n)\right]_0$$

可简写为

$$a_1 = \frac{\partial y}{\partial x_1} = \frac{\partial}{\partial x_1} f(x_1, x_2, \cdots, x_n)$$

$$a_2 = \frac{\partial y}{\partial x_2} = \frac{\partial}{\partial x_2} f(x_1, x_2, \cdots, x_n)$$

$$\vdots \qquad \qquad \vdots$$

$$a_n = \frac{\partial y}{\partial x_n} = \frac{\partial}{\partial x_n} f(x_1, x_2, \cdots, x_n)$$

式中,$\left(\frac{\partial y}{\partial x_1}\right)_0, \left(\frac{\partial y}{\partial x_2}\right)_0, \cdots, \left(\frac{\partial y}{\partial x_n}\right)_0$ 分别为函数 y 对 $x_1, x_2, \cdots, x_n$ 的导数在其真值 $X_1, X_2, \cdots, X_n$ 处的值。实际计算中,一般可用 $x_1, x_2, \cdots, x_n$ 的公称值或测得值代替真值 $X_1, X_2, \cdots, X_n$ 代入求得上述导数。这个方法也常称为微分法。

对于线性函数

$$y = k_1 x_1 + k_2 x_2 + \cdots + k_n x_n$$

系数 $k_1, k_2, \cdots, k_n$ 即为相应于 $x_1, x_2, \cdots, x_n$ 的传递系数。

这种求传递系数的方法是很简便的,凡是能有这样一个函数式可利用的场合,原则上都可使用。因为这个方法能给出明确的解析式,不仅便于计算,也便于进行误差关系的分析。但在实际问题中,很多误差因素不能纳入这样一个函数式中,或不便于写出这样一个函数式,因而这个方法事实上又有很大的局限性。

例 3. 14 渐开线齿形的极坐标方程为 $\rho = r_0 \varphi$。式中,ρ 为展开长度,φ 为展开角,r_0 为基圆半径,如图3.6所示。试分析由基圆半径误差 δr_0(由刀具压力角误差造成)和展开角误差 δ_φ(由机床传动误差造成)引起的齿形误差 $\delta\rho$(齿形坐标 ρ 的误差)。

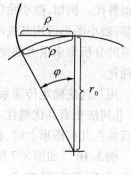

图 3.6

解 按线性叠加法则(式3.17)计算误差 $\delta\rho$。

先按微分法求出误差 δr_0 与 $\delta\varphi$ 的传递系数

$$a_{r_0} = \left(\frac{\partial \rho}{\partial r_0}\right)_0 = \varphi$$

$$a_\varphi = \left(\frac{\partial \rho}{\partial \varphi}\right)_0 = r_0$$

则齿形的误差式可写为

$$\delta\rho = \varphi \delta r_0 + r_0 \delta\varphi$$

若已知参数 r_0 与 φ,则对于已知的系统误差 δr_0 与 $\delta\varphi$,可求得齿形的坐标误差 $\delta\rho$。

例 3. 15 若测得阻值 R 及电流 I,则所耗功率可按式 $P = I^2 R$ 求得,现测得阻值 $R = 515\ \Omega$;测量误差为 $\delta R = 10\ \Omega$;电流 $I = 25.3\ \text{mA}$,测量误差 $\delta I = -1.5\ \text{mA}$,求电功率及修正值。

解 电功率

$$P = I^2 R = (0.0253^2 \times 515)\ \text{W} = 0.330\ \text{W}$$

对函数式 $P = I^2 R$ 求偏导数,得 δI 与 δR 的传递系数

$$a_I = \frac{\partial P}{\partial I} = 2IR = (2 \times 0.0253 \text{ A} \times 515 \text{ Ω}) = 26.1 \text{ V}$$

$$a_R = \frac{\partial P}{\partial R} = I^2 = 0.0253^2 \text{ A}^2 = 6.40 \times 10^{-4} \text{A}^2$$

则功率的误差为

$$\delta P = a_I \delta I + a_R \delta R =$$
$$26.1 \text{ V} \times (-0.0015 \text{ A}) + 6.40 \times 10^{-4} \text{A}^2 \times 10 \text{ Ω} = -0.033 \text{ W}$$

修正测量结果

$$P' = P - \delta P = (0.330 \text{ W} + 0.033 \text{ W}) = 0.363 \text{ W}$$

3.4.2　几何法求传递系数

利用几何法分析误差的传递关系是一种常用的有效方法,只要误差量的函数关系可通过几何关系(平面的或空间的)表示出来,就能使用几何法进行分析,特别是在机械机构的精度分析,几何光学系统的精度分析,及几何量、力、质量等方面测量误差的分析中更是常用。

使用这种方法时要先作出表示误差关系的几何图形,利用诸如三角形的边角关系、圆弧半径与中心角的对应关系、线段的投影关系、机构的几何传动关系及其他平面与空间的几何关系等找出误差的传递关系。由于误差量是微小量,所以这种几何关系允许作某种近似替代。例如,微小角度对应的弧长可用相应的弦长代替;微小角度的正切可用其弧角代替;微小图形可用其极限状态代替等等。代替的结果往往给出线性的几何关系,给误差关系的分析带来很大的便利。当然,应充分估计到这种近似代替的精度,而不能随意代替与简化。

用几何法确定传递系数具有简单、直观的优点,在不能给出明确的函数表达式的情况下,几何法更有其优越性。当然,这种方法也有其局限性,当误差的传递关系不能或不便于反映在几何图形上时,就不能使用几何法。

例 3.16　如图 3.7 所示的机构,起瞄准定位作用的千分表有误差 δm,求由此引起的角度误差 δa。

解　作如图 3.7 所示的误差三角形 $\triangle OAB$,若以 $\overline{AB}$ 代表 δm,则 $\angle AOB$ 代表 δa。由于 δa 很小,所以可把 $\overline{AB}$ 近似看作角 δa 所对应的弧长 $\overparen{AB'}$。这样代替的结果一般是有足够精度的。于是,由误差图形有

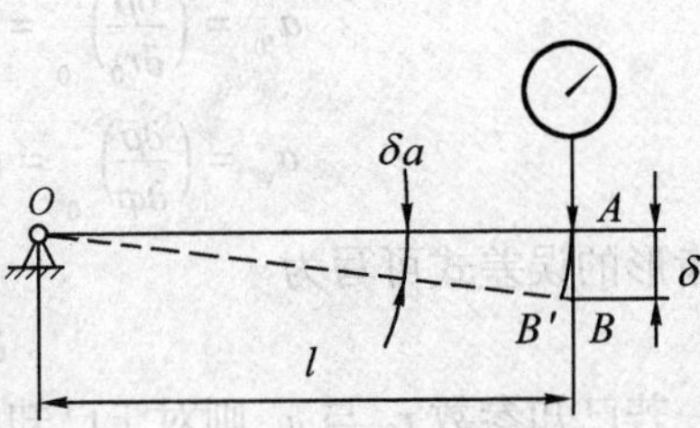

图 3.7

$$\delta a = \frac{\overparen{AB'}}{\overline{OA}} \approx \frac{\overline{AB}}{\overline{OA}} = \frac{1}{l} \delta m$$

则 δm 的传递系数为 $1/l$。

对于微小角度,以三角形直边代替中心角对应的弧长所带来的误差极其微小,在角度

为2°时,造成的误差还不到1.5″。因此,在小角度时,这种代替一般是允许的。

例 3.17 图 3.8 所示的测量机构用于测量孔径 D,若测杆后续环节沿测杆轴向有传动误差 δh。试将其折合至测量线(被测量 D 的方向)上。

解 设测杆无轴向位置误差时,位于图中虚线的位置。若测杆有一轴向位置误差 δh,则移至实线位置,其上 a 点移至 b 点,而测头上 a 点则移至 c 点。由此可作出误差三角形。由图示几何关系可得

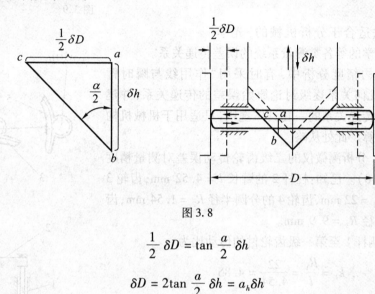

图 3.8

$$\frac{1}{2}\delta D = \tan\frac{a}{2}\delta h$$

即

$$\delta D = 2\tan\frac{a}{2}\delta h = a_h\delta h$$

式中,$a_h = 2\tan\dfrac{a}{2}$ 即为误差 δh 折合至被测量 D 上的传递系数。参数 a 为测杆端部锥角,设 $a = 90°$,则传递系数

$$a_h = 2\tan\frac{a}{2}\delta h = 2\tan\frac{90°}{2} = 2$$

3.4.3 按传动关系确定传递系数

任何一个测量方法,被测量总是按照一定的传动关系传递的,经一系列环节的转换放大以后,通过一定的方式指示测量结果。在间接测量的情形中,还要按间接测量的函数式求得最后结果。测量系统各环节上的误差因素,自然也应按相应的传动关系转换为最后测量结果的误差。

一般来说,若测量系统中由测量头至某环节的转换放大比为 k_i,则该环节上的误差 δ_i 折合到测量头(即折合到被测量)上时,应除以转换放大比 k_i,为 δ_i/k_i(图3.9)。即测量系统某环节的误差的传递系数 a_i,就是由感受被测量的测量头到该环节的转换放大比的倒数 $1/k$,即

$$a_i = \frac{1}{k_i}$$

这里所谓的转换放大,是指被测量转化为其他量,并在量值上加以放大。k_i 则为该环

节上的量值与被测量之比,即

$$k_i = \frac{x_i}{x}$$

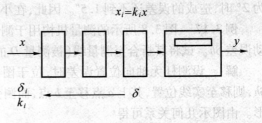

$$x_i = k_i x$$

按这一方法确定误差的传递系数要求能确切掌握测量系统中被测量转换放大的规律,并确知各误差因素在测量系统各环节的位置。

图 3.9

这类方法适合于分析机械的、光学的、气动的、电学的等各类测量系统的误差传递关系。

在仪器机构精度分析中,有时采用"作用线与瞬时臂法"。它利用几何关系逐级讨论原始误差的传递关系,并建立起计算这个传递关系的一套具体规则,只适用于机械机构的误差传递计算。此处从略。

例 3.18   分析测微仪的二级齿轮传动误差对测量精度的影响(图 3.10)。已知:杠杆 2 的臂长 $l = 4.52$ mm,齿轮 3 的分圆半径 $R_1 = 22$ mm,齿轮 4 的分圆半径 $R_2 = 1.54$ mm,齿轮 5 的分圆半径 $R_3 = 9.9$ mm。

解   由测杆 1 至第一级齿轮付的传动比为

$$k_1 = \frac{R_1}{l} = \frac{22}{4.54} = 4.85$$

因而,第一级齿轮付传动误差 δz_1 的传递系数为

$$a_1 = \frac{1}{k_1} = \frac{1}{4.85} = 0.21$$

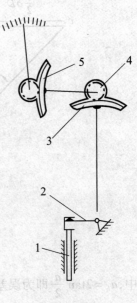

图 3.10

δz_1 传递至被测量(测杆 1 上)的误差为

$$\delta_1 = a_1 \delta z_1 = 0.21 \delta z_1$$

由测杆 1 至第二级齿轮付的传动比为

$$k_2 = \frac{R_1}{l} \cdot \frac{R_3}{R_2} = \frac{22}{4.54} \times \frac{9.9}{1.54} = 31.15$$

因而第二级齿轮付传动误差 δz_2 的传递系数为

$$a_2 = \frac{1}{k_2} = \frac{1}{31.15} = 0.032$$

δz_2 折合至被测量(测杆上)的误差为

$$\delta_2 = a_2 \delta z_2 = 0.032 \, \delta z_2$$

例 3.19   用显微镜分划板的双刻线瞄准被检刻线尺的刻线,分析人眼分辨能力对显微镜瞄准精度的影响(图 3.11)。

解   如图所示,显微镜物镜将刻尺上待瞄准的刻线象投射至目镜分划板上,并以分划板的双刻线套准。

根据实验结果,在用双刻线套准一条刻线时,若待瞄准的刻线与双刻线中心偏移 δs 所对应的视角 $\omega = 5'' \sim 10''$ 时,人眼就能察觉出来。这是这种情况下人眼的视觉分辨能

力。目镜光学系统是按明视距离 $l = 250$ mm 的视角设计的。δs 与 ω 有如图所示的几何关系,因为 ω 很小,所以可把 δs 看作是 ω 对应的弧长。由此可得明视距离上眼睛可分辨出的最小套线偏移量

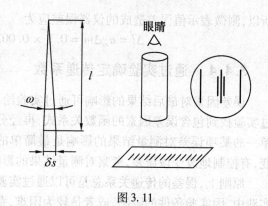

$$\delta s = l\omega$$

式中 l—— 眼睛到分划板影像(经目镜成的像)的距离;

         ω—— 双刻线套准时的视角分辨率,单位为弧度。

图 3.11

由于人眼观察到的影像是经光学系统放大了的,设放大率为 M,则 δs 折算到被测线上(刻尺位置上)应除以放大率 M,即用双刻线瞄准线纹时的瞄准误差应为

$$\delta s' = \frac{1}{M}\delta s = \frac{l}{M}\omega$$

若式中 ω 以秒值代入($1'' = 5 \times 10^{-6}$ rad),则有

$$\delta s' = 5 \times 10^{-6} \frac{l}{M}\omega$$

可知眼睛瞄准的视角误差 ω 的传递系数为

$$a_\omega = 5 \times 10^{-6} \frac{l}{M}$$

设 $l = 250$ mm,$M = 20$,则

$$a_\omega = 2.5 \times 10^{-5} \text{ mm}/''$$

ω 折合至被测量即为瞄准误差,为

$$\delta s' = a_\omega \omega = 2.5 \times 10^{-5} \text{ mm}/'' \times 10'' = 2.5 \times 10^{-4} \text{ mm}$$

例 3.20 图 3.12 所示为一种气动量仪原理图,被测尺寸由气动系统与机械系统作两级放大,试分析机械测微表示值误差 Δm 对仪器测量精度的影响。

解 被测尺寸 l 的变化(被测量)经气动系统放大变成顶杆 a 的位移,这一位移由测微仪放大并指示出来。若气动系统放大比为 k_1,机械测微表的放大比为 k_2,则仪器的总放大比为 $k = k_1 \cdot k_2$。

设气动系统放大率 $k_1 = 10$,测微表示值误差为 $\Delta m = 0.002$ mm。现将测微表示值误差折合到被测尺寸 l 上,为此应乘以传递系数 a_m,则有

$$\Delta l = a_m \Delta m$$

显然,这一传递系数应为气动放大率 k_1 的倒数,即

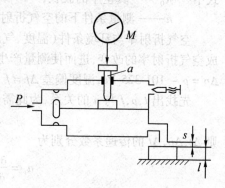

图 3.12

$$a_m = \frac{1}{k_1} = \frac{1}{10} = 0.1$$

所以,测微表示值误差造成的仪器误差应为
$$\Delta l = a_m \Delta m = 0.1 \times 0.002 \text{ mm} = 0.0002 \text{ mm}$$

3.4.4   通过实验确定传递系数

　　误差因素对最后结果的影响可通过实验给出。通过实验给出误差的传递关系,或通过实验找到包含误差因素的函数关系式,再经分析得到误差的传递系数。通过实验确定单一的某项误差对测量结果的影响是最简单的情形。此时需控制其他误差因素恒定不变,有控制地改变该误差,考察对测量结果的影响,从而可找到该项误差的传递系数。

　　原则上,误差的传递关系总是可以通过实验方法找到的。但这一方法在测量的具体实践中,因实验条件的限制,或者是较为困难,费时费事,或者根本无法实现,所以这种方法的使用在事实上又受到很大限制。只是在传递关系较为复杂,或用其他方法不能奏效时使用,因此常用于解决重要的传递关系。当有较高的精度要求时,实验要有一定的水平。

　　例 3.21　分析激光光波测长中空气折射率的修正。

　　解　光波测长的结果是

$$L = K \frac{\lambda_s}{2}$$

式中　λ_s——标准条件下的光波波长;

　　　K——计数的干涉条纹的数目。

　　测量应在标准条件(温度 $t = 20\ ℃$,大气压力 $P = 101\ 325$ Pa,湿度 $f = 1\ 333.22$ Pa)下进行。但实际的测量条件与标准条件不同,光波测长的实际结果应为

$$L = K \frac{\lambda_n}{2}$$

式中　λ_n——实际测量条件下的光波波长,可表示为

$$\lambda_n = \frac{\lambda_0}{n}$$

式中　λ_0——真空中的波长;

　　　n——测量条件下的空气折射率。

　　空气折射率与环境条件(温度、气压、湿度)密切相关。环境条件偏离标准状态将造成空气折射率的改变,进而使测量产生误差。现要给出温度偏差 $\Delta t = t - 20\ ℃$,气压偏差 $\Delta p = p - 101\ 325$ Pa,湿度偏差 $\Delta f = f - 1\ 333.22$ Pa 对测量结果的影响。

　　先找出 t, p, f 与 n 的关系,为此需作大量实验,根据实验结果给出经验函数式

$$n = g(t, p, f)$$

则 $\Delta t, \Delta p, \Delta f$ 的传递系数分别为

$$a_t = \frac{\partial n}{\partial t} = -92.9 \times 10^{-8}\ ℃^{-1}$$

$$a_p = \frac{\partial n}{\partial p} = 0.27 \times 10^{-8}\ \text{Pa}^{-1}$$

$$a_f = \frac{\partial n}{\partial f} = -0.042 \times 10^{-8}\ \text{Pa}^{-1}$$

于是测得 t, p, f 以后,即可得空气折射率相对标准状态下的差值

$$\Delta n = [-92.9(t - 20) + 0.27(P - 101\ 325) - 0.042(f - 1\ 333.22)] \times 10^{-8}$$

进而可对测量结果 $L = K\lambda_0/2n$ 进行修正。

这里要求给出的结果精度很高,因而为导出函数关系 $n = g(t, p, f)$ 所作的,实验需要十分精细。

思考与练习 3

3.1　误差的传递计算有何用途?

3.2　误差传递计算的线性化有何意义?

3.3　为什么说线性叠加法则具有普遍适用性?

3.4　线性叠加法则能否应用于随机误差和未知的系统误差?

3.5　怎样理解误差传递中各误差分量是独立起作用的?

3.6　在什么情况下误差的传递计算不能作线性化处理?

3.7　误差传递计算的线性叠加法则与按定义进行误差传递计算的差别与联系是什么?

3.8　线性叠加法则中传递系数的意义是什么?

3.9　确定传递系数有哪些方法?

3.10　在按传动比确定传递系数时,传递系数是该环节传动比的倒数,应怎样理解?

3.11　经检定三块量块的中心长度的误差分别为 $\delta_1 = 0.000\ 3$ mm, $\delta_2 = -0.000\ 2$ mm, $\delta_3 = -0.000\ 4$ mm,求三块量块研合在一起的组合尺寸的误差。

3.12　长方体的长、宽、高的设计尺寸分别为 $x = 250$ mm, $y = 120$ cm, $z = 80$ cm,经实测发现其实际尺寸分别为 $x' = 250.6$ cm, $y' = 120.2$ cm, $z' = 79.7$ cm,求该长方体体积的制造误差(用线性叠加法则求解)。

3.13　电功率 P 与电流 I、电压 V 的函数关系可写为 $P = IV$,已知 $I = 63.2$ mA, $V = 45.5$ V,其相应的误差分别为 $\delta I = 3.5$ mA, $\delta V = -0.51$ V,求电功率的误差 δP。

3.14　若测得物体的质量 $M(\text{kg})$ 和所受的外力 $F(\text{N})$,则物体的加速度 $a = \dfrac{F}{M}(\text{m/s}^2)$,设质量 M 的测量误差为 δM,外力 F 的测量误差为 δF,求所给加速度 a 的误差 δa。

3.15　测得回转体转角 $\varphi = 89°42'35''$,相应的时间间隔 $t = 0.125\ 856$ s,给出回转体的平均角速度 $\omega = \varphi/t$ 及其误差表达式。

3.16　已知导线的长度 l,线径 d,电阻 R,电阻率按下式给出

$$r = \frac{\pi d^2 R}{4l}$$

求 l, d 及 R 的测量误差 $\delta l, \delta d$ 及 δR 的传递系数的表达式。

3.17　设有测量方程

$$D = \frac{S^2}{4h} + h$$

参数 s 的误差为 δs，h 的误差为 δh，试分别按定义直接计算和按线性叠加方法计算 D 的误差 δD，并作对比。

3.18　设有如下测量方程

$$d_2 = M - d_0\left(1 + \frac{1}{\sin\dfrac{\alpha}{2}}\right) + \frac{P}{2}\cot\frac{\alpha}{2}$$

试分析由各参数误差 δM，δd_0，$\delta \dfrac{\alpha}{2}$，δP 引起的测量结果 d_2 的误差 δd_2。

3.19　设电路输出电压表达式为

$$V_0 = \frac{R_2}{R_1} \cdot \frac{Rpt}{Rr}Vr - \frac{R_2}{R_3}Vr$$

已知各参数误差 δR_1，δR_2，δR_3，δRr，δVr，给出输出电压 V_0 的误差 δV_0。

3.20　光学杠杆放大比可按式 $K = 2f/a$ 求得，已知光学杠杆短臂长 $a = 5$ mm，透镜焦距 $f = 200$ mm，若要求放大比调整误差 δK 的范围不超出 ± 0.08，则短臂 a 的调整误差应控制在多大的限度内？

3.21　千分尺测杆移动的距离 l 与千分尺套筒转角 φ 有如下关系

$$l = \frac{P}{2\pi}\varphi$$

式中，P 为千分螺丝的螺距。分析由刻度误差引起的转角误差 $\delta\varphi$ 对测杆位移的影响。

3.22　百分表的原理如图 3.13 所示，各齿轮齿数分别为 $z_1 = 10$，$z_2 = 16$，$z_3 = 100$，若中心轮 z_1 有周节累积误差 $\Delta F_{p1} = 0.02$ mm，则将使百分表有多大的示值误差 Δ？

3.23　用秒表对竞赛者进行测验，试分析检测的误差因素，并列出误差关系式。

3.24　试分析用弹簧秤称量质量时的误差因素，并写出误差关系式。

3.25　试分析水银温度计的误差因素，并写出误差关系式。

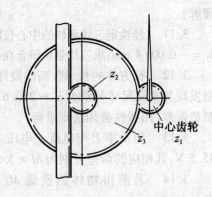

图 3.13

第4章 测量问题中的数据处理方法

前面几章已对测量误差的性质及特征规律作了必要的论述,这是正确处理测量数据的基础。研究数据处理的目的就是要恰当地处理测量所得的数据,最大限度地减少测量误差的影响,以便给出一个尽可能精确的结果,并对这一结果的精确程度作出评价。

本章主要讨论广泛使用的几个基本的数据处理方法,它们分别用来解决不同的数据处理问题。这些数据处理方法不仅用于处理已获得的测量数据,更重要的是它们为拟定测量方法提供了基本依据。

关于测量结果的精确程度(不确定度)的内容将在第5章和第6章中讨论。

4.1 算术平均值原理

不同测量问题的数据应恰当地使用相应的数据处理方法,以便最大限度地减小测量误差的影响。对同一量进行多次等精度重复测量而得到的数据应按算术平均值原理处理,所得结果才是最可靠的,即测量的随机误差的影响是最小的。

4.1.1 算术平均值原理

若对某个量 X 进行 n 次等精度重复测量(各次测量的标准差 σ 相同),得到 n 个测量数据 $x_1, x_2, \cdots, x_n$,则被测量 X 的最佳估计量 $\hat{x}$ 应为全部测量数据的算术平均值

$$\bar{x} = \frac{1}{n}(x_1 + x_2 + \cdots + x_n) = \frac{1}{n}\sum_{i=1}^{n} x_i \tag{4.1}$$

这就是算术平均值原理,它可由最大似然原理或最小二乘法推出。

等精度的多次重复测量结果 x_i 的算术平均值 $\bar{x}$ 作为被测量 X 的估计量 $\hat{x}$,具有一致性、无偏性和最优性。

1. 一致性

设测量数据 x_i 的测量误差为 $\delta x_i (i = 1, 2, \cdots, n)$,应有

$$\delta x_i = x_i - X$$

即

$$x_i = X + \delta x_i \quad (i = 1, 2, \cdots, n)$$

故

$$\bar{x} = \frac{1}{n}\sum_{i=1}^{n} x_i = X + \frac{1}{n}\sum_{i=1}^{n} \delta x_i = X + \delta \bar{x} \tag{4.2}$$

式中,$\delta \bar{x}$ 为算术平均值 $\bar{x}$ 的误差

$$\delta \bar{x} = \frac{1}{n}\sum_{i=1}^{n} \delta x_i \tag{4.3}$$

若测量误差 δx_i 为服从正态分布的随机误差,则其数学期望为零,即

$$E(\delta x_i) = 0$$

因此,当测量次数足够多时,有

$$\frac{1}{n}\sum_{i=1}^{n}\delta x_i \to 0 \qquad\qquad (n \to \infty \text{ 时})$$

即

$$\bar{x} \to X \qquad\qquad (n \to \infty \text{ 时})$$

可见,以算术平均值 $\bar{x}$ 作为 X 的估计量具有一致性。

2. 无偏性

由(4.3)式可知,算术平均值的误差 $\delta \bar{x}$ 是各测量误差 δx_i 的线性和,因而 $\delta \bar{x}$ 也是正态分布的随机变量,且具有对称性,数学期望为零

即

$$E(\delta \bar{x}) = \frac{1}{n}E(\delta x_1 + \delta x_2 + \cdots + \delta x_n) = 0$$

因此

$$E(\bar{x}) = E(X + \delta \bar{x}) = X$$

可见,$\bar{x}$ 是 X 的无偏估计(即 $\bar{x}$ 的波动中心是 X)。

3. 最优性

可以证明,当测量误差服从正态分布时,算术平均值的方差恰好达到估计量的方差下界,即

$$D(\bar{x}) = \frac{1}{nE\left[\left(\frac{\partial}{\partial X}\ln f(x,X)\right)^2\right]} = \frac{\sigma^2}{n}$$

式中　σ —— 测量数据的标准差;

　　　$f(x,X)$ —— 正态分布的概率密度。

因此可以说,算术平均值 x 是被测量 X 的最佳估计量。

一般来说,无论测量误差具有何种分布,只要具有对称性,其数学期望就为零,以算术平均值作为被测量的估计量就具有最优性。这是随机误差抵偿性的必然结果,按算术平均值原理处理等精度重复测量数据可充分利用这一抵偿性,从而使随机误差对最终结果的影响减小到最低限度。因此,也可以说随机误差抵偿性是算术平均值原理的基础。

但应指出,算术平均值仍为随机变量,它不可能完全排除随机误差的影响,只不过是减小了这一影响而已。

其次,由于系统误差不具有随机抵偿性,按算术平均值原理处理数据一般是没有上述的抵偿效果的,因此算术平均值原理的功效只是减小随机误差的影响。在一般情况下,不能指望通过取算术平均值减小系统误差的影响。

因此,算术平均值原理在提高精度的效果上是有限度的。

最后应注意,算术平均值原理只适用于对同一量的等精度测量数据的处理。所谓"等精度"是指各次测量的标准差 σ 相同,而并非指各测量数据具有相同的误差。事实上,各测量数据的误差 $\delta x_1, \delta x_2, \cdots, \delta x_n$ 并不相同。

4.1.2　等精度测量数据的残差及其性质

通常,被测量的真值是未知的,由测量误差定义获得的真误差也是未知的,因而无法

用测量的真误差对测量的精度作出估计。

考虑到算术平均值 $\bar{x}$ 接近于被测量 X，采取与测量误差的定义类似的办法，定义

$$v_i = x_i - \bar{x} \qquad (i = 1, 2, \cdots, n) \tag{4.4}$$

为测量数据 x_i 的残差（剩余误差）。

更一般地，残差的定义可推广为

$$v_i = x_i - \hat{x} \tag{4.5}$$

式中，$\hat{x}$ 为 X 的估计量，可由包括算术平均值原理在内的某一方法给出。

由于残差易于获得，所以它广泛地应用于精度估计、粗差的判断及某些系统误差的判别规则中。由算术平均值给出的等精度测量数据的残差有如下性质：

（1）残差的代数和为零，即

$$\sum_{i=1}^{n} v_i = 0 \tag{4.6}$$

这一性质常用于检验所计算的算术平均值和残差有无差错，也用于某些其他运算和检验规则中。

（2）残差平方和最小，即

$$\sum_{i=1}^{n} v_i^2 = \text{最小} \tag{4.7}$$

测量结果与其他量之差的平方和都比残差平方和大，这一性质与最小二乘法一致。

4.1.3 算术平均值的标准差

由上述可知，算术平均值仍含有一定的随机误差。为评定这一随机误差的影响，也应使用相应的标准差或不确定度。

设对量 X 进行 n 次等精度重复测量，得测量数据 $x_1, x_2, \cdots, x_n$，将各数据 x_i 视为独立的随机变量（而不是具体的数值），则算术平均值 $\bar{x}$ 的方差为

$$D(\bar{x}) = D\left\{\frac{1}{n}(x_1 + x_2 + \cdots + x_n)\right\} =$$

$$\frac{1}{n^2}[D(x_1) + D(x_2) + \cdots + D(x_n)]$$

即

$$\sigma_{\bar{x}}^2 = \frac{1}{n^2}(\sigma_1^2 + \sigma_2^2 + \cdots + \sigma_n^2)$$

因为是等精度测量，即 $\sigma_1 = \sigma_2 = \cdots = \sigma_n = \sigma$，故

$$\sigma_{\bar{x}}^2 = \frac{1}{n^2}(\sigma^2 + \sigma^2 + \cdots + \sigma^2)$$

即

$$\sigma_{\bar{x}}^2 = \frac{\sigma^2}{n} \tag{4.8}$$

而算术平均值的标准差则为

$$\sigma_{\bar{x}} = \frac{\sigma}{\sqrt{n}} \tag{4.9}$$

式中测量标准差 σ 可按下式估计

$$s = \sqrt{\dfrac{\sum\limits_{i=1}^{n} v_i^2}{n-1}} \tag{4.10}$$

上式就是用残差 v_i 估计标准差的贝塞尔（Bessel）公式。关于这部分内容将在下一章里详细讨论。由于测量的标准差为估计量 s，故公式（4.9）应写为

$$s_{\bar{x}} = \dfrac{s}{\sqrt{n}} \tag{4.11}$$

上式表明，算术平均值的标准差为测量数据标准差的 $1/\sqrt{n}$。因此，测量次数 n 越大，所得算术平均值的标准差就越小，其可靠程度就越高。

不过，靠增加测量次数 n 来给出更高精度的结果是有一定限度的。这是因为：

（1）算术平均值的标准差 $\sigma_{\bar{x}}$ 与测量次数的平方根成反比。如图 4.1 所示，随着 n 的增加，$\sigma_{\bar{x}}$ 的减小速度下降。当 n 较大时（如 $n > 20$），靠进一步增大 n 来减小 $\sigma_{\bar{x}}$，其效果并不明显。

（2）测量次数 n 过大，不仅经济上耗费大，而且测量时间增长，易于因测量条件变化而引入新的误差。

（3）当随机误差远远小于系统误差时，进一步增大 n 已无实际意义，应从减小系统误差着手进一步提高测量结果的精度。

因此，测量次数的规定要适当，应顾及到实际效果，一般取 $n < 10$。在较高精度测量中，若以随机误差为主，并且测量条件较好，则测量次数可大些。

算术平均值的精度也可用扩展不确定度来表示，即

$$U = k s_{\bar{x}}$$

式中 k 为置信系数。对于正态分布，常取 $k = 3$。

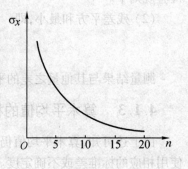

图 4.1

4.1.4　算术平均值的简便算法

测量数据的有效数字较多时，按式（4.1）计算算术平均值，各数据直接相加较为繁琐，且易出错，此时可采用下面的简便计算方法。

设对被测量 X 进行 n 次等精度的重复测量，得测量数据 $x_1, x_2, \cdots, x_n$，为简化算术平均值的计算，任选一接近测量数据 x_i 的数值 x_0，相减得

$$x_i' = x_i - x_0 \qquad (i = 1, 2, \cdots, n)$$

则有

$$\sum_{i=1}^{n} x_i = \sum_{i=1}^{n} (x_0 + x_i') = n x_0 + \sum_{i=1}^{n} x_i'$$

故

$$\bar{x} = \dfrac{1}{n} \sum_{i=1}^{n} x_i = x_0 + \dfrac{1}{n} \sum_{i=1}^{n} x_i' \tag{4.13}$$

即算术平均值可表示为 x_0 与 x_i' 的算术平均值之和。应注意 x_0 值的选取应使 x_i' 的值尽可能小，并且便于计算。

例 4.1　已知测量的标准差为 $s = 8 \text{ mg}$，欲使最终结果的标准差小于 5 mg，问需要重

复测量多少次？

解 由题意，算术平均值的标准差 $s_{\bar{x}} \leqslant 5$ mg，由式(4.11) $s_{\bar{x}} = \dfrac{s}{\sqrt{n}}$，可得

$$n = \frac{s^2}{s_{\bar{x}}^2} = \frac{8^2}{5^2} = 2.56$$

所以，至少需测量 3 次。

例 4.2 对某量进行 8 次连续测量，所得结果如下（单位 略）:39.285,39.288, 39.282,39.286,39.284,39.286,39.287,39.285。试计算其算术平均值。

解 （1）按定义直接计算

$$\bar{x} = \frac{1}{n} \sum_{i=1}^n x_i =$$

$$\frac{1}{8}(39.285 + 39.288 + 39.282 + 39.286 + 39.284$$

$$+ 39.286 + 39.287 + 39.285) = 39.285\ 4$$

（2）按简便算法计算，取 $x_0 = 39.385$，则

$$\bar{x} = x_0 + \frac{1}{n} \sum_{i=1}^n x'_i =$$

$$39.285 + \frac{1}{8} \times 10^{-3} \times (0 + 3 - 3 + 1 - 1 + 1 + 2 + 0) =$$

$$39.285\ 4$$

例 4.3 对某圆柱体外径尺寸连续测量 10 次，所得结果如下（单位 mm）:3.985, 3.986,3.988,3.986,3.984,3.982,3.987,3.985,3.989,3.986，求最佳结果及其精度（不考虑系统误差）。

解 测量结果的最佳估计量应为算术平均值。按简便算法，取 $d_0 = 3.985$ mm，列表计算（见表4.1），得

表 4.1

i	d_i / mm	d'_i / μm	v_i / μm	v_i^2 / μm^2
1	3.985	0	−0.8	0.64
2	3.986	1	0.2	0.04
3	3.988	3	2.2	4.84
4	3.986	1	0.2	0.04
5	3.984	−1	−1.8	3.24
6	3.982	−3	−3.8	14.44
7	3.987	2	1.2	1.44
8	3.985	0	−0.8	0.64
9	3.989	4	3.2	10.24
10	3.986	1	0.2	0.04
$\sum$	3.9858	8		35.6

$$\bar{d} = d_0 + \frac{1}{n}\sum_{i=1}^{n}$$

$$d'_i = 3.985 \text{ mm} + \frac{1}{10} \times 8 \times 10^{-3} \text{ mm} = 3.9858 \text{ mm}$$

按贝塞尔公式,测量标准差为

$$s = \sqrt{\frac{\sum_{i=1}^{n} v_i^2}{n-1}} = \sqrt{\frac{35.6 \times 10^{-6}}{10-1}} \text{ mm} = 2.0 \times 10^{-3} \text{ mm}$$

算术平均值的标准差为

$$s_{\bar{d}} = \frac{s}{\sqrt{n}} == \frac{2.0 \times 10^{-3}}{\sqrt{10}} \text{ mm} = 0.63 \times 10^{-3} \text{ mm}$$

其扩展不确定度为

$$U = ks_{\bar{d}} = 3 \times 0.63 \times 10^{-3} \text{ mm} = 1.9 \times 10^{-3} \text{ mm}$$

最终结果为 3.9858 ± 0.0019 mm。

4.2　加权算术平均值原理

当对某一量进行多次测量时,由于仪器精度和测量方法的优劣、测量者熟练程度及测量条件等方面的差别,各次测量可能具有不同的精度,这就是不等精度测量。

在不等精度测量中,所得各测量数据具有不同的可信程度,因此数据处理方法与等精度测量时应有所不同。

4.2.1　测量数据的权

若测量数据具有不同的精度,其可信程度也就不一样。在数据处理过程中,精度较高的数据应给予较多的重视,而精度较低的数据则相反。为便于数据处理,这一差别应以数值来表示,这一数值就是测量数据的权。

测量数据的权表示该数据相对其他数据的可信程度。数据精度越高(即其可靠程度越高),其权就越大;反之,数据精度越低,权就越小。这就是权的确定原则。测量数据精度高低是确定权大小的基本出发点。

由于测量数据的精度以其标准差(方差)来衡量,故系列测量数据 x_i 的权 p_i 可按其标准差确定。

设不等精度测量数据 $x_1, x_2, \cdots, x_n$ 的标准差分别为 $\sigma_1, \sigma_2, \cdots, \sigma_n$,相应的权 $p_1, p_2, \cdots, p_n$ 应满足

$$p_1 : p_2 : \cdots : p_n = \frac{1}{\sigma_1^2} : \frac{1}{\sigma_2^2} : \cdots : \frac{1}{\sigma_n^2} \tag{4.14}$$

或 $$p_1\sigma_1^2 = p_2\sigma_2^2 = \cdots = p_n\sigma_n^2 \tag{4.15}$$

式(4.14)或式(4.15)给出了确定权的一般方法,即测量数据的权与相应标准差的平方成反比。

实践上,只能给出标准差的估计量(子样标准差)s_i,代入上式得,

$$p_1 : p_2 : \cdots : p_n = \frac{1}{s_1^2} : \frac{1}{s_2^2} \cdots \frac{1}{s_n^2} \tag{4.16}$$

$$p_1 s_1^2 = p_2 s_2^2 = \cdots = p_n s_n^2 \tag{4.17}$$

需要指出,权本身是无量纲的,它只反映各测量数据之间的相对可信程度,只要能满足式(4.16)或(4.17),其绝对数值的大小是无关紧要的。这就是权的相对性。但应注意,权的数值一经确定,在数据处理过程中就不允许再随意改变。一般为了简化处理,应使权的数值尽可能约简。

若测量的标准差为 s,现进行 m 组测量,各组测量次数分别为 $n_1, n_2, \cdots, n_m$,则各组的算术平均值 $\bar{x}_i (i = 1, 2, \cdots, m)$ 的标准差为

$$s_i = \frac{s}{\sqrt{n_i}} \qquad (i = 1, 2, \cdots, m)$$

于是各组算术平均值的权 p_i 应满足下式

$$p_1 : p_2 : \cdots : p_m = \frac{1}{s_1^2} : \frac{1}{s_2^2} : \cdots : \frac{1}{s_m^2} =$$

$$\frac{n_1}{s^2} : \frac{n_2}{s^2} : \cdots : \frac{n_m}{s^2}$$

即

$$p_1 : p_2 : \cdots : p_m = n_1 : n_2 : \cdots : n_m \tag{4.18}$$

由此可知,各组算术平均值的权之比等于各组测量次数之比。

有时不能确切知道各测量数据的标准差,这时可依据影响测量数据可靠性的各因素的具体情形作出判断,直接给出权的数值。

例 4.4　现对一级钢卷尺进行检定,进行三组不等精度测量,所得结果为

$\bar{x}_1 = 2000.45$ mm, $\bar{x}_2 = 2000.15$ mm, $\bar{x}_3 = 2000.60$ mm,

$s_{\bar{x}_1} = 0.05$ mm,　$s_{\bar{x}_2} = 0.20$ mm,　　$s_{\bar{x}_3} = 0.10$ mm,

试确定各组测量结果的权。

解　由式(4.16)可得

$$p_1 : p_2 : p_3 = \frac{1}{s_{\bar{x}_1}^2} : \frac{1}{s_{\bar{x}_2}^2} : \frac{1}{s_{\bar{x}_3}^2} = \frac{1}{0.05^2} : \frac{1}{0.20^2} : \frac{1}{0.10^2} = 16 : 1 : 4$$

因此可取权为　$p_1 = 16, p_2 = 1, p_3 = 4$。

4.2.2　加权算术平均值原理

设对某量 X 进行 n 次不等精度测量,得数据 $x_1, x_2, \cdots, x_n$,各测量数据的权分别为 $p_1, p_2, \cdots, p_n$,则被测量 X 的最佳估计量 $\hat{x}$ 应为全部测量数据的加权算术平均值

$$\bar{x}_p = \frac{p_1 x_1 + p_2 x_2 + \cdots + p_n x_n}{p_1 + p_2 + \cdots + p_n} = \frac{\sum\limits_{i=1}^{n} p_i x_i}{\sum\limits_{i=1}^{n} p_i} \tag{4.19}$$

这就是加权算术平均值原理。

可以证明,加权算术平均值$\bar{x}_p$是被测量X的无偏估计。特别地,当各测量数据的权均相等时(即$p_1 = p_2 = \cdots = p_n = p$),则有

$$\bar{x}_p = \frac{px_1 + px_2 + \cdots + px_n}{p + p + \cdots + p} = \frac{1}{n}(x_1 + x_2 + \cdots + x_n) = \bar{x}$$

这正是等精度测量数据的算术平均值。显然,算术平均值原理是加权算术平均值原理的特例。

与算术平均值原理相似,加权算术平均值原理也以随机误差抵偿性为基础,按此原理处理不等精度测量数据可充分利用这一抵偿性,并使随机误差的影响减至最低限度。而对于各次测量中的同一系统误差则无此效果。

但应指出,不等精度的测量结果常是采用不同的测量方法而获得的,因此各测量结果中常含有不同的系统误差。由于这些系统误差不是由同一因素造成的,因此互不相同。这类系统误差在各测量结果中相互间具有一定程度的抵偿作用。

加权算术平均值的计算也可使用下面的简便算法

$$\bar{x}_p = x_0 + \frac{\sum\limits_{i=1}^{n} p_i x'_i}{\sum\limits_{i=1}^{n} p_i} \tag{4.20}$$

式中,x_0为与x_i接近的任意数值,$x'_i = x_i - x_0$。

例4.5　求例4.4中三组数据的加权算术平均值。

解　按(4.19)式计算

$$\bar{x}_p = \frac{p_1 \bar{x}_1 + p_2 \bar{x}_2 + p_3 \bar{x}_3}{p_1 + p_2 + p_3} =$$

$$\frac{16 \times 2000.45 + 1 \times 2000.15 + 4 \times 2000.60}{16 + 1 + 4} \text{ mm} =$$

$$2000.46 \text{ mm}$$

按(4.20)式计算,取$x_0 = 2000.00$ mm

$$\bar{x}_p = x_0 + \frac{p_1 x'_1 + p_2 x'_2 + p_3 x'_3}{p_1 + p_2 + p_3} =$$

$$2000.00 \text{ mm} + \frac{16 \times 0.45 + 1 \times 0.14 + 4 \times 0.60}{16 + 1 + 4} \text{ mm} =$$

$$2000.46 \text{ mm}$$

4.2.3　单位权及单位权标准差

若某一数据x_k的权$p_k = 1$,则称p_k为单位权,而x_k的标准差s_k称为单位权标准差,记为s_0。显然,由4.17式可得

$$p_1 s_1^2 = p_2 s_2^2 = \cdots = p_n s_n^2 = s_0^2$$

则有

$$s_0 = s_i \sqrt{p_i} \quad (i = 1, 2, \cdots, n) \tag{4.21}$$

通常,单位权并不一定对应着一个具体的测量数据。由权的相对性可知,单位权标准差也具有相对性。随着权数值的改变,单位权标准差也将有相应的改变。例如:设三个测

量数据的方差分别为 $s_1^2 = 1, s_2^2 = 0.5, s_3^2 = 2$,则三个测量数据的权应满足下式

$$p_1 : p_2 : p_3 = \frac{1}{s_1^2} : \frac{1}{s_2^2} : \frac{1}{s_3^2} = 2 : 4 : 1$$

若取 $p_1 = 2, p_2 = 4, p_3 = 1$,则单位权标准差 $s_0 = s_3 = \sqrt{2}$;若取 $p_1 = 4, p_2 = 8, p_3 = 2$,则单位权不再是 p_3,而应为 $s_0 = s_1 \sqrt{p_1} = 1 \times \sqrt{4} = 2$。

下面给出用残差计算单位权标准差的公式。

设有不等精度测量数据 $x_1, x_2, \cdots, x_n$,相应的权分别为 $p_1, p_2, \cdots, p_n$,则各测量数据的残差为

$$v_i = x_i - \bar{x}_p \quad (i = 1, 2, \cdots, n)$$

将各残差 v_i 分别乘以各自的权的平方根 $\sqrt{p_i}$,得加权残差

$$v'_i = v_i \sqrt{p_i} \quad (i = 1, 2, \cdots, n)$$

可以证明,任一数据的加权残差的权为1,显然,将加权残差代入贝塞尔公式,便可得单位权标准差估计量(子样单位权标准差)的计算公式。

$$s_0 = \sqrt{\frac{\sum_{i=1}^{n} v'^2_i}{n-1}} = \sqrt{\frac{\sum_{i=1}^{n} p_i v_i^2}{n-1}} \tag{4.22}$$

按上式计算的结果应为单位权标准差的估计量。

4.2.4 加权算术平均值的精度估计

由于加权算术平均值本身也含有随机误差,其精度也应以其标准差来评定。在加权算术平均值的表达式中,测量数据 $x_1, x_2, \cdots, x_n$ 为随机变量,而相应的权 $p_1, p_2, \cdots, p_n$ 为常量,则加权算术平均值的方差为

$$D(\bar{x}_p) = D\left(\frac{p_1 x_1 + p_2 x_2 + \cdots + p_n x_n}{p_1 + p_2 + \cdots + p_n}\right) =$$

$$\frac{p_1^2 D(x_1) + p_2^2 D(x_2) + \cdots + p_n^2 D(x_n)}{(p_1 + p_2 + \cdots + p_n)^2}$$

即

$$\sigma_{\bar{x}p}^2 = \frac{p_1^2 \sigma_1^2 + p_2^2 \sigma_2^2 + \cdots + p_n^2 \sigma_n^2}{(p_1 + p_2 + \cdots + p_n)^2}$$

由式(4.21)可知

$$p_1 \sigma_1^2 = p_2 \sigma_2^2 = \cdots = p_n \sigma_n^2 = \sigma_0^2$$

代入上式,则有

$$\sigma_{\bar{x}p}^2 = \frac{p_1 \sigma_0^2 + p_2 \sigma_0^2 + \cdots + p_n \sigma_0^2}{(p_1 + p_2 + \cdots + p_n)^2} = \frac{\sigma_0^2}{p_1 + p_2 + \cdots + p_n}$$

即

$$\sigma_{\bar{x}p} = \frac{\sigma_0}{\sqrt{\sum_{i=1}^{n} p_i}}$$

$\bar{x}_p$ 的估计标准差为

$$s_{\bar{x}_p} = \frac{s_0}{\sqrt{\sum_{i=1}^{n} p_i}} \qquad (4.23)$$

若将单位权标准差的两个计算公式(4.21)及(4.22),代入上式,可得到加权算术平均值标准差估计量的两个计算公式

$$s_{\bar{x}_p} = s_i \sqrt{\frac{p_i}{\sum_{i=1}^{n} p_i}} \qquad (i = 1,2,\cdots,n) \qquad (4.24)$$

及

$$s_{\bar{x}_p} = \sqrt{\frac{\sum_{i=1}^{n} p_i v_i^2}{(n-1)\sum_{i=1}^{n} p_i}} \qquad (4.25)$$

加权算术平均值的扩展不确定度为

$$U_{\bar{x}_p} = k s_{\bar{x}_p} \qquad (4.26)$$

一般可认为误差服从正态分布,取 $k = 3$。

应该指出,分别按公式(4.24)和(4.25)计算加权算术平均值的标准差,所得结果理应是相同的。但由于种种原因,实际上这两种计算方法给出的 $s_{\bar{x}_p}$ 值常常是不同的。这是由于对测量数据标准差估计不准以及测量数据中存在系统误差等原因而引起的,特别是系统误差的影响更为突出。

当测量数据中存在不同的系统误差时,一般各测量数据之间的差异会增大,因此按照式(4.25)计算的 $s_{\bar{x}_p}$ 值通常比按式(4.24)计算的要大些。即按式(4.25)计算 $s_{\bar{x}_p}$ 时,能在一定程度上反映系统误差的影响;而按式(4.24)计算 $s_{\bar{x}_p}$ 时,一般不反映这一系统误差的影响,所以,通常以式(4.25)的计算结果为准(特别是测量数据较多时)。但为把握起见,有时取数值较大的一个作为计算结果(特别是在测量数据较少时,按式(4.25)计算精度较低),但给出的精度估计偏于保守。为使给出的精度值更为确切,应考虑到系统误差。

例4.6 现对角 φ 进行三次测量,所得数据及标准差分别为: $\varphi_1 = 2°40'8''$, $s_1 = 2''$; $\varphi_2 = 2°40'13''$, $s_2 = 3''$; $\varphi_3 = 2°40'4''$, $s_3 = 3''$,试求最后结果及其标准差。

解 列表4.2计算如下

表4.2

i	φ_i	s_i	p_i	φ'_i	$p_i\varphi'_i$	v_i	v_i^2	$p_i v_i^2$
1	$2°40'8''$	$2''$	9	$-2''$	$-18''$	$-0.2''$	0.04	0.36
2	$2°40'13''$	$3''$	4	$3''$	$12''$	$4.8''$	23.04	92.16
3	$2°40'4''$	$3''$	4	$-6''$	$-24''$	$-4.2''$	17.64	70.56
$\sum$			17		$-30''$		163.08	

首先确定各测量数据的权。由式(4.16)得

$$p_1 : p_2 : p_3 = \frac{1}{s_1^2} : \frac{1}{s_2^2} : \frac{1}{s_3^2} = \frac{1}{2^2} : \frac{1}{3^2} : \frac{1}{3^2} = 9 : 4 : 4$$

取 $p_1 = 9, p_2 = 4, p_3 = 4$。

然后计算加权算术平均值 $\bar{\varphi}_p$。取 $\varphi_0 = 2°40'10''$，作 $\varphi'_i = \varphi_i - \varphi_0$，按简便算法，则有

$$\bar{\varphi}_p = \varphi_0 + \frac{\sum_{i=1}^{n} p_i \varphi'_i}{\sum_{i=1}^{n} p_i} = 2°40'10'' + \frac{(-30)''}{17} = 2°40'8.2''$$

最后求 $\bar{\varphi}_p$ 的标准差，按式(4.24)

$$s_{\bar{\varphi}_p} = s_1 \sqrt{\frac{p_1}{\sum_{i=1}^{n} p_i}} = 2'' \sqrt{\frac{9}{17}} = 1.5''$$

按式(4.25)

$$s_{\bar{\varphi}_p} = \sqrt{\frac{\sum p_i v_i^2}{(n-1)\sum p_i}} = \left(\sqrt{\frac{163.08}{2 \times 17}}\right)'' = 2.2''$$

于是最后结果为

$$\bar{\varphi}_p = 2°40'8.2'', \quad s_{\bar{\varphi}_p} = 2.2''$$

例 4.7 根据文献发表的结果，真空中的光速及其标准差如表 4.3(单位 km/s)：

表 4.3

i	1	2	3	4	5	6	7	8
C_i/km	299 792.3	299 792.5	299 793.1	299 794.2	299 792.6	299 789.8	299 793.0	299 795.1
s_i/km	2.4	1.0	0.3	1.9	0.7	3.0	0.3	3.1

试求光速的最佳值及其标准差。

解 列表 4.4 计算：

表 4.4

i	C_i	s_i	p_i	C'_i	$p_i C'_i$	v_i	$p_i v_i^2$
1	299 792.3	2.4	0.17	0.3	0.05	-0.69	0.080 9
2	299 792.5	1.0	1.00	0.5	0.50	-0.49	0.240 1
3	299 793.1	0.3	11.11	1.1	12.22	0.11	0.134 4
4	299 794.2	1.9	0.28	2.2	0.62	1.21	0.409 9
5	299 792.6	0.7	2.04	0.6	1.22	-0.39	0.310 3
6	299 789.8	3.0	0.11	-2.2	-0.24	-3.19	1.119 4
7	299 793.0	0.3	11.11	1.0	11.11	0.01	0.001 1
8	299 795.1	3.1	0.10	3.1	0.31	2.11	0.445 2
$\sum$			25.92		25.79		2.741 3

取各测量数据的权为 $p_i = 1/s_i^2 (i = 1, 2, \cdots, n)$，令 $C_0 = 299\ 792.0$，$C'_i = C_i - C_0$，则加权

算术平均值为

$$\bar{C}_p = C_0 + \frac{\sum p_i C'_i}{\sum p_i} = 299\ 792.\ 0 + \frac{25.\ 79}{25.\ 92} = 299\ 792.\ 99$$

其标准差为

$$s_{\bar{C}_p} = \sqrt{\frac{\sum p_i v_i^2}{(n-1)\sum p_i}} = \sqrt{\frac{2.\ 7413}{7 \times 25.\ 92}} = 0.\ 12$$

若取置信系数 $k = 3$，则其扩展不确定度为

$$U_{\bar{C}_p} = k s_{\bar{C}_p} = 3 \times 0.\ 12 = 0.\ 36$$

则最后结果为

$$C = 299\ 792.\ 99\ \pm 0.\ 36\ \mathrm{km/s}$$

该结果表明，光速值应以 99. 73% 的概率包含在 299 792. 63 km/s 与 299 793. 35 km/s 之间。

而光速的最新测量结果是 $C_0 = 299\ 792.\ 458$ km/s，这一结果已被大量实验所证实。显然，由本例给出的光速最佳值与其相差 0. 532 km/s，这一差值已超出了它的正常分布范围。

如果按式(4. 24)计算标准差，此时可得 $s_{\bar{C}_p} = 0.\ 2$ km/s。这一结果比前面计算出的值要大。但即使按 $s_{\bar{C}_p} = 0.\ 2$ km/s 计算，所给光速值与其准确值之差超过 0. 532 km/s 的概率也仅为 0. 8%。这说明例中所给结果与预期值有显著差异。可见，标准差 $s_{\bar{C}_p}$ 或扩展不确定度 $U_{\bar{C}_p}$ 并未完全反映所给结果的可信程度。

造成这种情形的原因就在于测量中存在着系统误差。在求加权算术平均值时，部分系统误差不能像随机误差那样有抵偿作用，使所得结果产生偏移。但在计算测量的标准差时，这类误差却没有被如实地反映出来，因而所得标准差较小，但这是假像。

由此可见，不能指望通过求算术平均值或加权算术平均值来减小所有的系统误差，其标准差也不能全面地反映系统误差的影响，所以必须对测量的系统误差再作具体的分析研究才行。这一事实表明，系统误差的分析研究在测量数据处理中具有极为重要的意义。

4.3   测量数据的修正

当系统误差的数值已知时，若将其从测量结果中扣除，则可以得到相对准确的结果，这就是测量数据的修正。

4.3.1   测量数据的修正方法及其意义

由测量误差的定义，若不考虑随机误差的影响，则系统误差为

$$\delta = x - X$$

式中 x 为测量数据，X 为被测量真值。因而有

$$X = x - \delta = x + \varepsilon \tag{4.27}$$

式中 ε 为修正值,$\varepsilon = -\delta$。

上式表明,测量的真实值应为测量数据(测得值)与修正值之和,这是修正法处理测量数据的基本依据。

将已知具体数值的系统误差改变符号即为修正值,以数值表格、计算式或曲线等方式表示,供数据修正使用。测量数据加入修正值的手续可通过人工计算进行,也可由仪器的软件或硬件自动完成。

采用修正法消除已知系统误差简便易行,效果显著,因而在计量领域内获得广泛应用。但为了对测量数据进行修正必须确知其修正值,这往往需要付出一定的代价,而且对于更多的系统误差因无法确知数值而不能进行修正。因此,修正法的应用也受到限制。

同时还须指出,在一般情况下难以获得绝对准确的修正值,因为修正值本身也常含有误差,使被修正的那项系统误差也常常残留部分误差。如果修正值本身的误差太大,则将失去修正的意义。特别是修正法对于消除随机误差是无能为力的。

可见,修正法可有效地减小测量数据的误差,但不能期望通过修正获得绝对准确的结果。

4.3.2 修正值的获得方法

修正法的关键是如何获得相对准确的修正值。修正值的获得方法有两类,测量实验方法和理论分析方法。

1. 通过测量获得修正值

利用高一级精度的测量基准,测量仪器和测量方法(及相应的测量条件)给出标准量(相对真值),通过比较获得测量结果的修正值,这一方法通常称为检定。应注意,必须保证标准量具有足够的精度(与测量结果的误差相比,标准量的误差是微小的)。

例如,为确定二等砝码的修正值,应以一等砝码给出的量值用天平作比较测量给出。此时,一等砝码和天平的误差都远小于二等砝码的误差。

在计量工作中,通过检定确定修正值的方法常用于基准的传递,标准件及高精度仪器的修正等。一般只要具备检定的条件,能通过检定给出实用上具有足够精度的修正值,就可采用,因而这一方法的应用比较普遍。

有时也可利用间接测量的方法获得修正值,先通过实验找出误差因素,再按已知的函数关系计算出待求量的修正值。在某些测量问题中还可以利用特殊的测量方法和数据处理方法将某项系统误差分离出来,从而可以得到修正值。

这种确定修正值的方法需要有高一级精度的检定器具才能实现,实践上往往有一定困难,特别是对于高精度测量,利用这一方法获得修正值更为困难。因而这种方法的应用受到具体条件的限制。

2. 通过理论分析获得修正值

通过对具体的测量问题的分析,找出系统误差所遵从的规律性,据此计算出测量的系统误差,将其改变符号即为修正值。这一方法所给出的修正值是比较准确的,也不需要更高一级精度的检定仪器,因而十分方便、经济。理论分析的方法常用于通过间接测量确定修正值时的分析计算。

但在很多情况下无法通过分析计算给出修正值,因此这一方法的使用受到限制。

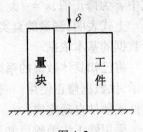

图 4.2

例 4.8 用相对法测量公称尺寸 $L = 80$ mm 的石英玻璃棒的尺寸。设量块材料的线膨胀系数 $\alpha_1 = 11.5 \times 10^{-6}/℃$,石英玻璃的线膨胀系数 $\alpha_2 = 0.4 \times 10^{-6}/℃$,分析该测量结果关于温度偏差的修正值。

解 当测量时的环境温度偏离标准温度 $t_0 = 20$ ℃,标准件与被测件都产生变形。设测量的环境温度为 t,则量块的变形量为

$$\delta L_1 = L\alpha_1(t - t_0)$$

石英玻璃棒的变形量为

$$\delta L_2 = La_2(t - t_0)$$

于是由温度偏差引入的测量误差为

$$\delta = \delta L_2 - \delta L_1 = L(\alpha_2 - \alpha_1)(t - t_0)$$

则修正值为 $\varepsilon = -\delta$,若测得环境温度 $t = 20.3$ ℃,相应的修正值为

$$\begin{aligned}\varepsilon = &- L(\alpha_2 - \alpha_1)(t - t_0) = \\ &- 80 \text{ mm} \times (0.4 \times 10^{-6}/℃ - 11.5 \times 10^{-6}/℃) \times (20.3℃ - 20℃) = \\ &0.27 \times 10^{-3} \text{ mm}\end{aligned}$$

例 4.9 分析利用天平衡量物体质量时关于空气浮力的修正值。

解 利用天平衡量物体质量时,考虑到空气浮力的影响,天平平衡条件应为

$$l_1(m_1 g - V_1 \rho g) = l_2(m_2 g - V_2 \rho g)$$

式中　　m_1, m_2 —— 分别为标准砝码与被测物体的质量;

　　　　V_1, V_2 —— 分别为标准砝码与被测物体的体积;

　　　　l_1, l_2 —— 天平二臂长;

　　　　g —— 测量地点的重力加速度;

　　　　ρ —— 测量地点的空气密度。

考虑到等臂天平 $l_1 = l_2$,由上式可得衡量结果应为

$$m_2 = m_1 + (V_2 - V_1)\rho$$

若不考虑空气浮力,衡量结果为

$$m'_2 = m_1$$

该结果的误差为

$$\delta = m'_2 - m_2 = -(V_2 - V_1)\rho$$

可见其修正值应为

$$\varepsilon = -\delta = (V_2 - V_1)\rho$$

4.4　实用谐波分析法

系列测量结果中往往含有周期误差,这是一种常见的系统误差。通常,周期误差含有若干误差成分,为确切地估计和有效地减小以至消除各周期误差因素的影响,可利用谐波

分析的方法将周期误差的各谐波分量分解开来,分别给出各分量的幅值和相角。这一分析结果为进一步分析周期误差提供了依据。

4.4.1 谐波分析法原理

若函数 $f(x)$ 在某区间内满足一定的收敛条件,则该函数在这一区间可展开成付里叶级数,这是谐波分析法的基本依据。

设函数 $f(x)$ 在区间 $[-l, l]$ 上满足以下收敛条件(该收敛条件易于满足,凡是可展开为幂级数的函数都满足这一收敛条件):

(1) 函数 $f(x)$ 在区间 $[-l, l]$ 上连续或只存在有限个第一类间断点(即函数 $f(x)$ 在该点 c 的左极限 $f(c-0)$)和右极限 $f(c+0)$ 存在但不相等,或存在且相等但不等于 $f(c)$)。

(2) 函数 $f(x)$ 在区间 $[-l, l]$ 上只存在有限个极大点和极小点(即可把区间 $[-l, l]$ 分为有限个子区间,使函数在每个子区间内是单调的)。

则函数 $f(x)$ 就可展开成付里叶级数

$$f(x) = a_0 + \sum_{n=1}^{\infty} a_n \cos \frac{n\pi}{l} x + \sum_{n=1}^{\infty} b_n \sin \frac{n\pi}{l} x \tag{4.28}$$

式中,付里叶系数分别为

$$\left. \begin{aligned} a_0 &= \frac{1}{2l} \int_{-l}^{l} f(x)\,\mathrm{d}x \\ a_n &= \frac{1}{l} \int_{-l}^{l} f(x) \cos \frac{n\pi}{l} x\,\mathrm{d}x \\ b_n &= \frac{1}{l} \int_{-l}^{l} f(x) \sin \frac{n\pi}{l} x\,\mathrm{d}x \end{aligned} \right\} \tag{4.29}$$

式(4.28)还可化成另一形式,设

$$\left. \begin{aligned} a_n &= c_n \sin \varphi_n \\ b_n &= c_n \cos \varphi_n \end{aligned} \right\} \tag{4.30}$$

则

$$\left. \begin{aligned} c_n &= \sqrt{a_n^2 + b_n^2} \\ \tan \varphi_n &= \frac{a_n}{b_n} \end{aligned} \right\} \tag{4.31}$$

将式(4.30)代入式(4.28),合并同阶次项,得

$$f(x) = a_0 + \sum_{n=1}^{\infty} c_n \sin \left(\frac{n\pi}{l} x + \varphi_n \right) \tag{4.32}$$

式中级数项

$$c_n \sin \left(\frac{n\pi}{l} x + \varphi_n \right)$$

称为 $f(x)$ 展开式的第 n 阶谐波分量。其中 c_n 为 n 阶谐波分量的幅值,φ_n 为其初相角,按式(4.31)计算。相应的周期为

$$T = \frac{2l}{n} \tag{4.33}$$

　　式(4.32)表明,函数$f(x)$在区间$[-l,l]$上可分解为一恒定分量和一系列正弦谐波分量之和。

　　因为付里叶级数各项和以$2l$为周期,若在区间$[-l,l]$上这个级数收敛于$f(x)$,则当x取所有实数值时它也收敛,并且级数各项和以$2l$为周期重复它在区间$[-l,l]$上的值,因此,对于周期为$2l$的周期函数$f(x)$,若在区间$[-l,l]$上满足收敛条件,则在其全部定义域内可展开成付里叶级数(式4.28或式4.32)。

　　特别地,以$2l=2\pi$为周期的周期函数$f(x)$的付里叶级数的展开式为

$$f(x) = a_0 + \sum_{n=1}^{\infty} a_n \cos nx + \sum_{n=1}^{\infty} b_n \sin nx \tag{4.34}$$

或

$$f(x) = a_0 + \sum_{n=1}^{\infty} c_n \sin(nx + \varphi_n) \tag{4.35}$$

式中系数a_0, a_n, b_n, c_n及初相角φ_n由以下各式给出

$$\left.\begin{array}{l} a_0 = \dfrac{1}{2\pi} \displaystyle\int_{-\pi}^{\pi} f(x)\,\mathrm{d}x \\[2mm] a_n = \dfrac{1}{\pi} \displaystyle\int_{-\pi}^{\pi} f(x)\cos nx\,\mathrm{d}x \\[2mm] b_n = \dfrac{1}{\pi} \displaystyle\int_{-\pi}^{\pi} f(x)\sin nx\,\mathrm{d}x \end{array}\right\} \tag{4.36}$$

$$\left.\begin{array}{l} c_n = \sqrt{a_n^2 + b_n^2} \\[2mm] \tan\varphi_n = \dfrac{a_n}{b_n} \end{array}\right\} \tag{4.37}$$

　　实践上,在周期函数$y=f(x)$所含各次谐波分量中,高次谐波分量常是很微小的。因而实用上只须截取一定阶次的谐波分量而略去高次谐波分量,则周期函数可表示成有限次谐波分量和的形式。周期为$2l$的周期函数$f(x)$的有限次谐波分解式为

$$f(x) = a_0 + \sum_{n=1}^{k} \left(a_n \cos \frac{n\pi}{l}x + b_n \sin \frac{n\pi}{l}x \right) \tag{4.38}$$

或

$$f(x) = a_0 + \sum_{n=1}^{k} c_n \sin\left(\frac{n\pi}{l}x + \varphi_n \right) \tag{4.39}$$

式中,系数a_0, a_n, b_n按式(4.29)计算,系数c_n和初相角φ_n按式(4.31)计算。

　　以$2l=2\pi$为周期的函数$f(x)$的有限次谐波分解式则为

$$f(x) = a_0 + \sum_{n=1}^{k} a_n \cos nx + \sum_{n=1}^{k} b_n \sin nx \tag{4.40}$$

$$f(x) = a_0 + \sum_{n=1}^{k} c_n \sin(nx + \varphi_n) \tag{4.41}$$

式中,系数a_0, a_n, b_n按式(4.36)计算,系数c_n与初相角φ_n按式(4.37)计算。

　　式(4.38)、式(4.39)和式(4.40)、式(4.41)表明,实践中周期函数可分解为一个恒定谐波分量与有限个谐波分量之和。所取谐波阶数由实际问题的具体要求而定,在满足实际要求的情况下截取阶数少些便于分析。

　　以上所述给出了谐波分析法的基础。

4.4.2 实用谐波分析法

在实际的工程问题中,所要研究的周期函数 $y = f(x)$ 往往无法写出其具体的函数表达式,而只能通过实际测量给出的测量数据或曲线表达出来。此时,付里叶级数展开式的系数 a_0、a_n、b_n 无法按积分式(4.29)求解,只能通过对 $y = f(x)$ 进行逐点的实际测量,由所得函数 $y = f(x)$ 的系列测量数值 $y_1 = f(x_i)$ 按前面给出的谐波分解公式求出各系数,从而给出具体的各次谐波分量,这就是实用谐波分析法。

为便于分析计算,按偶数将一个周期等分为若干段,在这些等分点上测得函数的值 $y_0 = f(x_0)$,$y_1 = f(x_1)$,$\cdots$,$y_i = f(x_i)$,$\cdots$,则由式(4.29)可得由各测得值 y_i 表示的各付里叶系数的表达式

$$a_0 = \frac{1}{m} \sum_{i=0}^{m-1} y_i$$

$$a_n = \begin{cases} \dfrac{2}{m} \sum_{i=0}^{m-1} y_i \cos \dfrac{2\pi n i}{m} & \left(n < \dfrac{m}{2}\right) \\ \dfrac{1}{m} \sum_{i=0}^{m-1} y_i \cos \pi i & \left(n = \dfrac{m}{2}\right) \end{cases} \tag{4.42}$$

$$b_n = \begin{cases} \dfrac{2}{m} \sum_{i=0}^{m-1} y_i \sin \dfrac{2\pi n i}{m} & \left(n < \dfrac{m}{2}\right) \\ 0 & \left(n = \dfrac{m}{2}\right) \end{cases}$$

$$\left. \begin{aligned} c_n &= \sqrt{a_n^2 + b_n^2} \\ \tan \varphi_n &= \frac{a_n}{b_n} \end{aligned} \right\} \tag{4.43}$$

式中　n—— 各谐波的阶次;

$\quad\quad m$—— 一个周期的等分数,常取为 12,24,48 等;

$\quad\quad y_i$—— 第 i 个等分点上 $f(x)$ 的测量值。

将各测得值 y_0,y_1,$\cdots$,y_{m-1} 代入以上各式可得各付里叶系数,从而给出各谐波分量。显然,为求得 k 次以内的谐波分量,一个周期内的等分数应为

$$m = 2(k + 1) \tag{4.44}$$

此时,周期函数的近似表达式可写成

$$f(x) = a_0 + \sum_{n=1}^{k+1} a_n \cos nx + \sum_{n=1}^{k} b_n \sin nx \tag{4.45}$$

若取等分数为 $m = 12$,则周期函数的展开式为

$$f(x) = a_0 + a_1 \cos x + a_2 \cos 2x + \cdots + a_6 \cos 6x +$$
$$b_1 \sin x + b_2 \sin 2x + \cdots + b_5 \sin 5x \tag{4.46}$$

将测量数据 y_i 及三角函数值代入式(4.46),可得包括 12 个方程式的方程组,由此可推出 12 个待求系数的表达式(这一表达式也可直接由式(4.42)推出),即

$$a_0 = \frac{1}{12}(y_0 + y_1 + y_2 + y_3 + y_4 + y_5 + y_6 + y_7 + y_8 + y_9 + y_{10} + y_{11})$$

$$a_1 = \frac{1}{6}\left[y_0 - y_6 + \frac{\sqrt{3}}{2}(y_1 - y_5 - y_7 + y_{11}) + \frac{1}{2}(y_2 - y_4 - y_8 + y_{10})\right]$$

$$a_2 = \frac{1}{6}\left[y_0 - y_3 + y_6 - y_9 + \frac{1}{2}(y_1 - y_2 - y_4 + y_5 + y_7 - y_8 - y_{10} + y_{11})\right]$$

$$a_3 = \frac{1}{6}(y_0 - y_2 + y_4 - y_6 + y_8 - y_{10})$$

$$a_4 = \frac{1}{6}\left[y_0 + y_3 + y_6 + y_9 - \frac{1}{2}(y_1 + y_2 + y_4 + y_5 + y_7 + y_8 + y_{10} + y_{11})\right]$$

$$a_5 = \frac{1}{6}\left[y_0 - y_6 - \frac{\sqrt{3}}{2}(y_1 - y_5 - y_7 + y_{11}) + \frac{1}{2}(y_2 - y_4 - y_8 + y_{10})\right]$$

$$a_6 = \frac{1}{12}[y_0 - y_1 + y_2 - y_3 + y_4 - y_5 + y_6 - y_7 + y_8 - y_9 + y_{10} - y_{11}]$$

$$b_1 = \frac{1}{6}\left[y_3 - y_9 + \frac{1}{2}(y_1 + y_5 - y_7 - y_{11}) + \frac{\sqrt{3}}{2}(y_2 + y_4 - y_8 - y_{10})\right]$$

$$b_2 = \frac{1}{6} \cdot \frac{\sqrt{3}}{2}(y_1 + y_2 - y_4 - y_5 + y_7 + y_8 - y_{10} - y_{11})$$

$$b_3 = \frac{1}{6}(y_1 - y_3 + y_5 - y_7 + y_9 - y_{11})$$

$$b_4 = \frac{1}{6} \cdot \frac{\sqrt{3}}{2}(y_1 - y_2 + y_4 - y_5 + y_7 - y_8 + y_{10} - y_{11})$$

$$b_5 = \frac{1}{6}\left[y_3 - y_9 + \frac{1}{2}(y_1 + y_5 - y_7 - y_{11}) - \frac{\sqrt{3}}{2}(y_2 + y_4 - y_8 - y_{10})\right]$$

$$\tag{4.47}$$

将以上各系数代入式(4.43),可求得各次谐波的幅值 $c_1 \sim c_5$ 及初相角 $\varphi_1 - \varphi_5$,于是可写出谐波展开式

$$f(x) = a_0 + c_1\sin(x + \varphi_1) + \cdots + c_5\sin(5x + \varphi_5) + a_6\cos 6x \tag{4.48}$$

应该指出,由于实用谐波分析法给出的结果中存在着谐波的混叠误差,求得的系数 a_0, a_n, b_n 是有误差的,而且谐波阶次越高,这一误差越大。所以高阶次的谐波分量的可信程度较低。可见,实用谐波分析法不适于分析高阶次的谐波分量。

4.4.3 实用谐波分析法的应用

周期误差是常见的一类系统误差,测量实践中存在着大量的周期性误差因素。测量仪器中精密传动机构大量使用旋转的另部件,仪器构件的加工设备离不开旋转运动,从而构成大量的周期性误差因素。电子仪器中电流、电压常是周期变化的,大量的干扰信号常呈周期性。甚至被测对象、被测参数也常含某种周期性因素。因而测量结果中所含周期误差常是诸项周期分量综合作用的结果。实践中往往需要区分并确定这些误差成分,以便分析其根源,估计其影响,为进一步控制这些误差提供依据。

实用谐波分析法用于分析周期误差,可将其分解成一个恒定分量和若干正弦谐波分

量。实践中,由此所得的每一谐波分量都相应于某一确定的误差成分。这些误差成分以其振幅、周期和初相角为特征相互区别。这样可根据谐波分析的结果找出周期误差的各组成分量,因而实用谐波分析法为周期误差的分析、控制提供了有效的手段。

例 4.10　对表 4.5 给出的测量数据进行 12 个点的谐波分析。

表 4.5

i	0	1	2	3	4	5	6	7	8	9	10	11
x_i	0°	30°	60°	90°	120°	150°	180°	210°	240°	270°	300°	330°
y_i	0	6	12	15	30	23	7	-6	-18	-25	-28	-16

解　首先按式(4.47)计算系数 a_n 与 b_n

$$a_0 = \frac{1}{12}(y_0 + y_1 + y_2 + y_3 + y_4 + y_5 + y_6 + y_7 + y_8 + y_9 + y_{10} + y_{11}) =$$

$$\frac{1}{12}(0 + 6 + 12 + 15 + 30 + 23 + 7 - 6 - 18 - 25 - 28 - 16) = 0$$

$$a_1 = \frac{1}{6}\left[y_0 - y_6 + \frac{\sqrt{3}}{2}(y_1 - y_5 - y_7 + y_{11}) + \frac{1}{2}(y_2 - y_4 - y_8 + y_{10})\right] =$$

$$\frac{1}{6}\left[0 - 7 + \frac{\sqrt{3}}{2}(6 - 23 + 6 - 16) + \frac{1}{2}(12 - 30 + 18 - 28)\right] = -7.40$$

$$\cdots\cdots\cdots\cdots$$

$$b_5 = \frac{1}{6}\left[y_3 - y_9 + \frac{1}{2}(y_1 + y_5 - y_7 - y_{11}) - \frac{\sqrt{3}}{2}(y_2 + y_4 - y_6 - y_{10})\right] =$$

$$\frac{1}{6}\left[15 + 25 + \frac{1}{2}(6 + 23 + 6 + 16) - \frac{\sqrt{3}}{2}(12 + 30 + 18 + 28)\right] = -1.79$$

将计算结果填入表中,利用表 4.6 计算 a_n^2,b_n^2 及 a_n/b_n,并按式 $c_n = \sqrt{a_n^2 + b_n^2}$,$\varphi_n = $ arctan a_n/b_n 计算系数 c_n 及初相角 φ_n。

表 4.6

n ＼ i	0	1	2	3	4	5	6
a^n	0	-7.40	3.75	3.50	-0.75	0.40	0.50
b_n		23.62	-2.17	1.83	0.14	-1.79	
a_n^2		54.76	14.06	12.25	6.56	0.16	0.25
b_n^2		557.90	4.71	3.35	0.02	3.20	
a_n/b_n		-0.3133	-1.7281	1.9126	-5.3571	-0.2235	
c_n		24.75	4.33	3.95	0.76	1.83	
φ^n		162°36′	120°03′	62°24′	100°34′	167°24′	

将 c_n 与 φ_n 值代入式(4.48),得 y 的谐波分解式

$$y = 24.8\sin(x + 162.6°) + 4.3\sin(2x + 120°) +$$

$$3.9\sin(3x + 62.4°) + 0.8\sin(4x + 100.6°) +$$

$$1.8\sin(5x + 167.4°) + 0.5\cos 6x$$

作出谐波曲线如图 4.3 所示。

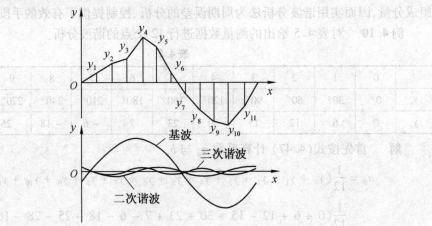

图 4.3

4.5 异常数据的剔除

测量数据包含随机误差和系统误差是正常的,只要误差值不超出允许范围,所得结果就应接受。而粗大误差超出了正常的误差分布范围,对测量结果造成歪曲。因此包含有粗大误差的数据是不正常的,应剔除不用。

但应注意,任意一测量数据都含有测量误差,并服从某一分布,它使一组测量结果有一定的分散性。仅凭直观判断常难于对粗大误差和正常分布的较大的误差作出区分。若主观地将误差值较大但属正常分布的数据判定为异常数据而剔除,也同样会歪曲测量结果。这样作的结果虽然可得到一组分散性较小的数据,但这是虚假的,与实际分布并不一致。由此计算的标准差偏小,求得的算术平均值不是最可信赖的。因此需要有客观准则对异常数据作出判断。

实践中常采用统计的方法判别系列测量数据中的异常数据。以下列出几个判别准则,其基本方法是作出相应于某一数据的统计量,当该统计量超出一定范围,则认为相应的测量数据不服从正常分布而属异常数据。

显然,为作出统计判断,应给出系列的测量结果。所作的判断自然是具有一定概率的结果,而并非"绝对"可靠。

4.5.1 莱以特(Райта)准则

对某量进行 n 次等精度的重复测量,得 $x_1, x_2, \cdots, x_n$,若某一数据 x_k 相应的残差 v_k 满足下式条件,则认为 x_k 含粗大误差,属异常数据,应剔除

$$|v_k| = |x_k - \bar{x}| > 3s \tag{4.49}$$

式中　$\bar{x}$——为 $x_1, x_2, \cdots, x_n$ 的算术平均值;

s—— 测量标准差的估计量。

这就是莱以特准则,亦称为 3σ 准则。这一准则在测量数据较少时可靠性差。特别是,当采用贝塞尔公式计算测量标准差 s 时,若 $n \leqslant 10$,则对任一数据 x_i 恒有

$$|v_i| = |x_i - \bar{x}| \leqslant 3s \quad (i = 1, 2, \cdots, n)$$

此时该准则无效。

另外,当测量次数 n 不同时,v_k 超出 $\pm 3s$ 的概率是不同的。而该准则没有考虑这一差别,也没有区别对可靠性的不同要求,因而是比较粗糙的。

例4.11 对某一尺寸进行15次等精度重复测量,得到数据如下(单位 mm):10.262,10.268,10.265,10.263,10.278,10.267,10.263,10.260,10.258,10.262,10.264,10.261,10.264,10.263,10.265,试判别该列测量数据中有无异常数据。

解 将数据列表4.7

表 4.7

i	1	2	3	4	5	6	7
$x_i/$ mm	10.262	10.268	10.265	10.263	10.278	10.267	10.263
$v_i/$ μm	− 2	4	1	− 1	14	3	− 1
$v'_i/$ μm	− 1	5	2	0		4	0
8	9	10	11	12	13	14	15
10.260	10.258	10.262	10.264	10.261	10.264	10.263	10.265
− 4	− 6	− 2	0	− 3	0	− 1	1
− 3	− 5	− 1	1	− 2	1	0	2

计算算术平均值,取 $x_0 = 10.265$ mm,则

$$\bar{x} = x_0 + \frac{1}{n}\sum_{i=1}^{n} x'_i = 10.265 \text{ mm} + \frac{1}{15} \times (- 3 + 3 - 2 + 13 + 2 - 2 - 5 - 7 - 3 -$$

$$1 - 4 - 1 - 2) \times 10^{-3} \text{ mm} = 10.264 \text{ mm}$$

计算各测量数据残差并填入表中。

计算标准差,按贝塞尔公式有

$$s = \sqrt{\frac{\sum_{i=1}^{n} v_i^2}{n - 1}} = \sqrt{\frac{295}{15 - 1}} \text{ μm} = 4.6 \text{ μm}$$

$$3s = 3 \times 4.6 \text{ μm} = 13.8 \text{ μm}$$

进行判断,由于 x_5 残差绝对值最大,最为可疑,应先检验。显然有 $|v_5| > 3s$,因此 x_5 含有粗大误差,应剔除。

对于其余数据应重复以上各步,重新计算算术平均值及标准差,结果如下

$$\bar{x}' = x_0 + \frac{1}{n-1}\sum_{i=1}^{n-1} x'_i = 10.263 \text{ mm}$$

$$v'_i = x_i - \bar{x}'$$

$$s' = \sqrt{\frac{\sum_{i=1}^{n-1} {v'}_i^{\,2}}{n-2}} \ \mu m = 2.6 \ \mu m$$

$$3s = 7.8 \ \mu m$$

进行判断,显然 x_2 及 x_9 最为可疑,但其残差 $|v'_2| = |v'_9| < 3s'$,可见 x_2 及 x_9 属正常数据。因此,剩下的 14 个数据均为正常数据。

4.5.2　格罗布斯(Grubbs)准则

对某量进行 n 次重复测量,得 $x_1, x_2, \cdots, x_n$,设测量误差服从正态分布,若某数据 x_k 满足下式,则认为 x_k 含有粗大误差,应剔除

$$g_{(k)} = \frac{|v_k|}{s} = \frac{|x_k - \bar{x}|}{s} \geqslant g_{0(n,\alpha)} \tag{4.50}$$

式中　　$g_{(k)}$——数据 x_k 的统计量,$g_{(k)} = |v_k| / s, k = 1, 2, \cdots, n$;

　　　　$g_{0(n,\alpha)}$——统计量 $g_{(k)}$ 的临界值,它依测量次数 n 及显著度 α 而定,其值列于表 4.8;

　　　　α——显著度,为判断出现错误的概率,α 值依具体问题选择。即当 x_k 满足式 (4.50),但不含粗大误差的概率为。

$$\alpha = p\left[\frac{|x_k - \bar{x}|}{s} \geqslant g_{0(n,a)} \right]$$

这就是格罗布斯准则。该准则克服了莱以特准则的缺陷,在概率意义上给出较为严谨的结果,被认为是较好的判断准则。

表 4.8

$g_0(n,\alpha)$ ＼ α ＼ n	0.01	0.05	$g_0(n,\alpha)$ ＼ α ＼ n	0.01	0.05
3	1.16	1.15	17	2.78	2.48
4	1.49	1.46	18	2.82	2.50
5	1.75	1.67	19	2.85	2.53
6	1.94	1.82	20	2.88	2.56
7	2.10	1.94	21	2.91	2.58
8	2.22	2.03	22	2.94	2.60
9	2.32	2.11	23	2.96	2.62
10	2.41	2.18	24	2.99	2.64
11	2.48	2.23	25	3.01	2.66
12	2.55	2.28	30	3.10	2.74
13	2.61	2.33	35	3.18	2.81
14	2.66	2.37	40	3.24	2.87
15	2.70	2.41	50	3.34	2.96
16	2.75	2.44	100	3.59	3.17

例 4.12 试用格罗布斯准则判断例 4.11 中的异常数据。

解 显然,最可疑的数据为残差绝对值最大的数据 x_5。对 x_5 作统计量

$$g_{(5)} = \frac{|v_5|}{s} = \frac{14}{4.6} = 3.04$$

选定 $\alpha = 0.01$,查表 4.8 得临界值为

$$g_{0(15,0.01)} = 2.70$$

显然,$g_{(5)} > g_{0(15,0.01)}$,因此 x_5 含有粗大误差,应剔除。

对剩余数据在重新计算 $\bar{x}'$、v'_i 及 s' 之后,进行判断。添加句号对 x_2 或 x_9 作统计量

$$g_{(2)} = g_{(9)} = \frac{5}{2.6} = 1.92$$

选定 $\alpha = 0.01$,查表 4.8 得临界值为

$$g_{0(14,0.01)} = 2.66$$

显然,$g_{(2)} = g_{(9)} < g_{0(14,0.01)} = 2.66$,因而剩余 14 个数据均为正常数据。

4.5.3 狄克逊(Dixon) 准则

对某量进行 n 次重复测量,得 $x_1, x_2, \cdots, x_n$,设测量误差服从正态分布,按数值大小进行排列为 $x_{(1)} \leqslant x_{(2)} \leqslant \cdots \leqslant x_{(n)}$,为检验 $x_{(1)}$,作统计量

$$r_{(1)} = \begin{cases} \dfrac{x_{(2)} - x_{(1)}}{x_{(n)} - x_{(1)}} & (n \leqslant 7) \\[2mm] \dfrac{x_{(2)} - x_{(1)}}{x_{(n-1)} - x_{(1)}} & (8 \leqslant n \leqslant 10) \\[2mm] \dfrac{x_{(3)} - x_{(1)}}{x_{(n-1)} - x_{(1)}} & (11 \leqslant n \leqslant 13) \\[2mm] \dfrac{x_{(3)} - x_{(1)}}{x_{(n-2)} - x_{(1)}} & (n \geqslant 14) \end{cases} \tag{4.51}$$

选定显著度 α,由表 4.9 查得该统计量的临界值 $r_{0(n,\alpha)}$,若

$$r_{(1)} > r_{0(n,\alpha)}$$

则认为 $x_{(1)}$ 含有粗大误差,应舍弃。

同样,为检验 $x_{(n)}$,作统计量

$$r_{(n)} = \begin{cases} \dfrac{x_{(n)} - x_{(n-1)}}{x_{(n)} - x_{(1)}} & (n \leqslant 7) \\[2mm] \dfrac{x_{(n)} - x_{(n-1)}}{x_{(n)} - x_{(2)}} & (8 \leqslant n \leqslant 10) \\[2mm] \dfrac{x_{(n)} - x_{(n-2)}}{x_{(n)} - x_{(2)}} & (11 \leqslant n \leqslant 13) \\[2mm] \dfrac{x_{(n)} - x_{(n-2)}}{x_{(n)} - x_{(3)}} & (n \geqslant 14) \end{cases} \tag{4.40}$$

若满足

$$r_{(n)} > r_{0(n,\alpha)}$$

则认为 $x_{(n)}$ 含有粗大误差,应剔除。

应注意,当剔除一个数据后,应按所余顺序量计算统计量,再检验另一可疑数据。

狄克松准则也具有较好的使用效果。因无须计算标准差,计算简便。

表 4.9

n	临界值 $r_0(n,\alpha)$		统 计 量 r_i	
	$\alpha = 0.01$	$\alpha = 0.05$	检验 $x_{(1)}$ 时,$r_{(1)}$	检验 $x_{(n)}$ 时,$r_{(n)}$
3	0.988	0.941		
4	0.889	0.765	$\dfrac{x_{(2)} - x_{(1)}}{x_{(n)} - x_{(1)}}$	$\dfrac{x_{(n)} - x_{(n-1)}}{x_{(n)} - x_{(1)}}$
5	0.780	0.642		
6	0.698	0.560		
7	0.637	0.507		
8	0.683	0.554	$\dfrac{x_{(2)} - x_{(1)}}{x_{(n-1)} - x_{(1)}}$	$\dfrac{x_{(n)} - x_{(n-1)}}{x_{(n)} - x_{(2)}}$
9	0.635	0.512		
10	0.597	0.477		
11	0.679	0.576	$\dfrac{x_{(3)} - x_{(1)}}{x_{(n-1)} - x_{(1)}}$	$\dfrac{x_{(n)} - x_{(n-2)}}{x_{(n)} - x_{(2)}}$
12	0.642	0.546		
13	0.615	0.521		
14	0.641	0.546		
15	0.616	0.525		
16	0.595	0.507		
17	0.577	0.490		
18	0.561	0.475		
19	0.547	0.462		
20	0.535	0.450		
21	0.524	0.440		
22	0.514	0.430	$\dfrac{x_{(3)} - x_{(1)}}{x_{(n-2)} - x_{(1)}}$	$\dfrac{x_{(n)} - x_{(n-2)}}{x_{(n)} - x_{(3)}}$
23	0.505	0.421		
24	0.497	0.413		
25	0.489	0.406		
26	0.486	0.399		
27	0.475	0.393		
28	0.469	0.387		
29	0.463	0.381		
30	0.457	0.376		

例 4.13　用狄克逊准则检验例 4.11 测量数据中是否有异常数据。

解　按大小顺序排序为:$x_9 \leqslant x_8 \leqslant x_{12} \leqslant x_1 \leqslant x_{10} \leqslant x_4 \leqslant x_7 \leqslant x_{14} \leqslant x_{11} \leqslant x_{13} \leqslant x_3 \leqslant$

$x_{15} \leqslant x_6 \leqslant x_2 \leqslant x_5$。

由直观判断,先对 $x_{(15)}$(即 x_5)检验,作统计量

$$r_{(15)} = \frac{x_{(15)} - x_{(13)}}{x_{(15)} - x_{(3)}} = \frac{x_5 - x_6}{x_5 - x_{12}} =$$

$$\frac{10.278 - 10.267}{10.278 - 10.261} = 0.647$$

选定显著度 $\alpha = 0.01$，由表 4.9 可得临界值为 $r_{0(15,0.01)} = 0.616$。

显然，$r_{(15)} > r_{0(15,0.01)}$，故 $x_{(15)}$（即 x_5）含粗大误差，应剔除。

对剩余的 14 个数据重新判断，对 $x_{(1)}$ 作统计量为

$$r_{(1)} = \frac{x_{(3)} - x_{(1)}}{x_{(12)} - x_{(1)}} = \frac{x_{12} - x_9}{x_{15} - x_9} =$$

$$\frac{10.261 - 10.258}{10.265 - 10.258} = 0.429$$

对 $x_{(14)}$ 作统计量为

$$r_{(14)} = \frac{x_{(14)} - x_{(12)}}{x_{(14)} - x_{(3)}} = \frac{x_2 - x_{15}}{x_2 - x_{12}} =$$

$$\frac{10.268 - 10.265}{10.268 - 10.261} = 0.429$$

取 $\alpha = 0.01$，查表得临界值 $r_{0(14,0.01)} = 0.641$，显然 $r_{(1)} < r_{0(14,0.01)}$，$r_{(14)} < r_{0(14,0.01)}$，因此剩余数据均属正常。

思考与练习4

4.1　算术平均值原理应用于何种条件？有何效果？

4.2　按算术平均值原理处理测量数据时，测量次数为何受到限制？

4.3　残差和误差有何差别与联系？

4.4　重复测量数据中的恒定系统误差能否由残差反映出来？

4.5　算术平均值的误差是否一定比各次测量结果的误差小？

4.6　确定权的原则是什么？怎样理解权的相对性？

4.7　加权算术平均值原理的意义是什么？它与算术平均值原理有何异同？

4.8　加权算术平均值标准差计算式 $s_{x_p} = \dfrac{s_0}{\sqrt{\sum p_i}}$ 中，当 p_i 取不同值时，所得结果是否一致？

4.9　规定单位权标准差 s_0 有何意义？单位权标准差与测量数据的标准差有何不同？

4.10　举例说明测量数据的修正方法。

4.11　修正法能否用于消除随机误差？

4.12　测量数据经修正后还含有哪些类型的误差？试举例说明。

4.13　谐波分析法用于分析何种误差？

4.14　谐波展开式中的系数及初相角的含义是什么？

4.15　实用谐波分析法所分析的谐波阶数受什么限制？

4.16　判别粗大误差的 3σ 准则有何缺欠？

4.17　比较几种判别粗大误差的准则的异同。

4.18　在判别异常数据时,测量数据的数目和显著度有何意义?

4.19　对角度 θ 进行三次重复测量,所得测量数据为:$30'26''$,$30'31''$,$30'23''$,测量的标准差 $s = 5''$,求 θ 的最佳结果及其标准差。

4.20　对某段距离 l 进行 6 次等精度测量,所得测量数据为:346.535 m,346.548 m,346.520 m,346.546 m,346.550 m,346.537 m,求算术平均值 $\bar{l}$ 及其标准差 $s_{\bar{l}}$。

4.21　已知测量的标准差 $s = 0.06$ N,要使最后结果的标准差不大于 0.03 N,至少应进行多少次测量?

4.22　设测量的标准差 $s = 0.06$ N,若使算术平均值的误差绝对值 $|\delta_x| < 0.08$ N 的概率不小于 95%,应重复测量多少次?

4.23　设 4 次测量结果算术平均值的权为 6,求测量数据的权。

4.24　已知各测量数据的权分别为 $p_1, p_2, \cdots, p_n$,求算术平均值的权 $p_{\bar{x}}$。

4.25　对某质量四次测量结果为 $m_1 = 6.86$ g,$m_2 = 6.83$ g,$m_3 = 6.81$ g,$m_4 = 6.89$ g,其相应的权分别为 $p_1 = 3$,$p_2 = 3$,$p_3 = 2$,$p_4 = 2$,求测量结果加权算术平均值及其标准差。

4.26　用二种方法测量距离 L,所得结果及其标准差分别为 $L_1 = 521.23$ m,$s_1 = 0.20$ m 和 $L_2 = 521.48$ m,$s_2 = 0.15$ m,求最佳结果及其标准差。

4.27　现有下列不等精度测量的数据及其相应的标准差,计算加权算术平均值及其标准差。

i	1	2	3	4	5	6	7	8	9	10
x_i	150.28	150.21	150.25	150.26	150.22	150.27	150.23	150.25	150.24	150.23
σ_i	0.03	0.03	0.03	0.03	0.04	0.04	0.04	0.02	0.02	0.02

4.28　现用一把米尺量布 3 m,已知该尺误差为 $\delta = -1$ cm,问所量出的布实际尺寸 l 应是多少?

4.29　量杯直径 $D = 5$ cm,已知刻度误差为 -0.15 cm,问量取 10 杯溶液时应加入多少修正量?

4.30　已知三块量块的误差分别为 -0.5 μm,-0.2 μm,0.3 μm,将这三块量块研合所得组合尺寸用作相对测量的标准尺寸。试给出量块尺寸误差对测量结果的影响及其相应的修正值。

4.31　在一个周期内 12 个等分点上,对某周期函数 $y = f(x)$ 进行测量,得 12 个数据如下,试确定 $y = f(x)$ 的 5 次以下的谐波分量。

r	0	1	2	3	4	5	6	7	8	9	10	11
x_i	0	30°	60°	90°	120°	150°	180°	210°	240°	270°	300°	330°
y_i	9.3	15.0	17.4	23.0	37.0	31.0	15.3	4.0	-8.0	-13.2	-14.2	-6.0

4.32　对某量重复测量 15 次,测量数据为:2.74,2.68,2.83,2.76,2.77,2.71,2.86,2.68,3.05,2.72,2.78,2.75,2.76,2.75,2.79,试将含有粗大误差的数据剔除。

4.33　判断下列重复测量数据中有无异常数据,25.6,25.2,25.9,25.3,25.7,25.5,25.6,25.4,26.8,25.5。

第5章 不确定度的估计与合成

测量数据或经数据处理所给出的最终结果都不可能是被测量的客观真实值,只是被测量具有一定精度的近似(或称为估计量)。所以,数据处理的结果仅给出被测量的估计量是不够的,还必须对估计量作出精度估计。

测量或测量结果的精度估计(或可信赖程度)以"不确定度"这一参数表征。本章涉及不确定度的表征参数,不确定度分量的估计和诸项不确定度分量的合成。测量不确定度的表述涉及到测量误差的性质、分布、误差因素间的相关关系,测量方法及数据处理方法等,在讨论不确定度时应特别注意有关的前提条件。

不确定度的表述是测量数据处理中的基本问题之一。本章讨论的基本原则和基本方法同样适用于仪器、设备的精度分析。

5.1 不确定度及其表征参数

5.1.1 不确定度的概念

经过修正的测量结果仍然有一定的误差,它们的具体数值是未知的,因此无法以其误差的具体数值来评定测量结果的优劣。

测量误差或大或小,或正或负,其取值具有一定的分散性,即不确定性。在多次重复测量中,可看出测量结果将在某一范围内波动,从而展示了这种不确定性。测量结果取值的这一不确定性反映了测量误差对测量结果的影响。可以这样认为,测量结果可能的取值范围越大,即其误差值的可能范围越大,表明测量误差对测量结果的影响越大(在概率的意义上),测量结果的可靠性越低。反之,测量结果可能的取值范围越小,表明测量误差对测量结果的影响越小,即测量结果不确定的程度越小,因而测量结果也就越可靠。为反映测量误差的上述影响,引入"不确定度"这一概念。

测量的不确定度表示由于存在测量误差而使被测量值不能肯定的程度。它的大小表征测量结果的可信程度。按误差性质,不确定度可分为系统分量的不确定度和随机分量的不确定度;按其数值的估计方法,不确定度可分为用统计方法估计的和用其他方法估计的二类。

应注意,测量的不确定度与测量误差是完全不同的两个概念。不确定度是表征误差对测量结果影响程度的参数,而不是误差。测量误差取值具有不确定性并服从一定的分布,而不确定度对某一确定的测量方法来说具有确定的值(只是在实际估计时,所得不确定度的估计量有一定的不确定性),两者的性质完全不同。

5.1.2　不确定度的表征参数

前面已给出了表征随机误差分布特征的参数——方差 D 与标准差 σ。方差 D 或标准差 σ 反映了测量结果（或测量误差）可能取值的分散程度。D 或 σ 较大，则误差分布曲线较宽，表明测量结果可能的取值范围较宽，在概率意义上测量误差的影响较大，应认为该测量结果精度较低，或可靠性较差。反之，D 或 σ 较小，则相应的误差分布曲线高而窄，表明测量误差的影响小，测量结果取值不确定的程度小而精度高。方差或标准差是测量误差作用的表征参数，与误差值本身不同。

因此，方差 D 或标准差 σ 可作为测量不确定性的表征参数。实践上则使用估计的标准差（子样标准差）s 作为不确定度的表征参数，在不确定度的表述中常称为标准不确定度，用 u 表示，即 $u = s$。

测量不确定度也可用扩展不确定度表示为

$$U = ku$$

式中，k 为包含因子，是相对应于置信概率 $P = 1 - a$（a 为显著度）的置信系数。置信概率 P 为测量数据包含于区间 $(-ku, ku)$ 的概率。通常置信概率取约定值，如 $P = 95\%$，$P = 99\%$ 等。

当 u 值可信度较高时，由选定的 P 值按正态分布确定 k 值（当被测量误差服从正态分布时）。但当 u 值可信度较低时（由小子样获得 u 值），则应按 t 分布确定 k 值。

不确定度的合成结果不仅与各分量的不确定度有关，而且还与各误差分量间的相关性有关。因为相关性影响误差间的抵偿作用，进而影响总误差的分散性，这种影响以协方差（相关矩）反映出来。所以，必要时还应给出各误差分量的协方差（相关矩）或相关系数。

用统计的方法给出不确定度时，因为所依据的测量数据的数目是有限的，所以给出的方差或标准差仅是其估计量（子样方差或子样标准差）。随着测量数据数目的增加，所给出的方差估计量或标准差估计量的可靠性趋于增强；而在测量数据数目很少时，所给方差或标准差的估计量的精度则很低。

为反映所给方差（或标准差）估计量的可靠性的这一差别，应给出相应的自由度。

自由度是指所给的方差（或标准差）的估计量中所含独立变量的个数。显然，独立变量数越多，即自由度越大，所给估计方差就越可靠。

当按 t 分布估计扩展不确定度时，自由度是必须涉及的关键参数。

不确定度也可以相对量的形式给出，如 $\dfrac{u_x}{x}$，$\dfrac{U_x}{x}$ 等。

5.2　不确定度的估计

为了给出测量的总不确定度，实践中通常首先估计出其各项分量，然后再按一定方式合成。因而，在不确定度评定中，如何恰当地估计不确定度各项分量，具有关键性意义。

标准差是不确定度的基本表征参数，为讨论方便，以下仅按标准差讨论不确定度的估计。

我们可以用不同的方法给出标准差,这些方法可以归结为统计的和非统计的两类方法。

5.2.1 用统计的方法估计不确定度

用统计的方法估计不确定度是指依据一定数量的测量(或实验)数据,按数理统计的方法给出测量的不确定度。这一方法以统计实验和统计理论为基础,所给结果具有明确的概率意义和一定的客观性。原则上,对于测量的随机误差的不确定度总可以用统计的方法作出估计。

不确定度的统计估计都是根据有限次测量的数据所给出的精度参数,它们是子样的方差,标准差或极限误差等,是总体相应参数的估计量。本书以不同的符号,如 s^2、s 等表示这种子样参数,以区别于总体参数(即理论意义上的参数)。所依据的数据越少(小子样),给出的不确定度估计(参数 s^2、s 等)的可信程度就越差;而数据越多(大子样),给出的不确定度的可信程度就越高(即更接近理论意义上的总体参数)。这一差别以所给不确定度的自由度表示。我们总希望给出的不确定度估计可信程度高一些,这就要求获得尽可能多的测量数据。实际上因种种条件的限制,测量数据不会太多,有时甚至很少。因此一般给出的不确定度的可信程度是有限的,给出不确定度的有效数字通常只须取 1 ~ 2 位。

为估计测量的不确定度,通常采用对某一确定量的等精度的重复测量数据作为统计数据。对于不等精度的测量数据应按加权值作统计估计。对于组合量的测量数据则常采用最小二乘法处理,并按相应的方法估计测量的不确定度。

以下着重讨论依据等精度重复测量数据,用统计方法估计测量的(或测量数据的)标准差的方法。

1. 矩法

按定义,方差为

$$D(\delta) = E[\delta - E(\delta)]^2$$

对于随机误差 δ,其数学期望为

$$E(\delta) = 0$$

因此,随机误差 δ 的方差为

$$D(\delta) = E(\delta^2) = \int_{-\infty}^{\infty} \delta^2 f(\delta)\, \mathrm{d}\delta \tag{5.1}$$

为计算测量的方差或标准差,在一恒定的条件下对某量 X 进行多次的重复测量(这自然是等精度的测量),得 n 个测量数据 $x_1, x_2, \cdots, x_n$,则由方差的定义(式5.1)测量的方差可估计为

$$s^2 = \frac{1}{n} \sum_{i=1}^{n} \delta_i^2 \tag{5.2}$$

标准差的估计量为

$$s = \sqrt{\frac{1}{n} \sum_{i=1}^{n} \delta_i^2} \tag{5.3}$$

式中 δ_i——第 i 次测量误差，$\delta_i = x_i - X$；

　　　　n——测量次数。

若已知真值或相对真值 X，则可求得 δ_i。进而可用式(5.3)计算出标准差。但一般被测量的真值是未知的，能给出真值或相对真值的情形并不多见，因此式(5.3)在实践中难以应用。

由于残差是易于获得的，所以测量数据的精度通常用残差来估计。为此，按式 (4 - 4)计算等精度重复测量数据 $x_1, x_2, \cdots, x_n$ 的残差 $v_1, v_2, \cdots, v_n$。依照式(5.3)，以残差 v_i 代替真误差 δ_i，则有

$$s^2 = \frac{\sum\limits_{i=1}^{n} v_i^2}{n} \tag{5.4}$$

或

$$s = \sqrt{\frac{\sum\limits_{i=1}^{n} v_i^2}{n}} \tag{5.5}$$

这就是方差及标准差的矩法估计。对于正态分布的情形，矩法估计与最大似然估计是一致的。由式(5.4)给出的方差估计是有偏估计量，只在测量数据较多时才接近无偏估计。因此，一般不使用这一估计。现指出这一估计的有偏性。

设有残差

$$v_i = x_i - \bar{x} = (x_i - X) - (\bar{x} - X) = \delta_i - \delta_{\bar{x}}$$

式中 X——被测量真值；

　　　　δ_i——测量结果 x_i 的误差，$\delta_i = x_i - X$；

　　　　$\delta_{\bar{x}}$——算术平均值的误差，$\delta_{\bar{x}} = \bar{x} - X$。

则方差估计的数学期望为

$$E\left(\frac{\sum\limits_{i=1}^{n} v_i^2}{n}\right) = \frac{1}{n} E\left[\sum\limits_{i=1}^{n} (\delta_i - \delta_{\bar{x}})^2\right] = \frac{1}{n} E\left(\sum\limits_{i=1}^{n} \delta_i^2 + \sum\limits_{i=1}^{n} \delta_{\bar{x}}^2 - 2\sum\limits_{i=1}^{n} \delta_i \delta_{\bar{x}}\right) =$$

$$\frac{1}{n}\left[\sum\limits_{i=1}^{n} E(\delta_i^2) - nE(\delta_{\bar{x}}^2)\right]$$

因为

$$E(\delta_i^2) = \sigma^2$$

$$E(\delta_{\bar{x}}^2) = \sigma_{\bar{x}}^2 = \frac{\sigma^2}{n}$$

故

$$E\left(\frac{\sum\limits_{i=1}^{n} v_i^2}{n}\right) = \frac{n-1}{n} \sigma^2 \tag{5.6}$$

可见，估计量 $\sum\limits_{i=1}^{n} v_i^2 / n$ 的数学期望并非 σ^2，因此它不是 σ^2 的无偏估计量。

2. 贝塞尔(Bessel)公式

由式(5.6)可得

$$E\left(\frac{\sum\limits_{i=1}^{n} v_i^2}{n-1}\right) = \sigma^2 \tag{5.7}$$

可见，$\sum\limits_{i=1}^{n} v_i^2/(n-1)$ 是 σ^2 的无偏估计量，因此取方差的估计量为

$$s^2 = \frac{\sum\limits_{i=1}^{n} v_i^2}{n-1} \tag{5.8}$$

而标准差的估计量为

$$s = \sqrt{\frac{\sum\limits_{i=1}^{n} v_i^2}{n-1}} \tag{5.9}$$

式(5.9)即为广泛使用的贝塞尔公式。

按式(5.8)给出的 s^2 是 σ^2 的无偏估计量，但按贝塞尔公式给出的 s 则是有偏的，因为估计量 s 是随机变量，开方后产生系统偏差，即求得的 s 相对 σ 有系统偏差，其值偏小。σ 的无偏估计可表示成如下形式

$$s' = \frac{1}{M_n} s = \frac{1}{M_n} \sqrt{\frac{\sum\limits_{i=1}^{n} v_i^2}{n-1}} \tag{5.10}$$

式中，$1/M_n$ 为修正系数，对于正态分布的情形，其值列于表5.1中。

表5.1

n	2	3	4	5	6	7	8	9	10	15
$1/M_n$	1.253	1.128	1.085	1.064	1.051	1.042	1.036	1.032	1.028	1.018

n	20	25	30	40	50	60	70	80	90	100
$1/M_n$	1.013	1.011	1.009	1.006	1.005	1.004	1.004	1.003	1.003	1.0025

由表5.1可知，这一有偏性只在测量数据较少时才有较明显的影响。测量数据较多时，这一影响可忽略不计。

另一方面，由于测量数据的数量总是有限的，所以按贝塞尔公式给出的结果具有随机性。由此造成的影响可用估计量 s 的标准差 s_s 来评定，s_s 可估计为

$$s_s = \frac{s}{\sqrt{2(n-1)}} \tag{5.11}$$

例如，当 $n=2$，$s_s = 0.7s$；当 $n=3$，$s_s = 0.5s$；当 $n=10$，$s_s = 0.24s$；当 $n=50$，$s_s = 0.1s$；当 $n=100$，$s_s = 0.07s$。

可见，当 n 很小时，所得估计量 s 的分散性是很大的；当 n 增大时，这一分散性减小。但总的来说，这一影响不可忽略，即一般所给的 s 并不精密。因此，所给出的标准差估计量 s 的有效数字一般只取一位或二位就够了。

3. 极差法

设按某一测量方法对量 X 进行 n 次等精度的重复测量,得测量数据 $x_1, x_2, \cdots, x_n$,取其中的最大值 x_{max} 及最小值 x_{min} 作统计量(极差)

$$W_n = x_{max} - x_{min} \tag{5.12}$$

测量的标准差可按下式估计

$$s = \frac{W_n}{d_n} \tag{5.13}$$

式中 d_n 为系数,对于正态分布的测量误差,其 d_n 值按 n 值由表 5.2 查得。

表 5. 2

n	d_n	$1/d_n$	n	d_n	$1/d_n$	n	d_n	$1/d_n$	n	d_n	$1/d_n$
2	1.128	0.886 2	8	2.847	0.351 2	14	3.407	0.293 5	40	4.322	0.231 4
3	1.693	0.590 8	9	2.970	0.336 7	15	3.472	0.288 0	45	4.415	0.226 5
4	2.059	0.485 7	10	3.078	0.324 9	20	3.735	0.267 7	50	4.598	0.222 3
5	2.326	0.429 9	11	3.173	0.315 2	25	3.931	0.254 4	100	5.025	0.199
6	2.534	0.394 6	12	3.258	0.306 9	30	4.085	0.244 8	200	5.495	0.182
7	2.704	0.369 8	13	3.336	0.299 8	35	4.213	0.237 4	400	5.882	0.170

极差法给出的结果为标准差的无偏估计,在测量数据的数目较少时,其估计精度比贝塞尔公式给出的结果略高一些,因此极差法适用于测量数据较少的情况。

同时,由于极差法计算简单、迅速,所以有一定的实用性。

4. 最大误差法

设测量误差服从正态分布,现对量 X 进行多次独立的重复测量,得测量数据 $x_1, x_2, \cdots, x_n$,若已知被测量的真值 X(或相对真值),则可得测量数据的真误差 $\delta_1, \delta_2, \cdots, \delta_n$,测量的标准差可估计为

$$s = \frac{1}{K_n} |\delta_i|_{max} \tag{5.14}$$

式中　　$|\delta_i|_{max}$ —— 绝对值最大的误差;

　　　　$1/K_n$ —— 系数,其值可由表 5.3 查得。

表 5. 3

n	1	2	3	4	5	6	7	8	9	10	15	20	25	30
$1/K_n$	1.25	0.88	0.75	0.68	0.64	0.61	0.58	0.56	0.55	0.53	0.49	0.46	0.44	0.43
$1/K_n'$		1.77	1.02	0.83	0.74	0.68	0.64	0.61	0.59	0.57	0.51	0.48	0.46	0.44

但被测量的真值或相对真值常是未知的,所以应按残差计算标准差,取 $v_2 = x_i - \bar{x}$,则

$$s = \frac{1}{K'_n} |v_i|_{max} \tag{5.15}$$

式中　　$|v_i|_{max}$——绝对值最大的残差；

　　　　$1/K'_n$——系数,其值按 n 值由表 5.3 查得。

用最大误差法估计标准差方法简便,所求得的标准差 s 为无偏估计量。在测量数据较少(约 $n < 10$) 时,这一估计量有一定精度,因而有一定使用价值。特别是在一次性实验中,不可能按贝塞尔公式给出标准差,此时只能用最大误差法作出估计。这是最大误差法的突出特点。

例 5.1　A,B 对某量的测量数据分别为 5.528 6 和 5.530 2,经较为精确的检定,其结果为 5.529 8,试评定 A 和 B 的测量精度。

解　检定结果较为精确,故可认为其结果为相对真值,则 A,B 所获结果的误差分别为

$$\delta_A = x_A - X = 5.528\ 6 - 5.529\ 8 = -0.001\ 2$$
$$\delta_B = x_B - X = 5.530\ 2 - 5.529\ 8 = 0.000\ 4$$

用最大误差法计算相应的标准差

$$s_A = \frac{1}{K_n}|\delta_A| = 1.25 \times 0.0012 = 0.001\ 5$$

$$s_B = \frac{1}{K_n}|\delta_B| = 1.25 \times 0.0004 = 0.000\ 5$$

故 B 的结果远较 A 的结果精度高。

5. 别捷尔斯(Петерс)公式

设测量误差服从正态分布,若对某量 X 进行多次重复测量(独立地),得 n 个测量数据 $x_1, x_2, \cdots, x_n$,求出其相应的残差 $v_1, v_2, \cdots, v_n$,则测量的标准差可按下式估计

$$s = \sqrt{\frac{\pi}{2}} \cdot \frac{\sum\limits_{i=1}^{n} |v_i|}{\sqrt{n(n-1)}} \tag{5.16}$$

这就是计算标准差的别捷尔斯公式,其简化式为

$$s = 1.253 \frac{\sum\limits_{i=1}^{n} |v_i|}{\sqrt{n(n-1)}} \tag{5.17}$$

别捷尔斯公式所给结果为标准差的无偏估计,其精度与贝塞尔公式相近。

例 5.2　已知某测量方法的测量误差服从正态分布,现用该测量方法测量某量 L 共 10 次,得测量数据 l_i(单位略) 如表 5.4 所示,试用各种方法求测量的标准差。

解　测量数据的算术平均值为

$$\bar{l} = \frac{\sum\limits_{i=1}^{n} l_i}{n} = 4.575\ 8$$

表 5.4

i	1	2	3	4	5	6	7	8	9	10	
l_i	4.575	4.573	4.578	4.576	4.574	4.579	4.576	4.574	4.577	4.576	$\bar{l} = 4.5758$
$v_i \times 10^3$	-0.8	-2.8	2.2	0.2	-1.8	3.2	0.2	-1.8	1.2	0.2	$\sum\limits_{i=1}^{n} \lvert v_i \rvert = 14.4$
$v_i^2 \times 10^6$	0.64	7.84	4.84	0.04	3.24	10.24	0.04	3.24	1.44	0.04	$\sum\limits_{i=1}^{n} \lvert v_i^2 \rvert = 31.6$

由此可求得残差,如表所示,则标准差按不同公式分别计算如下(为区分其效果,有效数字都取 3 位):

(1)按矩法计算

$$s = \sqrt{\frac{\sum\limits_{i=1}^{n} v_i^2}{n}} = \sqrt{\frac{31.6 \times 10^{-6}}{10}} = 1.78 \times 10^{-3}$$

(2)按贝塞尔公式计算

$$s = \sqrt{\frac{\sum\limits_{i=1}^{n} v_i^2}{n-1}} = \sqrt{\frac{31.6 \times 10^{-6}}{10-1}} = 1.87 \times 10^{-3}$$

(3)按别捷尔斯公式计算

$$s = 1.253 \frac{\sum\limits_{i=1}^{n} \lvert v_i \rvert}{\sqrt{n(n-1)}} = 1.253 \frac{14.4 \times 10^{-3}}{\sqrt{10(10-1)}} = 1.90 \times 10^{-3}$$

(4)按极差法计算

$$s = \frac{W_n}{d_n} = \frac{6 \times 10^{-3}}{3.078} = 1.95 \times 10^{-3}$$

(5)按最大误差法计算

$$s = \frac{1}{K'_n} \sum\limits_{i=1}^{n} \lvert v_i \rvert_{max} = 0.57 \times 3.2 \times 10^{-3} = 1.82 \times 10^{-3}$$

5.2.2　用其他方法估计不确定度

实践上,有相当多的误差因素的标准差无法用统计方法给出,特别是对某些系统性误差因素更是如此。此时,需借助其他方法,在详细研究测量过程的基础上,按误差的作用机理来确定标准差,这就是非统计的方法。这类方法依赖某种非统计实验和对测量方法及以往实验资料的深入分析。例如,温度变化(相对标准温度 20 ℃)会造成测量误差,特别是对于长度的测量,因此需要控制测量的环境温度。现分析温度误差的标准差。在自动恒温系统中,实际温度在 20 ℃ 附近 $\Delta\theta$ 的范围内波动(图 5.1)。例如在恒温箱中,当箱内温度低于 $(20 \text{℃} - \Delta\theta)$ 时,温度传感器发出电信号,通过控制

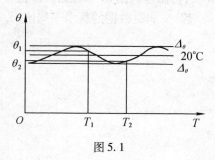

图 5.1

装置使加热器通电升温。当温度升高至 20 ℃ + Δθ 时，传感器发出另一控制信号，加热器断电。当环境温度低于 20 ℃ 时，由于自然散热，箱内温度缓慢下降。在降至允许的最低温度 20 ℃ - Δθ 时，加热器再度工作，温度回升。如此循环反复，箱内温度在一定范围内波动，但不超过 ±Δθ。显然，温度的这一波动对测量是有影响的。例如在 T_1 时刻测量时温度误差是 $θ_1$ - 20 ℃，而在 T_2 时刻测量时温度误差是 $θ_2$ - 20 ℃。这一误差随机地出现于测量过程中，但无法用统计的方法估计它的影响。一般是以温度波动的范围 ±Δθ 确定测量过程中温度误差 δθ 的扩展不确定度 $U = Δθ$，按温度波动的具体情形，假设 δθ 服从某种分布（例如均分布）则温度误差的标准差可估计为

$$s = \frac{U}{k} = \frac{Δθ}{k}$$

式中，k 为包含因子（置信系数），取决于误差的分布规律。

这里温度波动范围 ±Δθ 是依据对系统工作机理及以往实验结果的分析给出的。而温度误差的分布是根据误差的特征所作的假设，虽然有一定的事实根据，但毕竟不是根据严格的统计实验作出的，因此概率意义是含混的。由于它与误差的实际分布有一定差异，有时甚至相差很大，所以给出的 s 含有一定的人为因素的影响。例如，假设 δθ 具有另外一种分布时，则所得 s 将有所不同（此时置信系数不同），因此其客观性受到影响。这就使非统计方法的应用具有很大的局限性。但由于应用条件的限制，用统计的方法远不能解决所有误差因素的不确定度估计问题，所以非统计的方法在实际测量的不确定度估计中仍有广泛的应用。

按非统计的方法给出不确定度估计并没有固定的模式和规则化的方法，应针对具体的测量的问题去研究。这是与统计法的另一差别，因此，用非统计的方法估计不确定度更为困难。

虽然非统计方法与统计方法有所不同，但二种方法所给的不确定度参数本身并没有本质差别，况且所谓统计方法和非统计方法之间的区分也不是绝对的，所以为方便起见，本书对两种方法给出的不确定度参数的表述形式（名称及符号）将不作区分。

最后应指出，以上讨论的不确定度估计，一般总是测量（或测量数据）的不确定度的某一分量，而不是总不确定度。为给出测量的总不确定度，就要将用不同方法获得的各不确定度分量按以下各节所述的方法进行合成。

5.3　标准差不确定度的合成

测量不确定度是测量误差的表征参数，与测量误差完全不同，因此其合成规律应具有完全不同的特点。各误差分量相应的不确定度合成为测量结果的总不确定度时，不应再按线性关系叠加，而是采用方差求和的方法，并且还应考虑到各误差分量的相关关系。

5.3.1　标准不确定度合成的基本关系

按误差传递关系式（3.17），测量结果的总误差 δy 应为各项原始误差 $δx_1, δx_2, \cdots, δx_n$ 的线性和，即

$$\delta y = \sum_{i=1}^{n} a_i \delta x_i$$

显然，若各项原始误差 $\delta x_1, \delta x_2, \cdots, \delta x_n$ 均为随机误差，则总误差 δy 也为随机误差。此时，上式为随机变量之和。根据随机变量方差的性质，作为随机变量的误差 δx_1, $\delta x_2, \cdots, \delta x_n$ 无论服从何种分布，上面线性和的方差都应为

$$D(\delta y) = \sum_{i=1}^{n} a_i^2 D(\delta x_i) + 2 \sum_{1 \leqslant k < l \leqslant n} a_k a_l D_{kl}$$

式中　　$D(\delta y)$ ——δy 的方差；

$D(\delta x_1), D(\delta x_2), \cdots, D(\delta x_n)$ —— 分别为 $\delta x_1, \delta x_2, \cdots, \delta x_n$ 的方差；

$a_1, a_2, \cdots, a_n$ —— 分别为 $\delta x_1, \delta x_2, \cdots, \delta x_n$ 的传递系数；

D_{kl} —— 误差 δx_k 与 δx_l 的协方差（相关矩）。

以标准差的符号代入，得方差合成的表达式

$$\sigma^2 = \sum_{i=1}^{n} a_i^2 \sigma_i^2 + 2 \sum_{k < l} \rho_{kl} a_k \sigma_k a_l \sigma_l$$

而标准差的合成关系式为

$$\sigma = \sqrt{\sum_{i=1}^{n} a_i^2 \sigma_i^2 + 2 \sum_{k < l} \rho_{kl} a_k \sigma_k a_l \sigma_l} \tag{5.18}$$

或写成

$$\sigma = \sqrt{\sum_{i=1}^{n} a_i^2 \sigma_i^2 + R}$$

式中　　σ ——δy 的标准差；

σ_i ——δx_i 的标准差，$i = 1, 2, \cdots, n$；

ρ_{kl} —— 误差 δx_k 与 δx_l 的相关系数；

R —— 反映误差间相关关系的相关项。

其中相关项为

$$R = 2 \sum_{k < l} \rho_{kl} a_k \sigma_k a_l \sigma_l \tag{5.19}$$

而相关系数为

$$\rho_{kl} = \frac{D_{kl}}{\sigma_k \sigma_l}$$

式中，D_{kl} 为协方差（相关矩）。

显然，标准差的合成关系已不再是像式(3.17)那样的线性叠加关系。这是随机误差间抵偿性的反映，是其取值具有随机性的必然结果。这种合成关系的差别正表明标准差与误差本身具有本质差别。

标准差的合成公式(5.18)中，相关项 R 反映了各项误差间的线性关联对标准差合成的影响。误差间具有正相关关系时，其相互间的抵偿性减弱。此时，误差间的相关系数为正值，合成的总标准差偏大。反之，误差间具有负相关关系时，抵偿性增强，合成总标准差偏小。

当误差间具有最强的正相关关系时，则相互间具有确定的正比关系而不再有随机抵偿作用。此时，相关系数为 1，合成的标准差最大。若各项误差间均满足这一条件，即

$\rho_{kl} = 1$，则式(5.18)化为

$$\sigma = \sqrt{\sum_{i=1}^{n} (a_i \sigma_i)^2 + 2\sum_{k<l} a_k \sigma_k a_l \sigma_l} = \left| \sum_{i=1}^{n} a_i \sigma_i \right| \qquad (5.20)$$

当各项误差互不相关时，相关系数 $\rho_{kl} = 0$，则相关项为0，式(5.18)变为如下形式

$$\sigma = \sqrt{\sum_{i=1}^{n} (a_i \sigma_i)^2} \qquad (5.21)$$

以上各式中 σ 与 ρ 都为总体参数，而实践上给出的都是子样参数，以上各式应以子样参数代入。以标准不确定度 u（由统计方法估计的标准不确定度为子样标准差 s，即 $u = s$）代 σ，估计的相关系数 r 代 ρ，即得合成标准不确定度为

$$u = \sqrt{\sum_{i=1}^{n} (a_i u_i)^2 + 2\sum_{k<l} r_{kl} a_k u_k a_l u_l} \qquad (5.22)$$

或写成

$$u = \sqrt{\sum_{i=1}^{n} (a_i u_i)^2 + R}$$

式中 u_i——δx_i 的子样标准不确定度，$u_i = s_i$；

a_i——δx_1 的传递系数。

其中相关项

$$R = 2\sum_{k<l} r_{kl} a_k u_k a_l u_l \qquad (5.23)$$

而相关系数估计量

$$r_{kl} = \frac{u_{kl}}{u_k u_l} \qquad (5.24)$$

式中，u_{kl} 为估计的协方差。

当全部相关系数 $r_{kl} = 1$，则

$$u = \sqrt{\sum_{i=1}^{n} (a_i u_i)^2 + 2\sum_{k<l} a_k u_k a_l u_l} = \left| \sum_{i=1}^{n} a_i u_i \right| \qquad (5.25)$$

当各项误差互不相关，全部相关系数 $\rho_{kl} = 0$，即 $R = 0$，则有

$$u = \sqrt{\sum_{i=1}^{n} (a_i u_i)^2} \qquad (5.26)$$

各误差量之间互不相关的情形是常能得满足或近似得到满足的，因此式(5.26)是最常使用的合成公式。

令 $u_{ci} = a_i u_i$，式(5.26)可写为

$$u = \sqrt{\sum_{i=1}^{n} u_{ci}^2} \qquad (5.27)$$

5.3.2　系统分量标准不确定度的合成

前已指出，不确定的（未知的）系统误差也以其不确定度（方差、标准差或扩展不确定度）来评定，这与随机误差的情形相同。

一般测量过程包含若干项不确定的系统误差，那么相应的不确定度分量应怎样合成

才能获得测量结果的总不确定度,这是测量结果不确定度合成中的重要问题。

由于这类误差的取值具有不确定性,所以多个不同的这类误差进行叠加时具有随机误差那样的抵偿性,其相应的不确定度分量的合成也应采取如随机误差那样的方差相加的方法。若给定这类误差分量相应的各标准不确定度,则应按式(5.22) ~ 式(5.27) 合成总标准不确定度。

5.3.3　随机分量与系统分量标准不确定度的合成

考虑到不确定系统误差取值的不确定性,不确定系统误差的标准不确定度与随机误差的标准不确定度也应按方差求和的方法进行合成。一般可认为不确定系统误差与随机误差是不相关的,则合成的标准不确定度应为

$$u = \sqrt{u_r^2 + u_s^2} \tag{5.28}$$

式中　　u_r——随机误差的总标准不确定度;

u_s——系统误差的总标准不确定度。

若有 n 项随机误差分量,其标准不确定度分别为 $u_{r1}, u_{r2}, \cdots, u_{rn}$;有 m 项系统误差分量,其标准不确定度分别为 $u_{s1}, u_{s2}, \cdots, u_{sm}$,则合成的标准差应为

$$u = \sqrt{\sum_{i=1}^{n} (a_{ri} u_{ri})^2 + \sum_{i=1}^{m} (a_{ij} u_{sj})^2 + R_r + R_s} \tag{5.29}$$

式中　　a_{ri}——相应于各随机误差的传递系数;

a_{si}——相应于各系统误差的传递系数;

R_r——随机误差相关项;

R_s——系统误差相关项。

相关项为各协方差之和,按式(5.23) 计算。

当各误差因素都互不相关时,则有

$$u = \sqrt{\sum_{i=1}^{n} (a_{ri} u_{ri})^2 + \sum_{i=1}^{m} (a_{sj} u_{sj})^2} \tag{5.30}$$

或直接写成

$$u = \sqrt{\sum_{i=1}^{n+m} (a_i u_i)^2} \tag{5.31}$$

由以上合成式可见,单次测量结果的各标准不确定度合成时,随机分量与系统分量可等同看待,各标准不确定度分量按同一方式合成而无须区分。

例 5.3　启动或止动秒表的标准不确定度 $u_0 = 0.03$ s,求由于秒表启、止误差引起的计时标准不确定度。

解　设启动和止动的误差互不相关,则所计时段的标准不确定度按式(5.26) 应为

$$u = \sqrt{u_0^2 + u_0^2} = \sqrt{0.03^2 + 0.03^2} \text{ s} = 0.043 \text{ s}$$

例 5.4　如图 5.2 所示,为确定孔心的坐标位置 x,在万能工具显微镜上,分别测量孔的二切线位置 x_1 和 x_2,则孔心坐标按下式计算

$$x = \frac{1}{2}(x_1 + x_2)$$

若 x_1 与 x_2 的测量瞄准标准不确定度 $u_1 = u_2 = 0.000\,5$ mm，求所给坐标 x 的标准不确定度。

解　由测量方程式

$$x = \frac{1}{2}(x_1 + x_2)$$

可知　　$\delta x = \frac{1}{2}\delta x_1 + \frac{1}{2}\delta x_2$

设测量的瞄准误差 δx_1 与 δx_2 互不相关，则由式（5.26），给出坐标 x 的标准不确定度为

$$u = \sqrt{\left(\frac{1}{2}u_1\right)^2 + \left(\frac{1}{2}u_2\right)^2} =$$

$$\sqrt{\left(\frac{1}{2} \times 0.000\,5\ \text{mm}\right)^2 + \left(\frac{1}{2} \times 0.005\ \text{mm}\right)^2} = 3.5 \times 10^{-4}\ \text{mm}$$

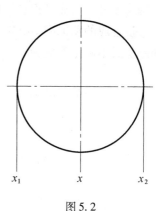

图 5.2

例 5.5　某测量方法的各项标准不确定度分量及其相应的传递系数、相关系数列于表 5.5 中，计算测量的总标准不确定度（单位略）。

表 5.5

i	u_i	a_i	r_{kl}
1	0.08	2.1	$r_{12} = 0.4$
2	0.05	1	
3	0.02	1.5	$r_{24} = -0.2$
4	0.04	2	
5	0.10	1	

解　按式（5.22）计算测量的总标准不确定度，将表中数据代入式中，可得

$$u = \sqrt{\sum_{i=1}^{n}(a_i u_i)^2 + 2\sum_{k<l}\rho_{kl}a_k u_k a_l u_l} =$$

$$\sqrt{(a_1 u_1)^2 + (a_2 u_2)^2 + (a_3 u_3)^2 + (a_4 u_4)^2 + (a_5 u_5)^2 + 2(r_{12}a_1 u_1 a_2 u_2 + r_{34}a_3 u_3 a_4 u_4)} =$$

$$\sqrt{(2.1 \times 0.08)^2 + (1 \times 0.05)^2 + (1.5 \times 0.02)^2 + (2 \times 0.04)^2 + (1 \times 0.10)^2}$$

$$\overline{+ 2(0.4 \times 2.1 \times 0.08 \times 1 \times 0.05.0.2 \times 1.5 \times 0.02 \times 2 \times 0.04)} = 0.23$$

5.4　扩展不确定度的合成

测量的不确定度分量以扩展不确定度（极限误差、误差限）的形式给出时，可按扩展不确定度合成总的不确定度。其合成方法与标准差的合成法则是一致的，但应考虑各误差分量的分布规律，考虑到包含因子（置信系数）和置信概率。

5.4.1　扩展不确定度的合成法则

测量的各项误差相应的不确定度分量若表达为扩展不确定度 $U_i = k_i u_i$，则将各扩展

不确定度分量合成可得总扩展不确定度。

　　设合成的总标准不确定度为 u，若选定了相应于一定置信概率的置信系数 k，则测量的总扩展不确定度应为

$$U = ku$$

　　若将合成的标准不确定度 u 的表达式(5.25)代入上式，则有

$$U = k \sqrt{\sum_{i=1}^{n} (a_i u_i)^2 + 2 \sum_{k<l} r_{kl} a_k u_k a_l u_l}$$

　　若给定各项误差的扩展不确定度

$$U_1, U_2, \cdots, U_n$$

及相应的包含因子(置信系数)

$$k_1, k_2, \cdots, k_n$$

则相应的各标准不确定度可表示为

$$u_1 = \frac{U_1}{k_1}, u_2 = \frac{U_2}{k_2}, \cdots, u_n = \frac{U_n}{k_n}$$

将其代入上面总扩展不确定度的表达式，则有

$$U = k \sqrt{\sum_{i=1}^{n} \left(a_i \frac{U_i}{k_i}\right)^2 + 2 \sum_{k<l} r_{kl} a_k \frac{U_k}{K_k} a_l \frac{U_l}{K_l}} =$$

$$k \sqrt{\sum_{i=1}^{n} \left(\frac{a_i U_i}{k_i}\right)^2 + R} \tag{5.32}$$

　　这就是扩展不确定度合成的基本关系式。这一合成关系式与标准不确定度的合成式(5.25)是类似的，它反映了误差的抵偿性。

　　相关项以扩展不确定度的形式表示为

$$R = 2 \sum_{1 \leqslant k < l \leqslant n} r_{kl} \cdot \frac{a_k U_k}{k_k} \cdot \frac{a_l U_l}{k_l} \tag{5.33}$$

　　相关项反映了各项误差间相关关系对扩展不确定度合成的影响，这一影响除与误差间的相关系数 r_{kl} 有关以外，还与各扩展不确定度分量、置信系数及传递系数有关。

　　应当指出，式(5.32)中的总扩展不确定度与扩展不确定度分量应具有相同的置信概率，在给定各置信系数(k 与 k_i)时要予以注意。

　　一般来说，影响测量结果的各项误差分量可能具有不同的分布。因此，式(5.32)中各置信系数 $k_1, k_2, \cdots, k_n$ 一般也不相同。由这些不同分布的误差分量综合所得的测量总误差则不服从正态分布，准确地确定其置信系数是较困难的，这是与标准不确定度合成关系的不同之处。在按标准差合成不确定度时，则无须考虑误差的分布。

　　不过一般情况下，多数误差因素服从正态分布，非正态分布的误差因素所占的比重较小，此时总误差接近于正态分布，k 值可取正态分布时的值。另外，在误差数目 n 较大时，总误差也接近正态分布，置信系数也可按正态分布确定。

　　下面讨论几个特例。在某种特定的条件下，扩展不确定度的合成公式(5.32)具有较为简单的形式。

当各项误差 $\delta x_1, \delta x_2, \cdots, \delta x_n$ 都服从正态分布时,合成的总误差 $\delta y = \sum\limits_{i=1}^{n} \delta x_i$ 也服从正态分布,所以总误差的置信系数 k 与各误差分量的置信系数都相同,即

$$k = k_1 = k_2 = \cdots = k_n$$

因此扩展不确定度合成公式(5.32) 可化为

$$U = \sqrt{\sum_{i=1}^{n} (a_i U_i)^2 + 2 \sum_{k<l} \rho_{kl} a_k U_k a_l U_l} = \sqrt{\sum_{i=1}^{n} (a_i U_i)^2 + R} \tag{5.34}$$

式中

$$R = 2 \sum_{k<l} r_{kl} a_k U_k a_l U_l \tag{5.35}$$

在各项误差服从正态分布的条件下,特别当 $r_{kl} = 1$ 时,上式可化为

$$U = \left| \sum_{i=1}^{n} a_i U_i \right| \tag{5.36}$$

而当各项误差分量服从正态分布,且互不相关,即 $r_{kl} = 0$ 时,式(5.34) 则化为

$$U = \sqrt{\sum_{i=1}^{n} (a_i U_i)^2} \tag{5.37}$$

若将各原始误差的扩展不确定度乘以传递系数折合至最后结果(或按定义直接计算出最后结果的各扩展不确定度分量),即

$$U'_1 = a_1 U_1, \quad U'_2 = a_2 U_2, \cdots, \quad U'_n = a_n U_n$$

则上面几个常用的公式可分别写成如下形式。

当各项误差都服从正态分布($k = k_1 = k_2 = \cdots = k_n$) 时,有

$$U = \sqrt{\sum_{i=1}^{n} {U'_i}^2 + 2 \sum_{k<l} r_{kl} U'_k U'_l} \tag{5.38}$$

当各项误差都服从正态分布,且有强正相关关系($r'_{kl} = 0$) 时,有

$$U = \sum_{i=1}^{n} | U'_i | \tag{5.39}$$

当各项误差都服从正态分布,且互不相关($r'_{kl} = 0$) 时,有

$$U = \sqrt{\sum_{i=1}^{n} {U'_i}^2} \tag{5.40}$$

式(5.37) 和式(5.40) 具有十分简单的形式,它们所给出的合成规则也常称为"方和根"法,是最常用的合成公式。这是因为通常各误差因素多是服从或近似服从正态分布的,而且它们之间常是线性无关或近似于线性无关的。因此式(5.37) 和式(5.40) 的应用条件常能得到满足或近似得到满足。

实践中,非正态分布的误差因素也常会出现。当非正态分布的误差因素在全部误差中所占的比重不大时,扩展不确定度的合成仍可近似地使用式(5.34) ~ (5.40)。

5.4.2 系统分量扩展不确定度的合成

对于不确定的系统误差,其扩展不确定度的合成可直接套用式(5.32)、式(5.34)、式

（5.36）及式（5.37）等，即采用"方和根"法（当然也要考虑误差的分布和相关性）。

考虑到不确定的系统误差因素间也有如随机误差间那种不确定的关系，即相互间具有一定的抵偿性，因此采用某些文献上所提出的"绝对和"法[①]合成极限误差的方法时，其概率意义是含混不清的，所得结果偏大。即使少数几项这类分量合成时也是如此。

所以用 Δ_1 与 Δ_2 的"绝对和"所得 Δ 估计 δy 的分散性是偏大的。按概率论的基本理论，扩展不确定度的合成还应以方差相加这一法则为依据，直接采用以上所给各式按"方和根"法合成。

5.4.3　随机分量与系统分量扩展不确定度的合成

同样，随机误差与不确定的系统误差的扩展不确定度合成时也应以方差合成法则为依据。

设有随机误差分量 δx_r，相应的扩展不确定度为 U_r，不确定的系统误差分量 δx_s，相应的扩展不确定度为 U_s，则总误差

$$\delta y = \delta x_r + \delta x_s$$

的扩展不确定度应为

$$U = k \sqrt{\left(\frac{U_r}{k_r}\right)^2 + \left(\frac{U_s}{k_s}\right)^2} \tag{5.41}$$

若认为 δx_r 与 δx_s 都服从正态分布或接近正态分布，则 $k = k_r = k_s$，有

$$U = \sqrt{U_r^2 + U_s^2} \tag{5.42}$$

一般式中 U_r 与 U_s 由相应各分量合成而得，故式（5.42）又可写成

$$U = \sqrt{\sum_{i=1}^{n}(a_{ri}U_{ri})^2 + \sum_{j=1}^{m}(a_{sj}U_{sj})^2 + R} \tag{5.43}$$

式中　U_{ri}, a_{ri}——随机误差分量的扩展不确定度及其传递系数，$i = 1, 2, \cdots, n$；

　　　U_{sj}, a_{sj}——不确定的系统误差分量的扩展不确定度及其传递系数，$j = 1, 2, \cdots, m$；

　　　R——反映误差间的相关关系的相关项，按式（5.35）计算。

当各误差因素间互不相关时，有 $R_i = 0$，于是式（5.43）化为

$$U = \sqrt{\sum_{i=1}^{n}(a_{ri}U_{ri})^2 + \sum_{j=1}^{m}(a_{sj}U_{sj})^2} \tag{5.44}$$

或直接写成

---

① "绝对和"法是指如下的合成规则：

设有 m 项不确定的系统误差因素，其极限误差分别为

　　$\Delta_1, \Delta_2, \cdots, \Delta_n$

折合到最后结果的极限误差为

　　$\Delta'_1 = a_1\Delta_1, \Delta'_2 = a_2\Delta_2, \cdots, \Delta'_m = a_m\Delta_m$

则按下式合成总的极限误差

　　$\Delta = \pm \sum_{i=1}^{n}|\Delta'_i|$

$$U = \sqrt{\sum_{i=1}^{n+m} (a_i U_i)^2} \tag{5.45}$$

式中 U_i—— 随机的或系统的扩展不确定度,$i = 1,2,\cdots,n+m$;

a_i——U_i 的传递系数。

当将各扩展不确定度折合至测量结果时,即

$$U'_i = a_i U_i$$

则上式可写成

$$U = \sqrt{\sum_{i=1}^{n+m} U'^2_i} \tag{5.46}$$

上式表明,对于单次测量结果,当测量误差服从正态分布,且互不相关时,不论是随机误差,还是系统误差,其扩展不确定度一律按同一方式合成。此时应等同看待随机误差和不确定的系统误差。

例5.6 三块量块研合在一起,求组合尺寸的扩展不确定度。已知第一块与第二块的扩展不确定度为 0.5 μm,第三块的扩展不确定度为 0.6 μm。

解 组合尺寸的误差应是三块量块检定误差的叠加结果。这是不确定的系统误差。

量块的中心长度误差是由检定方法带来的,一般用扩展不确定度(极限误差)表征。以量块的扩展不确定度(极限误差)的大小划分量块的等别。

按等别使用时,量块组合尺寸的扩展不确定度应是三块量块中心长度检定扩展不确定度的合成结果。显然,它们的传递系数都为 1。

按式(5.45),组合尺寸的扩展不确定度应为

$$U = \sqrt{U_1^2 + U_2^2 + U_3^2} = \sqrt{0.5^2 + 0.5^2 + 0.6^2} \ \mu m = 0.93 \ \mu m$$

例5.7 在例3.12 渐开线齿形加工中,已知齿轮的基圆半径 $r_0 = 9.3969$ mm,扩展不确定度 $U_{r0} = 0.0015$ mm,齿形展开角范围 $\varphi = 31°50'23''$,扩展不确定度 $U''_\varphi = 30''$,试求齿形的扩展不确定度。

解 例3.12 中已给出误差传递系数的表达式,将题给数据代入,得传递系数值

$$a_{r0} = \varphi = 0.5557 \text{ rad}$$

$$a_\varphi = r_0 = 9.3969 \text{ mm}$$

将 U''_φ 化成弧度值

$$U_\varphi = U''_\varphi \times 4.848 \times 10^{-6} = 30 \times 4.848 \times 10^{-6} \text{ rad} = 1.45 \times 10^{-4} \text{ rad}$$

设测量误差 δr_0 及 $\delta \varphi$ 服从正态分布且互不相关,则由式(5.45),得合成的扩展不确定度

$$U = \sqrt{(a_{r0} U_{r0})^2 + (a_\varphi U_\varphi)^2} =$$
$$\sqrt{(0.5557 \times 1.5 \times 10^{-3})^2 + (9.3969 \times 1.45 \times 10^{-4})^2} \text{ mm} =$$
$$0.0016 \text{ mm}$$

例5.8 用万能工具显微镜测量1 m长的丝杠螺距,采用分段累积法测量。试分析万能工具显微镜刻尺误差的影响。

解   万能工具显微镜毫米刻尺长 $l = 200$ mm，需累积测量 5 次，丝杠长度应为

$$L = l_1 + l_2 + l_3 + l_4 + l_5$$

显然，测量结果 L 引入 5 次刻尺误差，即

$$\delta L = \delta l_1 + \delta l_2 + \delta l_3 + \delta l_4 + \delta l_5$$

而刻尺误差是不确定的系统误差，在 5 次累积测量中其值固定不变，即 5 次测量误差 δl_i 间具有强正相关关系，相关系数 $r = 1$。

若 200 mm 刻尺的累积误差的扩展不确定度为 $U_l = 0.003$ mm，则按式（5.36），丝杠螺距测量的累积扩展不确定度为

$$U_L = \sum_1^5 \mid U_l \mid = 5 \mid U_l \mid = 5 \times 0.003 \text{ mm} = 0.015 \text{ mm}$$

因其值较大，故应考虑 200 mm 刻尺的修正，或改变测量方法。

例 5.9   如图 5.3 所示，则得 α 与 l，可按图示几何关系求得 h 值。设测得 $\alpha = 35°42'$，$l = 48.62$ m，测量的扩展不确定度分别为 $U_\alpha = 1'$，$U_l = 0.05$ m，求 h 值及其扩展不确定度 U_h。

解   由图示几何关系，得

$$h = l\tan \alpha = 48.62 \text{ m} \times \tan 35°42' = 34.12 \text{ m}$$

根据测量的实际情况，可认为 α 与 l 的测量误差服从正态分布并且互不相关，故 h 的扩展不确定度应按式（5.45）计算，为

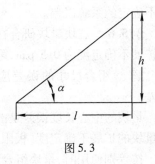

图 5.3

$$U_h = \sqrt{(a_l U_l)^2 + (a_\alpha U_\alpha)^2} = \sqrt{(\tan \alpha \cdot U_l)^2 + (l \cdot \sec^2\alpha \cdot U_\alpha)^2} =$$
$$\sqrt{(\tan 35°42' \times 0.05)^2 + (48.62 \times \sec^2 35°42' \times 1 \times 2.91 \times 10^{-4})^2} =$$
$$0.06 \text{ m}$$

5.5   算术平均值不确定度的合成

按算术平均值原理，多次重复测量的结果应取算术平均值作为最后结果，现分别按标准不确定度和扩展不确定度讨论这一结果的不确定度合成。

5.5.1   算术平均值的标准不确定度的合成

对某一量 X 进行多次等精度的重复测量，得测量结果 $x_1, x_2, \cdots, x_N$，现讨论这些结果的算术平均值 $\bar{x} = \dfrac{1}{N} \sum_{i=1}^N x_i$ 的总标准不确定度。

测量的总误差 δx 由随机误差分量 δx_r 和系统误差分量 δx_s 构成。

设测量的随机误差分量 δx_r 包含 n 项随机误差 $\delta_{r1}, \delta_{r2}, \cdots, \delta_{rn}$，相应的标准不确定度分别为 $u_{r1}, u_{r2}, \cdots, u_{rn}$，传递系数分别为 $a_{r1}, a_{r2}, \cdots, a_{rn}$，则相应于随机误差分量 δx_r 的标准不确定度（即合成的总标准不确定度的随机分量）为

$$u_r = \sqrt{\sum_{i=1}^{n} (a_{ri}u_{ri})^2 + R_r} \tag{5.47}$$

而 N 次等精度重复测量数据 $x_1, x_2, \cdots, x_N$ 的算术平均值 $\bar{x} = \dfrac{1}{N}\sum_{i=1}^{N} x_i$ 的随机误差分量的标准不确定度为

$$u_{cr} = \frac{u_r}{\sqrt{N}} = \frac{1}{\sqrt{N}}\sqrt{\sum_{i=1}^{n} (a_{ri}u_{ri})^2 + R_r} \tag{5.48}$$

式中 R_r 为反映各 δ_{ri} 间相关关系的相关项。

现讨论不确定的系统误差的情形。设测量的不确定系统误差分量 δx_s 包含 m 项不确定系统误差 $\delta_{s1}, \delta_{s2}, \cdots, \delta_{sm}$,相应的标准不确定度分别为 $u_{s1}, u_{s2}, \cdots, u_{sm}$,传递系数分别为 $a_{s1}, a_{s2}, \cdots, a_{sm}$,则测量的不确定系统误差分量 δx_s 的标准不确定度(即合成的总标准不确定度的"系统"分量) 为

$$u_s = \sqrt{\sum_{j=1}^{m} (a_{sj}u_{sj})^2 + R_s} \tag{5.49}$$

式中 R_s 为反映各 δ_{sj} 间相关关系的相关项。

由于 δx_s 为不确定的系统误差,因此对于等精度的 N 次重复测量数据 $x_1, x_2, \cdots, x_N$,该误差分量 δx_s 不变。显然,算术平均值 $x = \dfrac{1}{N}\sum_{i=1}^{N} x_i$ 中也含有同一误差 δx_s。相应于 δx_s 的算术平均值的标准不确定度分量仍为 u_s。

因此 N 个测量数据 $x_1, x_2, \cdots, x_N$ 的算术平均值的合成总标准不确定度可表达为

$$u = \sqrt{\frac{1}{N}u_r^2 + u_s^2} \tag{5.50}$$

式中　N—— 算术平均值相应的测量数据数目;

　　　u_r—— 测量的(或测量数据 x_i 的)总标准不确定度的随机分量,按式(5.47)计算;

　　　u_s—— 测量的(或测量数据 x_i 的)总标准不确定度的系统分量,按式(5.49)计算。

当测量的各项误差(各项随机误差及各项不确定的系统误差) 互不相关时,式(5.50)可进一步写为

$$u = \sqrt{\frac{1}{N}\sum_{i=1}^{n} (a_{ri}u_{ri})^2 + \sum_{j=1}^{m} (a_{sj}u_{sj})^2} \tag{5.51}$$

式(5.50) 和(5.51) 表明,在算术平均值的标准不确定度的合成中随机误差的标准不确定度分量应除以 $\sqrt{N}$,而不确定系统误差的标准不确定度分量则与测量数据的该项标准不确定度分量完全相同。这一情形正反映了随机误差与系统误差的本质差别。在取测量数据的算术平均值时,随机误差具有抵偿性,而不确定的系统误差则不具有这一随机抵偿性。

算术平均值标准不确定度计算中随机分量与系统分量表现出的这一差别表明区分随

机误差和系统误差的必要性。而单个测量数据标准不确定度的合成则无这一要求。算术平均值与单个测量数据标准不确定度在合成上的这一差别是不确定系统误差二重性的具体表现。

5.5.2　算术平均值的扩展不确定度的合成

当给定测量的各扩展不确定度分量时,可按扩展不确定度的合成关系合成算术平均值的不确定度。

由式(5.50),算术平均值的扩展不确定度应为

$$U = ku = k\sqrt{\frac{1}{N}u_r^2 + u_s^2}$$

设测量的总随机误差分量相应的扩展不确定度为 U_r,包含因子(置信系数)为 k_r,测量的总不确定的系统误差分量相应的扩展不确定度为 U_s,包含因子(置信系数)为 k_s,则有

$$U_r = k_r u_r$$

$$U_s = k_s u_s$$

将这一关系式代入上式,得

$$U = k\sqrt{\frac{1}{N}\left(\frac{U_r}{k_r}\right)^2 + \left(\frac{U_s}{k_s}\right)^2} \tag{5.52}$$

当误差分量都服从正态分布或近似服从正态分布时,则有 $k = k_r = k_s$,由此可得

$$U = \sqrt{\frac{1}{N}U_r^2 + U_s^2} \tag{5.53}$$

式中的扩展不确定度分量 U_r 与 U_s 按式(5.34)合成,有

$$U_r = \sqrt{\sum_{i=1}^{n}(a_{ri}U_{ri})^2 + R_r}$$

及

$$U_s = \sqrt{\sum_{j=1}^{m}(a_{sj}U_{sj})^2 + R_s}$$

若各误差间互不相关,即 $R_r = 0$ 和 $R_s = 0$ 时,则扩展不确定度的合成关系可写为

$$U = \sqrt{\frac{1}{N}\sum_{i=1}^{n}(a_{ri}U_{ri})^2 + \sum_{j=1}^{m}(a_{sj}U_{sj})} \tag{5.54}$$

与标准差合成的情形一样,应注意区分随机误差与系统误差。式(5.54)是常用的扩展不确定度合成公式,这是因为测量误差常满足或近似满足正态分布与互不相关的条件。

由以上所述可知,算术平均值的扩展不确定度的合成计算结果与以下因素有关:

(1) 各项误差不确定度分量的表征参数及其大小;

(2) 各项误差的性质(随机的还是系统的);

(3) 各项误差的分布;

(4) 各项误差之间的相关关系;

(5) 各项误差的传递系数(他们决定于测量方法及测量函数式);

（6）重复测量的次数（更一般地说是数据处理方法）。

式（5.50），式（5.51）和式（5.52），式（5.53），式（5.54）给出了不确定度合成的全貌。一方面，它指出了由不确定度的各分量合成总不确定度的法则；另一方面，它又揭示了减小测量误差的影响和提高所给结果精度的途径。

例 5.10 对某质量 M 进行四次重复测量，所得数据分别为 $m_1 = 82.41$ g，$m_2 = 82.38$ g，$m_3 = 82.36$ g，$m_4 = 82.44$ g，已知测量的系统误差为 $\delta m = -0.13$ g，测量的扩展不确定度分量及其相应的传递系数分别列入表 5.6 中，给出质量 M 的最可信赖值及其扩展不确定度。

表 5.6

i	扩展不确定度 U_i（g）		传递系数
	随机分量	系统分量	
1	0.02		1
2	0.06		1
3	0.03		1.5
4	0.01		2.6
5	0.05		1
6		0.02	0.5
7		0.04	1
8		0.03	1

解 计算测量结果的算术平均值

$$\overline{m} = \frac{1}{4}(m_1 + m_2 + m_3 + m_4) =$$

$$\frac{1}{4}(82.41\ \text{g} + 82.38\ \text{g} + 82.36\ \text{g} + 82.44\ \text{g}) = 82.40\ \text{g}$$

对所得数据进行修正

$$M = \overline{m} - \delta m = 82.40\ \text{g} - (-0.13\ \text{g}) = 82.53\ \text{g}$$

现合成其扩展不确定度，由式（5.54），有

$$U = \sqrt{\frac{1}{4}\sum_{i=1}^{5}(a_i U_i)^2 + \sum_{i=6}^{8}(a_i U_i)^2} =$$

$$\sqrt{\frac{1}{4}\big[(1 \times 0.02)^2 + (1 \times 0.06)^2 + (1.5 \times 0.03)^2 + (2.6 \times 0.01)^2}$$

$$\overline{+ (1 \times 0.05)^2\big] + (0.5 \times 0.02)^2 + (1 \times 0.04)^2 + (1 \times 0.03)^2} =$$

$$0.07\ \text{g}$$

该例中，随机误差的影响较大，因此取多次重复测量数据的算术平均值可显著地提高所给结果的精度。

5.6   按 t 分布评定扩展不确定度

理论上,对于确定的分布按 $U = k\sigma$ 计算的扩展不确定度相应于确定的置信概率。但实践上,σ 只能由子样获得,显然由子样获得的标准差估计量 s 为随机变量。以 s 代替 σ 获得的扩展不确定度估计量的置信概率不仅与包含因子(置信系数)k 有关,还与 s 的可信程度有关。估计量 s 的可信度越低,相应于同一 k 值,所得的扩展不确定度 $U = ks$ 的置信概率就越小。反之,因估计的 s 值的可信度低,为获得约定的置信概率应取较大的 k 值,即对确定的置信概率,扩展不确定度估计值应较大。

特别是小子样获得的 s 可靠性很低,对扩展不确定度估计的影响就更大。

按正态分布确定置信系数 k 时,k 值与置信概率有固定的关系,不能反映子样标准差的上述影响。

引入 t 分布,借助自由度可有效地反映子样标准差可靠性对置信概率的影响,从而恰当地确定 k 值,给出扩展不确定度。

5.6.1 t 分布

测量结果 x 服从正态分布,其数学期望为 μ,标准差为 σ,即服从 $N(\mu,\sigma)$,则 x 的 n 个测量值 x_i 的平均值 $\bar{x} = \dfrac{1}{n}\sum\limits_{i=1}^{n} x_i$ 服从正态分布 $N(\mu,\dfrac{\sigma}{\sqrt{n}})$,即

$$\frac{\bar{x} - \mu}{\sigma/\sqrt{n}} \sim N(0,1)$$

若以有限的 n 次测量的标准差 s 代替总体分布的 σ,则变量

$$t = \frac{\bar{x} - \mu}{s/\sqrt{n}} \tag{5.55}$$

服从自由度 $\nu = n - 1$ 的 t 分布。其概率分布密度函数为

$$F(t,\nu) = \frac{\Gamma\left(\dfrac{n+1}{2}\right)}{\sqrt{\pi\nu}\,\Gamma\left(\dfrac{\nu}{2}\right)}\left(1 + \frac{t^2}{\nu}\right)^{\frac{-(\nu+1)}{2}} \tag{5.56}$$

式中 Γ 为伽玛函数。

由式(5.56),可给出相应于不同 P,ν 的 t 值,见附录 1 表 2。

5.6.2   由标准不确定度(标准差)计算扩展不确定度

扩展不确定度用于评定被测参数直观,便于使用,因而精密测试中常以扩展不确定度作为测量结果的评定参数。

当各不确定度分量由较大子样获得,有较高的可靠性,则可直接按 5.4 所述方法,将以扩展不确定度表示的各分量直接合成得到最终的总扩展不确定度。此时,扩展不确定度的包含因子 k 按正态分布取约定的固定值(如 $k = 2, k = 3$ 等)。

但对于小子样估计的不确定度分量,其可靠性差,若仍按正态分布取固定的 k 值,会使扩展不确定度引入较大的误差。此时,对应于同一 k 值,扩展不确定度的置信概率与正态分布给出的概率值并不相同。这样,所给出的扩展不确定度的可信程度有所降低。因此,对于小子样估计的不确定度,合成为总扩展不确定度时,应按 t 分布确定 k 值。

与正态分布的情形相似,t 变量落于区间 $(-t_\alpha, t_\alpha)$ 的概率可写为积分式

$$P(-t_\alpha < t < t_\alpha) = 2\int_0^{t\alpha} f(t, \nu)\,\mathrm{d}t = 1 - \alpha$$

上式给出了 t_α 与 ν, α 的关系。实践上,按给定的 ν, α 值,可由通常的 t 分布数表查得临界值 t_α,见附录 1 表 2。

由式(5.55)可得

$$ts/\sqrt{n} = \bar{x} - \mu \tag{5.57}$$

对于单次测量值 x 可相应地有

$$ts = x - \mu = \delta \tag{5.58}$$

式中 s 为测量结果 x 的标准差(或误差 δ 的标准差)。

若令 $t = t_\alpha$,则 $x - \mu = \delta$ 应视为相应于置信概率 $p = 1 - \alpha$ 的扩展不确定度 U_P,有

$$U_P = t_\alpha s \tag{5.59}$$

当已知标准差 s,并按选定的置信概率 $p = 1 - \alpha$ 由附录 1 表 2 查得 t_α 值,即可按式(5.59)求得相应于置信概率 $p = 1 - \alpha$ 的扩展不确定度。由此给出的扩展不确定度 U_P 具有确定的置信概率,而与估计标准 s 的可靠性无关,这与按正态分布给出的扩展不确定度不同。这样,按 t 分布计算扩展不确定度,克服了估计标准差 s 可靠性的影响,给出的结果具有确定的概率意义,其数值具有一致性、可比性。

例 5.11 已知测量标准差 $s = 1.5$ mV,其自由度为 $\nu = 28$,试给出置信概率为 $p = 99\%$ 的扩展不确定度 U_{99}。

解 按自由度 $\nu = 28$ 及显著度 $\alpha = 1 - p = 1 - 99\% = 1\%$
由附录 1 表 2 查 t 分布临界值,得 $t_a = 2.763$。则取 $k = t_\alpha = 2.763$,由式(5.59)扩展不确定度为

$$U_{99} = t_a s = 2.763 \times 1.5 \text{ mV} = 4.2 \text{ mV}$$

5.7 不确定度的自由度及其估计

5.7.1 自由度的概念

数理统计中,定义统计量(由统计实验数据构造的量)所包含的独立变量的数目为该统计量的自由度,自由度的数值为该统计量所包含的变量数目与约束条件之差。

由定义可知,自由度表示不确定度估计量所含信息量的大小,反映了不确定度估计量的可信程度,是不确定度小子样估计的重要参数。

扩展不确定度评定中,包含因子(置信系数)与相应的置信概率受制于子样标准差的可信度,按 t 分布确定包含因子 k(相应于某一确定的置信概率)就要依据相应的自由度。

因此,由小子样标准差计算扩展不确定度时,自由度是关键参数。

5.7.2　统计方法估计的不确定度的自由度

由等精度测量数据按贝塞尔公式估计的标准差,其残差平方和 $\sum\limits_{i=1}^{n} v_i^2$ 中所包含的变量 v_i 的数目为 n,而残差按下式计算

$$v_i = x_i - \bar{x} = x_i - \frac{1}{n}\sum_{i=1}^{n} x_i$$

其中,式 $\bar{x} = \dfrac{1}{n}\sum\limits_{i=1}^{n} x_i$ 即为其约束条件,约束条件数为 1,故残差平方和的自由度为

$$\nu = n - 1 \tag{5.60}$$

在最小二乘法处理中(见第 7 章)也用其残差平方和估计测量数据的不确定度。若等精度测量数据数目为 n,待求量数目为 t,则残差平方和为 $\sum\limits_{i=1}^{n} v_i^2$,其包含的变量数目为 n。为获得 n 个残差所列出的 t 个求解方程就是 $\sum\limits_{i=1}^{n} v_i^2$ 的 t 个约束条件,则 $\sum\limits_{i=1}^{n} v_i^2$ 的自由度应为

$$\nu = n - t \tag{5.61}$$

5.7.3　非统计方法估计的不确定度的自由度

非统计方法估计的不确定度估计量的自由度不能直接按统计定义给出。可按标准不确定度(标准差)由如下关系式给出

$$\nu_i = \frac{1}{2}\left(\frac{u_i}{s(u_i)}\right)^2 \tag{5.62}$$

式中　　u_i——第 i 项标准不确定度;

　　　　$s(u_i)$——u_i 的标准差(标准不确定度)$\sigma(u_i)$ 的估计量。

$\sigma(u_i)$ 为 u_i 的标准差,反映 u_i 的可信程度,而 $s(u_i)$ 是 u_i 的子样标准差,为 $\sigma(u_i)$ 的估计量。按式(5.62),自由度 ν_i 决定于比值 $s(u_i)/u_i$[①]

当按扩展不确定度给出自由度时,应按下式计算

$$\nu_i = \frac{k_{U_i}^2}{2}\left(\frac{U_i}{U_{U_i}}\right)^2 \tag{5.63}$$

式中　　U_i——扩展不确定度;

　　　　U_{U_i}——扩展不确定度 U_i 的区间估计,为 U_i 的扩展不确定度;

　　　　k_{U_i}——U_{U_i} 的包含因子。

----

① 某些文献称该比值为相对标准差或相对标准不确定度,但应注意该比值不是 u_i 的相对误差范围。

该式与式(5.62)不同,因此应注意按扩展不确定度计算自由度与按标准不确定度计算自由度的关系式是不同的,不能混淆。

5.7.4 总不确定度的自由度

由各不确定度分量合成的总标准不确定度的自由度决定于分量的自由度。当各不确定度分量估计量 u_i 的自由度 ν_i 已知,可按韦尔奇 – 萨特思韦特(Welch – Satterthwaite)公式计算合成标准不确定度 u_c 的有效自由度。

$$\nu_e = \frac{u_c^4}{\sum\limits_{i=1}^{n} \dfrac{u_i^4}{\nu_i}} \tag{5.64}$$

式中,各不确定度分量 u_i 与总不确定度 u_c 有如下关系

$$u_c^2 = \sum_{i=1}^{n} u_i^2 = \sum_{i=1}^{n} \left[a_i u(x_i) \right]^2 \tag{5.65}$$

而 u_i 与 $u(x_i)$ 应有相同的自由度。

例5.12 设扩展不确定度分量 $U_1 = 3.6$,其值的变动范围为 $\Delta = \pm 1$,$U_2 = 4.2$,由 10 个测量数据按贝赛尔公式给出 s,有 $U_2 = 3s$。试按 t 分布给出二者合成的总扩展不确定度(单位略)。

解 U_1 值的扩展不确定度为

$$U_{U_1} = \Delta = 1$$

则由式(5.63),U_1 的自由度为

$$\nu_1 = \frac{k_U^2}{2} \left(\frac{U_1}{U_{U_1}} \right)^2 = \frac{3^2}{2} \left(\frac{3.6}{1} \right)^2 \doteq 58$$

按置信概率 $p = 99\%$ 和自由度 $\nu_1 = 58$,由附录 1 表 2 查得 $t_\alpha = 2.66$,则取包含因子 $k_1 = t_\alpha = 2.66$,相应的标准不确定度为

$$u_1 = \frac{U_1}{K_1} = \frac{3.6}{2.66} = 1.35$$

不确定度分量 U_2 的自由度按定义为

$$\nu_2 = n - 1 = 10 - 1 = 9$$

其标准不确定度由原始数据得

$$u_2 = \frac{U_2}{3} = \frac{4.2}{3} = 1.4$$

合成标准不确定度为

$$u_c = \sqrt{u_1^2 + u_2^2} = \sqrt{1.35^2 + 1.4^2} = 2$$

有效自由度按式(5.64)为

$$\nu_e = \frac{u_c^4}{\dfrac{u_1^4}{\nu_1} + \dfrac{u_2^4}{\nu_2}} = \frac{2^4}{\dfrac{1.35^4}{58} + \dfrac{1.4^4}{9}} = 33$$

按 $p = 99\%$ 和 $\nu_e = 33$ 查 t 分布表,得 $t_\alpha = 2.74$,则扩展不确定度为

$$U_{99} = ku_c = t_\alpha u_c = 2.74 \times 2 = 5.5$$

5.8   误差间的相关关系及相关系数的估计

不确定度的合成与误差间的相关性有密切的关系,误差间的相关性影响到误差间的抵偿性,因此影响到不确定度的合成结果。虽然通常所遇到的问题多属于误差间线性无关或接近线性无关的,但线性相关的误差因素也时常可见,所以正确地处理相关关系是有实际意义的。

5.8.1   误差间的线性相关关系及其表述

误差量之间的线性相关关系是指它们的线性依赖关系。就一般情形而言,误差量之间存在一定的线性依赖关系,但这一依赖关系又不具有确定性。此时,线性依赖关系是在"平均"意义上的线性关系,是指一个误差量随另一误差量的变化具有线性关系变化的倾向,但其具体取值又不遵从确定的线性关系而具有一定的随机性,这就是误差量之间的相关关系。线性相关关系表示误差量之间的线性依赖关系的趋势,而并非确定的线性关系。

这一线性相关关系有强有弱,随着相关性的加强,线性联系的倾向增强,相互间联系的随机性减小。误差量间的这一关系最强时,一个误差的取值完全地决定了另一个的取值。此时,两个误差量间的关系已不再有随机性,而有一确定的线性函数关系。随着相关性的减弱,误差量间线性联系的趋势变弱,相互联系的随机性增强。当这一关系最弱时,两个误差量的取值相互间无任何影响,一个取值的大小与另一个取值的大小无关,这是互不相关的情形。通常,两个误差量的关系是属于上述两种极端情形之间的相关关系。

两个误差量间的相关关系的强弱由协方差(相关距)或相关系数来反映。按定义,误差量 δx 与 δy 的协方差为

$$D_{xy} = \iint_{-\infty}^{\infty} \left[\delta x - E(\delta x) \right] \left[\delta y - E(\delta y) \right] f(\delta x, \delta y) \mathrm{d}\delta x \mathrm{d}\delta y =$$

$$\iint_{-\infty}^{\infty} \delta x \cdot \delta y \cdot f(\delta x, \delta y) \mathrm{d}\delta x \mathrm{d}\delta y \qquad (5.66)$$

式中　　$E(\delta x)$ ——测量误差 δx 的数学期望,δx 对称分布时,$E(\delta x) = 0$;

　　　　$E(\delta y)$ ——测量误差 δy 的数学期望,δy 对称分布时,$E(\delta y) = 0$;

　　　　$f(\delta x, \delta y)$ ——误差 δx 与 δy 的联合分布密度。

误差量 δx 与 δy 的相关系数按定义应为

$$\rho_{xy} = \frac{D_{xy}}{\sigma_x \sigma_y} \qquad (5.67)$$

式中　　σ_x ——误差 δx 的标准差;

　　　　σ_y ——误差 δy 的标准差。

当误差 δx 与 δy 互不相关时,有

$$D_{xy} = 0$$

$$\rho_{xy} = 0$$

若误差 δx 与 δy 有最强的线性关系(即确定的线性关系),即有

$$\delta y = a\delta x + c$$

式中 a 与 c 为常数,则有

$$D_{xy} = \pm \sigma_x\sigma_y$$

$$\rho_{xy} = \pm 1$$

式中符号表示正相关或负相关,它取决于 a 的正负。

相关系数取值为(如图 5.4 所示)

$$-1 \leqslant \rho_{xy} \leqslant +1 \quad \text{或} \quad |\rho_{xy}| \leqslant 1$$

相关系数的正负表明相关关系的正负,当 $0 < \rho \leqslant 1$ 时,为正相关,δx 与 δy 取值符号趋于一致;当 $-1 \leqslant \rho < 0$ 时,为负相关,δx 与 δy 取值符号趋于相反。

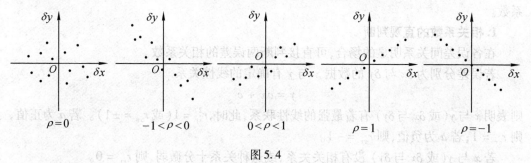

图 5.4

若各误差量之间有相关关系,则合成不确定度时应考虑这一关系,给出协方差或相关系数,并计算出不确定度合成中的相关项。

计算协方差或相关系数的工作往往是比较麻烦的,在可能的条件下,尽力将相关的量转化为不相关的另一种形式。这样就可避免相关项的计算,从而使问题的处理得以简化。

例 5.13　已知测量方程 $y_n = \sum\limits_{i=1}^{n}(x_i - \bar{x})$,式中 $\bar{x} = \dfrac{1}{z}\sum\limits_{i=1}^{z}x_i(z > n)$,测量数据 x_i 的标准不确定度都相同,为 $u_{xi} = u$,$\bar{x}$ 的标准不确定度为 $u_{\bar{x}} = \dfrac{u}{\sqrt{z}}$,试求 y_n 的标准不确定度。

解　方程式 $y_n = \sum\limits_{i=1}^{n}(x_i - \bar{x}_z)$ 中 x_i 与 $\bar{x}_z$ 有相关关系,计算 y_n 的标准不确定度时应使用公式(5.22),这就需要计算出相关项。为简化计算,现将上式化为不相关项之和,即

$$y_n = \sum_{i=1}^{n}(x_i - \bar{x}_z) = \sum_{i=1}^{n}x_i - \frac{n}{z}\sum_{i=1}^{z}x_i =$$

$$\left(1 - \frac{n}{z}\right)\sum_{i=1}^{n}x_i - \frac{n}{z}\sum_{i=n+1}^{z}x_i$$

所得表达式中各项都是互不相关的,因此可按式(5.26)计算 y_n 的标准不确定度,得

$$u_{yn} = \sqrt{n\left(\frac{z-n}{z}u\right)^2 + (z-n)\left(\frac{n}{z}u\right)^2} = u\sqrt{\frac{nz-n^2}{z}}$$

5.8.2　相关系数的估计方法

一般为了确定相关系数,须作出相应的统计实验,通过对一定数量的实验数据的处理,获得相关系数。例如,为获得误差 δx 与 δy 的相关系数,在确定的条件下,测得成组的数据 $(\delta x_i, \delta y_i)(i = 1, 2, \cdots, n)$。由此,可按下列各种方法计算出 δx 与 δy 的相关系数。

显然,若测量数据 x 具有(且仅有)误差 δx,y 具有(且仅有)误差 δy,则量 x 和 y 间的相关关系与 δx 和 δy 的相关关系是相同的,其相关系数相等。因此,可在确定的条件下,测量 x 与 y,得到成组数据 (x_i, y_i)。由此计算所得 x 与 y 的相关系数,也就是 δx 与 δy 的相关系数。统计实验所获得的相应数据是确定相关系数的基本依据。

有时,已知某些量之间具有某种函数关系,也可利用这一关系计算出它们之间的相关系数。

1. 相关系数的直观判断

在各误差间关系明显的场合,可直接判断两误差的相关系数。

若误差分别为 δx 与 δy 的数据 x 与 y 有确定的线性关系

$$y = ax + c$$

则表明 x 与 y(或 δx 与 δy)有着最强的线性联系,此时,$r_{xy}^2 = 1$(或 $r_{xy} = \pm 1$)。若 a 为正值,则 $r_{xy} = 1$;若 a 为负值,则 $r_{xy} = -1$。

若 x 与 y(或 δx 与 δy)没有相关关系,或这种关系十分微弱,则 $r_{xy} = 0$。

而介于这两个极端的情形,其相关系数绝对值在 0 至 1 之间,即

$$0 < |r_{xy}| < 1$$

其具体取值可根据实际测量数据作出直观的估计。

为此,进行多次成组测量,得一系列误差对应值 $(\delta x_i, \delta y_i)$,$i = 1, 2, \cdots, n$。以此为坐标点作图,观察其分布规律,并估计 r_{xy} 的数值。

2. 相关系数的近似估计

为确定 δx 与 δy 的相关系数,进行多次成组测量,得一系列对应值 $(\delta x_i, \delta y_i)$,并标在直角坐标平面内。

按下面的公式计算 δx 与 δy 的相关系数估计值

$$r_{xy} = -\cos \left[\frac{n_1 + n_3}{\sum\limits_{i=1}^{4} n_i} \right] \pi \qquad (5.68)$$

式中 n_1, n_2, n_3, n_4 分别为落入 1,2,3,4 象限的成组数据的数目,如图 5.5 所示。

当对被测量 x 与 y 进行成组测量时,显然所得的成组数据并不以坐标轴对称分布,此时应分别计算 x 与 y 的算术平均值。

$$\bar{x} = \frac{1}{n} \sum_{i=1}^{n} x_i$$

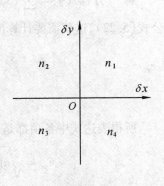

图 5.5

$$\bar{y} = \frac{1}{n} \sum_{i=1}^{n} y_i$$

以 $\bar{x}$ 为纵轴,以 $\bar{y}$ 为横轴把坐标平面分成四个象限,将成组数据 (x_i, y_i) 在这四个象限内的分布数目 n_1, n_2, n_3, n_4 代入式(5.68),计算 r_{xy} 值。

例 5.14 对 x 与 y 进行成组测量,得20组测量数据 (x_i, y_i) 列入表5.7中,试计算 x 与 y 的相关系数 r_{xy}。

表 5.7

x_i	10. 32	10. 38	10. 36	10. 42	10. 28	10. 30	10. 39	10. 34	10. 37	10. 31
y_i	2. 54	2. 59	2. 54	2. 64	2. 49	2. 58	2. 63	2. 53	2. 58	2. 52
x_i	10. 29	10. 30	10. 40	10. 33	10. 41	10. 29	10. 39	10. 37	10. 35	10. 39
y_i	2. 48	2. 58	2. 62	2. 52	2. 65	2. 48	2. 52	2. 58	2. 57	2. 60

解 计算 x_i 和 y_i 的算术平均值

$$\bar{x} = \frac{1}{n} \sum_{i=1}^{n} x_i = 10.35$$

$$\bar{y} = \frac{1}{n} \sum_{i=1}^{n} y_i = 2.56$$

以 $\bar{x} = 10.35$ 为纵轴,$\bar{y} = 2.56$ 为横轴将坐标平面划分为四个象限(图 5.6)。

以成组测量数据 (x_i, y_i) 为坐标,在坐标平面内点出坐标点。计数各象限内的坐标点数 n_1, n_2, n_3, x_4,则由式(5.68) 得

$$r_{xy} = -\cos \frac{n_1 + n_3}{n_1 + n_2 + n_3 + n_4} \pi = -\cos \frac{16}{20} \pi = 0.81$$

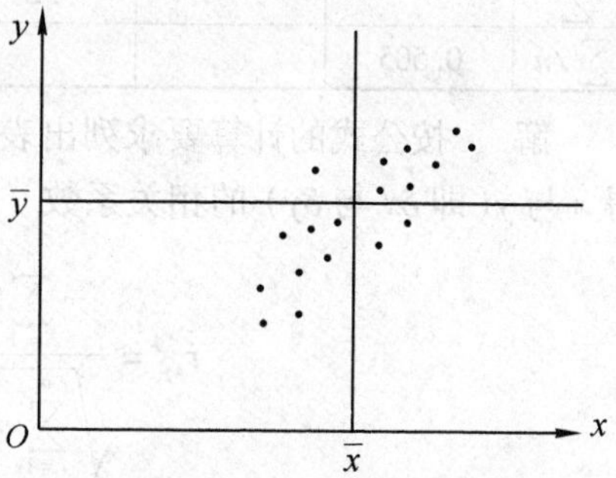

图 5.6

3. 相关系数的矩法估计

按定义,随机变量 x 与 y 之间的相关系数表示为式(5.67),因而相关系数的估计量可按标准不确定度(标准差) 的估计量代入求得

$$r_{xy} = \frac{u_{xy}}{u_x u_y} \tag{5.69}$$

于是可利用 n 组数据 (x_i, y_i),按下式估计相关系数

$$r_{xy} = \frac{\sum_{i=1}^{n} v_{xi} v_{yi}}{\sqrt{\sum_{i=1}^{n} v_{xi}^2 \sum_{i=1}^{n} v_{yi}^2}} =$$

$$\frac{\sum_{i=1}^{n} \left(x_i - \frac{1}{n} \sum_{i=1}^{n} x_i \right) \left(y_i - \frac{1}{n} \sum_{i=1}^{n} y_i \right)}{\sqrt{\sum_{i=1}^{n} \left(x_i - \frac{1}{n} \sum_{i=1}^{n} x_i \right)^2 \sum_{i=1}^{n} \left(y_i - \frac{1}{n} \sum_{i=1}^{n} y_i \right)^2}} \tag{5.70}$$

显而易见，测量数据越多（n 越大），按上式计算出的 r_{xy} 就越可靠。

例 5.15　设量 x 与 y 的误差分别为 δx 与 δy，为求 δx 与 δy 的相关系数，对 x 与 y 进行成对测量，得测量数据 (x_i, y_i) 共 10 组，如表 5.8 所示。试求 δx 与 δy 的相关系数。

表 5.8

i	x_i	$v_{xi} \times 10^3$	$v_{xi}^2 \times 10^6$	y_i	$v_{yi} \times 10^3$	$v_{yi}^2 \times 10^6$	$v_{xi}v_{yi} \times 10^6$
1	0.503	-2	4	0.102	1	1	-2
2	0.508	3	9	0.103	2	4	6
3	0.505	0	0	0.102	1	1	0
4	0.507	2	4	0.102	1	1	2
5	0.503	-2	4	0.100	-1	1	2
6	0.506	1	1	0.101	0	0	0
7	0.505	0	0	0.101	0	0	0
8	0.505	0	0	0.100	-1	1	0
9	0.506	1	1	0.100	-1	1	-1
10	0.502	-3	9	0.099	-2	4	6
$\sum$			32			14	13
$\sum /n$	0.505			0.101			

解　按公式的计算要求列出表格，并按表格计算。将计算结果代入式（5.70），可求得 x 与 y（即 δx 与 δy）的相关系数

$$r_{xy} = \frac{\sum_{i=1}^{n} v_{xi} v_{yi}}{\sqrt{\sum_{i=1}^{n} v_{xi}^2 \sum_{i=1}^{n} v_{yi}^2}} = \frac{13}{\sqrt{32 \times 14}} = 0.61$$

4. 根据已知的函数关系计算相关系数

当 x 与 y 具有直接的或间接的函数关系时，可利用这一关系计算出 x 与 y 的相关系数。

例 5.16　已知 x 的标准不确定度为 u_x、y 的标准不确定度为 u_y，其和 $z = x + y$ 的标准不确定度为 u_z，试求 x 与 y 的相关系数。

解　由式（5.22）有

$$u_z^2 = u_x^2 + u_y^2 + 2r_{xy} u_x u_y$$

已知 u_z，u_x，u_y 则可求得相关系数

$$r_{xy} = \frac{u_z^2 - (u_x^2 + u_y^2)}{2u_x u_y}$$

例5.17　由测量数据 $x_1, x_2, \cdots, x_n$，得 $\bar{x} = \dfrac{1}{n}(x_1 + x_2 + \cdots + x_n)$，试找出 x_i 与 $\bar{x}$ 的相关系数。

解　由 x_i 与 $\bar{x}$ 的函数关系可求得

$$y_i = x_i + \bar{x} = \frac{1}{n}x_1 + \frac{1}{n}x_2 + \cdots + \frac{n+1}{n}x_i + \cdots + \frac{1}{n}x_n$$

$$D(y_i) = \frac{1}{n^2}D(x_1) + \frac{1}{n^2}D(x_2) + \cdots + \frac{(n+1)^2}{n^2}D(x_i) + \cdots + \frac{1}{n^2}D(x_n) =$$

$$\frac{n-1}{n^2}\sigma^2 + \frac{(n+1)^2}{n^2}\sigma^2$$

即

$$\sigma_y^2 = \frac{n+3}{n}\sigma^2$$

式中 σ 为测量数据的标准差。

而方差 σ_y^2 又可写为

$$\sigma_y^2 = \sigma^2 + \frac{\sigma^2}{n} + 2\rho\sigma\frac{\sigma}{\sqrt{n}}$$

即

$$\frac{n+3}{n}\sigma^2 = \sigma^2 + \frac{\sigma^2}{n} + 2\rho\sigma\frac{\sigma}{\sqrt{n}}$$

由此可得 x_i 与 $\bar{x}$ 的相关系数为

$$\rho = \frac{1}{\sqrt{n}}$$

思考与练习5

5.1　说明不确定度的概念。

5.2　不确定度的表征参数是什么？

5.3　不确定度的估计方法有几类？

5.4　系统分量的不确定度是否一定是用非统计方法估计的？

5.5　计算一次测量结果的标准差为什么要用多次测量的数据？

5.6　用贝塞尔公式计算标准差是"有偏的"，其含义是什么？

5.7　用贝塞尔公式估计标准差的"分散性"的含义是什么？

5.8　比较几种不同的估计标准差的方法。

5.9　标准差合成规则的依据是什么？

5.10　怎样用误差的抵偿性来解释不确定度按方差相加进行合成的方法？

5.11　误差的线性叠加关系式与不确定度的合成关系式有何关系？

5.12　在什么情况下随机误差与系统误差不确定度分量可以按同一规则进行合成？在什么情况下二者的合成规则不同？

5.13　在合成不确定度时,区分随机误差与系统误差有何意义？

5.14　按标准差合成不确定度与按扩展不确定度（极限误差）合成不确定度有何差

别与联系?

5.15 按 t 分布确定扩展不确定度针对的是什么问题? 什么情况下可直接按正态分布确定扩展不确定度?

5.16 按 t 分布确定扩展不确定度与按正态分布确定扩展不确定度有何差别与联系?

5.17 不确定度评定中给出自由度有何意义?

5.18 标准差 s 的自由度与相应的扩展不确定度 $U = ks$ 的自由度有何关系?

5.19 算术平均值的不确定度的合成结果与哪些因素有关?

5.20 误差量之间的相关关系的含义是什么?

5.21 误差间的相关性与抵偿性有何关系? 误差间的相关性对不确定度分量的合成有何影响?

5.22 怎样处理具有相关关系的误差量?

5.23 估计相关系数的方法有哪些?

5.24 若 x 与 y 相关,z 与 y 相关,那么 x 与 z 是否相关? 若 x 与 y 不相关,但 x 与 z 相关,那么 y 与 z 是否相关?

5.25 对某量 x 进行多次等精度的重复测量得如下结果(单位略):32.1,32.6,32.3,32.5,32.8,试利用贝塞尔公式计算测量的标准差,并分析所得标准差的可靠性。

5.26 利用题 5.25 的数据,按不同的计算方法求测量的标准差,并进行比较。

5.27 为确定某一测量方法的标准差,用该方法对量 x 进行 10 次等精度的重复测量,得测量结果如下(单位略):6.826,6.836,6.829,6.841,6.834,6.837,6.832,6.839,6.831,6.844,试用不同方法计算测量的标准差。

5.28 为评定测微仪的重复性误差,使测头对同一测量面进行 10 次重复接触测量,观察测微仪示值变化(μm),得:0,0.2, -0.1,0.1,0.4, -0.2,0, -0.1,0.2,0.3,试给出测微仪的重复精度($3s$)。

5.29 抽测 20 个工件的尺寸(mm),分别为 10.018,10.008,10.002,10.021,9.993,10.003,10.011,10.004,10.014,10.010,9.996,10.005,10.006,9.998,10.026,9.997,10.016,9.990,9.986,10.014,试分析这批工件尺寸的分散性。

5.30 已知圆柱体的直径 $d = 500$ mm,标准差 $s_d = 1$ mm;圆柱体高度 $h = 1\,500$ mm,标准差为 $s_h = 2.5$ mm。试求圆柱体的体积 V 及其标准差 s_V。

5.31 若已知电流 I 和电压 V,则电功率可按 $P = IV$ 求得,若测得 $I = 105$ mA,$V = 180$ V,测量的标准差分别为 $s_I = 2.5$ mA,$s_V = 2$ V,试求电功率及其标准差。

5.32 当测得三角形 ABC 的两个内角 $\angle A$ 和 $\angle B$,则可求得第三个内角 $\angle C = 180° - \angle A - \angle B$,已知 $\angle A$ 与 $\angle B$ 的测量标准差分别为 $s_A = 5''$ 与 $s_B = 5''$,试求 $\angle C$ 的标准差。

5.33 用容积为 1 L 的量器量取 10 L 某种液体,若该量器标准差为 s_0,问量取的 10 L 液体的标准差 s 为多少?

5.34 一米刻尺刻度的扩展不确定度 $U = 0.5$ mm,用来测量 5 m 的距离时,由这一刻度误差引起的测量扩展不确定度 U_l 应为多少?

5.35　三块量块的中心长度的扩展不确定度分别为 $U_1 = 0.000\,5$ mm，$U_2 = 0.000\,4$ mm，$U_3 = 0.000\,4$ mm。求三块量块研合后组合尺寸的扩展不确定度 U。

5.36　以一定的压力 P 将钢球压入样块，量出样块上印痕的面积 S，则样块的布氏硬度为 $H_B = P/S$。设压力 $P = 1 \times 10^4$ N，其扩展不确定度 $U_P = 10$ N；印痕面积极 $S = 10$ mm²，其扩展不确定度 $U_s = 0.1$ mm²。求 H_B 值的扩展不确定度 U_{HB}。

5.37　为求得孔心距 $OO' = L$，测得尺寸 l_1 与 l_2，则 $L = \frac{1}{2}(l_1 + l_2)$。若 l_1 的扩展不确定度 $U_1 = 0.04$ mm，l_2 的扩展不确定度 $U_2 = 0.05$ mm，而 l_1 与 l_2 的相关系数为 $r = 0.2$，求所得结果 L 的 U_L（图5.7）。

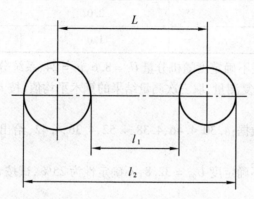

图 5.7

5.38　已知千分尺的刻度套筒直径 $d = 15.5$ mm，刻线的累积误差不超过 $\Delta_s = \pm 0.05$ mm；千分尺的千分螺杆的螺距 $P = 0.5$ mm，螺距的累积误差不超过 $\Delta_p = \pm 0.003$ mm，求刻线累积误差和螺距累积误差造成的千分尺示值不确定度 U_i（参见习题3.18）。

5.39　已知测量的扩展不确定度各分量及相应的传递系数如表5.9所示，按正态分布求二次测量结果算术平均值的总扩展不确定度。

表 5.9

i	扩展不确定度 U_i/ mm		传递系数	备　　注
	随机分量	系统分量		
1	0.020		1	
2	0.010		1.6	
3		0.005	2.4	δ_3 与 δ_4 的相关系数为
4		0.015	1	$\rho_{34} = 0.4$
5	0.015		1	

5.40　测量的扩展不确定度各分量及相应的传递系数如表5.10所示，若使最后结果的误差 $\delta \leqslant 4''$，试确定测量次数 N（按正态分布）。

表 5.10

	扩展不确定度 U_i		传递系数
	随机分量	系统分量	
1	1.5		2
2	3.5		1
3	2.0		1
4		1.0	1
5		2.0	1
6		1.0	2

5.41   测量的扩展不确定度随机分量 $U_r = 8.6$，$\nu_r = 24$，系统分量 $U_s = 5.4$，$\nu_s = 112$，现进行三次等精度的重复测量，取三次测量结果的算术平均值，按 t 分布求算术平均值的扩展不确定度（单位略）。

5.42   已知测量数据：4.30，4.46，4.38，4.52，4.36，4.42，给出测量的扩展不确定度 U_{95}（单位略）。

5.43   已知扩展不确定度 $U_{99} = 32.8$，不确定性为 25%，试按 t 分布给出相应的标准不确定度（单位略）。

5.44   已知标准不确定度 $u_1 = 1.8$，$u_2 = 2.6$，其标准差分别为 $s_{u_1} = 0.2$，$s_{u_2} = 0.4$，求合成标准不确定度的自由度（单位略）。

5.45   已知扩展不确定度分量 $U_1 = 0.45$，$U_2 = 0.32$，其值的变动量分别为 $\Delta U_1 = 0.15$，$\Delta U_2 = 0.10$，按 t 分布给出合成的扩展不确定度 U_{99}。

5.46   设扩展不确定度分量 $U_1 = 2.6$，其不确定范围为 25%；$U_2 = 3s = 3.2$，s 由 20 个测量数据用贝塞尔公式计算，试按 t 分布给出二者合成的总扩展不确定度。

5.47   如图 5.8 所示，当分别测得 d_1，d_2 和 l，则可按式 $\tan \dfrac{\alpha}{2} = \dfrac{d_1 - d_2}{2l}$ 求得锥体角度 α。若测得 $d_1 = 25.765$ mm，$d_2 = 20.538$ mm，$l = 100$ mm，且测量误差互不相关，各项扩展不确定度及其值的误差范围分别为 $U_{d_1} = 0.005$ mm，$\Delta U_{d_1} = 0.001$ mm，$U_{d_2} = 0.005$ mm，$\Delta U_{d_2} = 0.001$ mm，$U_l = 0.1$ mm，$\Delta U_l = 0.025$ mm，试给出角度值 α 及其扩展不确定 $U_{\alpha 95}$。

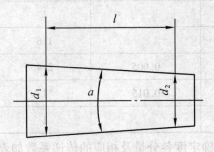

图 5.8

5.48 已知 δx 与 δy(单位略)的对应值如表 5.11 所示,求 δx 与 δy 的相关系数 r。

表 5.11

i	1	2	3	4	5	6	7	8	9	10
δx_i	0.012	0.008	−0.010	−0.005	−0.002	0.015	−0.020	0.005	0.018	−0.010
δy_i	0.025	0.010	−0.005	0.008	0.006	0.020	−0.010	−0.002	0.010	−0.020

5.49 对 x 与 y 进行成组测量,得 10 组数据列于表 5.12 中(单位略),试用不同的方法计算 x 与 y 的相关系数 r。

表 5.12

i	1	2	3	4	5	6	7	8	9	10
x_i	4.23	4.25	4.20	4.28	4.26	4.30	4.28	4.25	4.27	4.24
y_i	2.68	2.75	2.67	2.71	2.60	2.66	2.70	2.69	2.64	2.71

5.50 设测量数据 $x_1, x_2, \cdots, x_n$ 相应的权分别为 $p_1, p_2, \cdots, p_n$,其加权算术平均值为

$$\overline{x_p} = \frac{\sum\limits_{i=1}^{n} p_i x_i}{\sum\limits_{i=1}^{n} p_i}, 求 x_i 与 \overline{x_p} 的相关系数 r。$$

5.51 已知有如下误差关系 $\delta l_1 = \delta l_{r_1} + \delta l_s$, $\delta l_2 = \delta l_{r_2} + \delta l_s$, δl_{r_1} 与 δl_{r_2} 分别为 δl_1 与 δl_2 的随机误差分量,δl_s 为系统误差分量。设 $\delta l_1, \delta l_2$ 及 δl_s 的标准不确定度分别为 u_1, u_2 及 u_s,求 δl_1 与 δl_2 间的相关系数 r。

5.52 分析数据的残差 v_i 与算术平均值 $\overline{x}$ 的相关关系。

第 6 章　　不确定度合成规则的应用

前一章讨论了不确定度的合成规则,这一合成规则对精度分析极为重要,一方面它用于计算测量结果的不确定度,是评定测量精确度的依据。另一方面它为研究分析各项误差的影响,以及恰当地规定各项因素的精度指标提供了依据。对不确定度合成结果的分析能帮助我们合理地选定测量方程式和各参数,从而拟定出较好的测量原理和测量方法。因此,不确定度的合成规则对测量方法的选择和设计(以及测量仪器的设计)具有积极的指导意义。

本章以不确定度的合成规则为基础,举例说明测量结果不确定度的分析与合成计算,叙述拟定测量方法时如何规定测量的不确定度及各分量,讨论提高测量精度的途径,最后简述不确定度的估计与合成计算的发展现状。

6.1　　测量总不确定度的计算

任何一个完整的测量结果的报告都应包括被测量数值和它的不确定度两部分。测量结果的不确定度按前章给出的不确定度的合成规则进行合成计算。

最终结果的合成的不确定度以标准不确定度 u,扩展不确定度 U 或相对不确定度 u_γ,U_γ 的形式给出,并视具体情况提供足够多的信息。对于重要的测量应给出不确定度的各分量估计方法与数值,以及相应的自由度 ν_i,相关各项间的相关系数 r_{ij} 及获得方法。对于合成扩展不确定度 U,还应给出包含因子(置信系数)k,置信概率 p 和自由度 ν。即使对于通常测量结果的扩展不确定度,也都应给出 k 值。

不确定度的表示既应简洁明了,不能引起混淆和误解;又应具有足够的信息,以便于以后的引用。

下面给出几个实例,说明测量数据处理和不确定度的估计与合成计算。分析计算的原则和方法同样适用于测量器具、测量仪器的精度分析,也适用于其他各类实验或实验设备,包括加工工艺和加工设备等方面的精度分析。

各不确定度分量的分析,总不确定度的合成计算等都与测量的具体问题密切相关,脱离测量的具体内容就不能正确地完成精度分析。因此这一内容应在学习专业内容的过程中进一步加深理解。

例6.1　为分析转台速率精度,测量时段 T 内的转角 θ,则可得角速度 $\omega = \theta/T$,设测得 $T = 300$ s,$\theta = 6.48'' \times 10^7$,分析其相对扩展不确定度。

解　由测量方程

$$\omega = \frac{\theta}{T}$$

可得其误差表达式

$$\delta_\omega = \frac{1}{T}\delta\theta - \frac{\theta}{T^2}\delta T$$

式中,转角测量误差 $\delta\theta$ 包括二部分:测量仪器光栅盘刻线误差 $\delta\theta_1$ 和角度伺服系统的跟踪误差 $\delta\theta_2$,则有

$$\delta_\omega = \frac{1}{T}\delta\theta_1 + \frac{1}{T}\delta\theta_2 - \frac{\theta}{T^2}\delta T$$

设 $\delta\omega_1 = \frac{1}{T}\delta\theta_1, \delta\omega_2 = \frac{1}{T}\delta\theta_2, \delta\omega_3 = \frac{-\theta}{T_2}\delta T$,得

$$\delta\omega = \delta\omega_1 + \delta\omega_2 + \delta\omega_3$$

相应的标准不确定度合成表达式为

$$u_\omega = \sqrt{u_{\omega_1}^2 + u_{\omega_2}^2 + u_{\omega_3}^2}$$

式中,$u_{\omega_1} = \frac{1}{T}u_{\theta_1}, u_{\omega_2} = \frac{1}{T}u_{\theta_2}, u_{\omega_3} = \frac{\theta}{T^2}u_T$。

（1）光栅刻线不确定度

光栅刻线不确定度由其刻划工艺决定,为 $U_{\theta 1} = 0.6''$,该值的可靠性估计为 $\pm 0.2''$,即取 $U_{U\theta 1} = 0.2$。由式(5.63),$U_{\theta 1}$ 的自由度为

$$\nu_{\theta 1} = \frac{k_U^2}{2}\left(\frac{U_{\theta 1}}{U_{U\theta 1}}\right)^2 = \frac{3^2}{2}\left(\frac{0.6}{0.2}\right)^2 = 40$$

按置信概率 $p = 99\%$,自由度 $\nu_{\theta 1} = 40$ 查 t 分布表(附录1表2),得临界值 $t_\alpha = 2.70$,取包含因子 $k_{\theta 1} = t_\alpha = 2.70$,则标准不确定度应为

$$u_{\theta 1} = \frac{U_{\theta 1}}{k_{\theta 1}} = \frac{0.6''}{2.70} = 0.22''$$

（2）伺服系统跟踪不确定度

伺服系统跟踪相应的扩展不确定度经分析为 $U_{\theta 2} = 5''$,估计该值的不确定范围为 $\pm 20\%$,即 $U_{\theta 2}$ 的不确定度为

$$U_{U\theta 2} = U_{\theta 2} \times 20\% = 5'' \times 20\% = 1''$$

由式(5.63),$U_{\theta 2}$ 的自由度为

$$\nu_{\theta 2} = \frac{k_U^2}{2}\left(\frac{U_{\theta 2}}{U_{U\theta 2}}\right)^2 = \frac{3^2}{2}\left(\frac{5}{1}\right)^2 = 112$$

按 $p = 99\%$, $U_{\theta 2} = 112$,查 t 分布表,得 $t_\alpha = 2.63$,则标准不确定度为

$$u_{\theta 2} = \frac{U_{\theta 2}}{k_{\theta 2}} = \frac{U_{\theta 2}}{t_\alpha} = \frac{5''}{2.63} = 1.9''$$

（3）基准源不确定度

用作时段计量的基准源相对误差 $\frac{\delta T}{T} < 5 \times 10^{-8}$,该值变动范围可估计为 $\pm 1 \times 10^{-8}$,则相应的扩展不确定度为

$$U_T = T \times 5 \times 10^{-8} = 300 \times 5 \times 10^{-8} = 1.5 \times 10^{-5}\text{s}$$

其自由度为

$$\nu_T = \frac{k_{UT}^2}{2}\left(\frac{U_T}{U_{UT}}\right)^2 = \frac{3^2}{2}\left(\frac{1.5 \times 10^{-5}}{3 \times 10^{-6}}\right) = 112$$

按 $P = 99\%$，$\nu_T = 112$，查 t 分布表得 $t_\alpha = 2.63$，则标准不确定度为

$$u_T = \frac{U_T}{k_T} = \frac{U_T}{t_\alpha} = \frac{1.5 \times 10^{-5}s}{2.63} = 5.7 \times 10^{-6}s$$

（4）合成标准不确定度

标准不确定度的各分量分别为

$$u_{\omega 1} = \frac{1}{T}u_{\theta 1} = \frac{1}{300 \text{ s}} \times 0.22'' = 7.34'' \times 10^{-4}/\text{s}$$

$$u_{\omega 2} = \frac{1}{T}u_{\theta 2} = \frac{1}{300 \text{ s}} \times 1.9'' = 6.34'' \times 10^{-3}/\text{s}$$

$$u_{\omega 3} = \frac{\theta}{T^2}u_T = \frac{6.48'' \times 10^7}{(300 \text{ s})^2} \times 5.7 \times 10^{-6} \text{ s} = 4.1'' \times 10^{-3}/\text{s}$$

其自由度分别为

$$\nu_{\omega 1} = \nu_{\theta 1} = 40$$
$$\nu_{\omega 1} = \nu_{\theta 2} = 112$$
$$\nu_{\omega 3} = \nu_T = 112$$

合成得总标准不确定度

$$u_\omega = \sqrt{u_{\omega 21} + u_{\omega 2}^2 + u_{\omega 3}^2} = $$
$$\sqrt{(7.34'' \times 10^{-4}/\text{s})^2 + (6.34'' \times 10^{-3}/\text{s})^2 + (4.1'' \times 10^{-3}/\text{s})^2} = $$
$$7.6'' \times 10^{-3}/\text{s}$$

（5）总扩展不确定度

有效自由度按式（5.64）为

$$\nu_\omega = \frac{u_\omega^4}{\frac{u_{\omega 1}^4}{\nu_{\omega 1}} + \frac{u_{\omega 2}^4}{\nu_{\omega 2}} + \frac{u_{\omega 3}^4}{\nu_{\omega 3}}} = \frac{(7.6'' \times 10^{-3}/\text{s})^4}{\frac{(7.34'' \times 10^{-4}/\text{s})^4}{40} + \frac{(6.34 \times 10^{-3}/\text{s})^4}{112} + \frac{(4.1'' \times 10^{-3}/\text{s})^4}{112}} = $$
$$196$$

按 $P = 99\%$，$\nu_\omega = 196$ 查 t 分布表，得 $t_\alpha = 2.576$，取 $k_w = t_\alpha = 2.58$，则总扩展不确定为

$$U_\omega = k_\omega u_\omega = 2.58 \times 7.6'' \times 10^{-3}/\text{s} = 1.96'' \times 10^{-2}/\text{s}$$

其相对扩展不确定度为

$$U_{\omega r} = \frac{U_\omega}{\omega} = \frac{1.96'' \times 10^{-2}/\text{s}}{6.48'' \times 10^7/300 \text{ s}} = 9.1 \times 10^{-8}$$

最后给出结果为：相对扩展不确定度 $U_{\omega r} = 9.1 \times 10^{-8}$，置信概率 $P = 99\%$（$k_\omega = 2.58$），自由度 $\nu_\omega = 196$。

例 6.2 利用正弦尺测量锥体角度 φ，原理如图 6.1 所示。已知 $l = 100$ mm，$t = 95$ mm，锥角公称值 $\varphi_0 = 2°58'31''$，若测得数据 $p = 7.5$ μm，试求出锥角的测量结果及其不确定度。

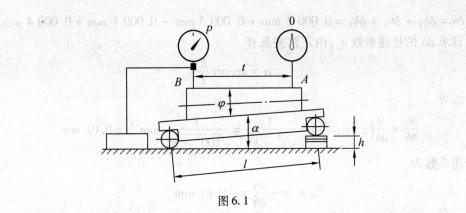

图 6.1

解 测量方法和数据处理分述如下：

1. 测量原理

用量块垫起正弦尺，使之抬起角度 $\alpha = -\varphi_0$，所需组合量块的名义尺寸应为

$$h = l\sin\alpha = 100\sin 2°58'31'' = 5.190\,51\ \text{mm}$$

按舍入规则，取 $h = 5.191$ mm。使用五等量块，组合如下表：

	h_1	h_2	h_3
公称尺寸	1.001	1.190	3.000
偏　差	+ 0.2	+ 0.3	− 0.1

在零级平板上用量块将正弦尺垫起；利用正弦尺侧档板定位，安置被测的锥体工件；沿平板移动表架，使测微表分别测量工件上母线二端 A、B 两点，设二点间距离为 t，B 点与 A 点的读数差为 p，则被测锥角 φ 与 α 之差 θ 可按下式求得（图 6.2）

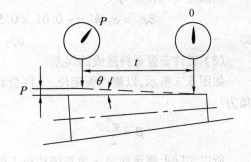

$$\theta = \frac{p}{t}$$

图 6.2

2. 测量结果及其修正

若测微表在 B、A 二点的读数差 $p = 7.5\ \mu\text{m}$，则

$$\theta = \frac{p}{t} = \frac{7.5 \times 10^{-3}}{95}\ \text{rad} = 16.3''$$

所以，被测锥角应为

$$\varphi_c = \varphi_0 + \theta = 2°58'31'' + 16.3'' = 2°58'47.3''$$

为修正测量结果，应找出已知的系统误差。

（1）量块中心长度偏差

量块中心长度偏差由检定证书查得，三块量块的偏差分别为 $\delta h_1 = 0.000\,2$ mm，$\delta h_2 = 0.000\,3$ mm，$\delta h_3 = -0.000\,1$ mm。量块组合尺寸偏差应是三块量块尺寸偏差的代数和，即

$$\delta h = \delta h_1 + \delta h_2 + \delta h_3 = 0.000\ 2\ \text{mm} + 0.000\ 3\ \text{mm} - 0.000\ 1\ \text{mm} = 0.000\ 4\ \text{mm}$$

现求 δh 的传递系数 a_1,由正弦关系有

$$\alpha = \arcsin \frac{h}{l}$$

对 h 求导

$$\frac{\partial \alpha}{\partial h} = \frac{\partial}{\partial h}\left(\arcsin \frac{h}{l}\right) = \frac{1}{\sqrt{l^2 - h^2}} = \frac{1}{\sqrt{100^2 - 5^2}}\ \text{mm}^{-1} = 0.01\ \text{mm}^{-1}$$

故传递系数为

$$a_1 = -\frac{\partial \alpha}{\partial h} = -0.01\ \text{mm}^{-1}$$

则 δh 折合为锥角误差应为

$$\delta \varphi_1 = a_1 \delta h = -0.01 \times 0.4 \times 10^{-3}\ \text{rad} = -4 \times 10^{-6}\ \text{rad}$$

即

$$\delta \varphi_1 = -0.8''$$

（2）所选量块名义尺寸与计算名义尺寸之差 $\delta h'$

算得量块尺寸 $h = 5.1905\ \text{mm}$,按舍入规则取 $h' = 5.191\ \text{mm}$,故系统误差为

$$\delta h' = h' - h = 5.191\ \text{mm} - 5.190\ \text{mm} = 0.5 \times 10^{-3}\ \text{mm}$$

其传递系数为

$$a_2 = a_1 = -0.01\ \text{mm}^{-1}$$

则该项局部误差为

$$\delta \varphi_2 = a_2 \delta h' = -0.01 \times 0.5 \times 10^{-3}\ \text{rad} = -5 \times 10^{-6}\ \text{rad}$$

即

$$\delta \varphi_2 = -1''$$

（3）工件安置歪斜造成的误差

如图 6.3 所示,以侧档板定位,工件歪斜角为

$$\beta = \frac{\varphi''}{2}$$

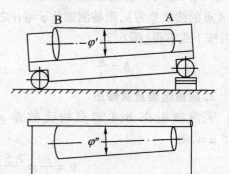

所以实际上测量的是 φ 角在侧档板上的投影角 φ',分析空间几何关系(略)可得下式

$$\tan \frac{\varphi'}{2} = \frac{\tan \dfrac{\varphi}{2}}{\cos \dfrac{\varphi''}{2}}$$

式中　φ ——锥角的实际值,可用其公称值代替;

φ'' ——锥角 φ 在水平面上的投影角。

图 6.3

且有

$$\sin \frac{\varphi''}{2} = \frac{\sin \dfrac{\varphi}{2}}{\cos \dfrac{\varphi}{2}} = \tan \frac{\varphi}{2}$$

由此可得

$$\frac{\varphi''}{2} = \arcsin\left(\tan\frac{\varphi}{2}\right) = \arcsin(\tan 1°29'15.5'') = 1°29'17.3''$$

将 $\varphi''/2$ 数值代入上式计算 φ' 值,即

$$\tan\frac{\varphi'}{2} = \frac{\tan\dfrac{\varphi}{2}}{\cos\dfrac{\varphi''}{2}} = \frac{\tan 1°29'15.5''}{\cos 1°29'17.3''} = 0.025\,978\,8$$

$$\frac{\varphi'}{2} = 1°29'17.3''$$

$$\varphi' = 1°58'34.6''$$

按误差定义,测得值 φ' 的误差应为

$$\delta\varphi_3 = \varphi' - \varphi = 2°58'34.6'' - 2°58'31'' = 3.6''$$

式中,φ 以其公称值代入。

以上三项系统误差之和为

$$\delta\varphi = \delta\varphi_1 + \delta\varphi_2 + \delta\varphi_3 = -0.8'' - 1'' + 3.6'' = 1.8''$$

由此,可对测量结果进行修正,得

$$\varphi = \varphi_0 - \delta\varphi = 2°58'47.3'' - 1.8'' = 2°58'45.5''$$

3. 测量的扩展不确定度

主要的几项误差的扩展不确定度分别列出如下:

(1) 量块中心长度检定的扩展不确定度

量块中心长度的检定误差属于不确定的系统误差,可认为它服从正态分布。使用五等量块,由量块的检定规程可知其检定的扩展不确定度为

$$U_h = 0.000\,5\ \text{mm}$$

三块量块组合尺寸的扩展不确定度应为

$$U'_h = \sqrt{U_h^2 + U_h^2 + U_h^2} = \sqrt{3 \times 0.000\,5^2}\ \text{mm} = 0.000\,8\,7\ \text{mm}$$

前面已求得其传递系数 $a_1 = -0.01\ \text{mm}^{-1}$,将 U'_h 折合到测量结果,则该项误差相应的扩展不确定度分量为

$$U_{\varphi_1} = a_1 U'_h = 0.01 \times 0.000\,87\ \text{rad} = 8.7 \times 10^{-6}\ \text{rad}$$

即

$$U_{\varphi_1} = 1.8''$$

(2) 正弦尺两圆柱中心距离的扩展不确定度

该项误差是由加工误差造成的,属于不确定的系统误差,可认为其分布与加工(装配)误差分布相同,服从正态分布。

该项扩展不确定度由正弦尺的检定规程查得,为

$$U_l = 0.002\ \text{mm}$$

传递系数通过求导数得到

$$\frac{\partial\alpha}{\partial l} = \frac{\partial}{\partial l}\left(\arcsin\frac{h}{l}\right) = \frac{-h}{l\sqrt{l^2 - h^2}} = \frac{-5.191}{100\sqrt{100^2 - 5^2}}\ \text{mm}^{-1} = -5.2 \times 10^{-4}\ \text{mm}^{-1}$$

传递系数为

$$a_2 = \frac{\partial \alpha}{\partial l} = 5.2 \times 10^{-4} \ \text{mm}^{-1}$$

将该项扩展不确定度折合到测量结果，为

$$U_{\varphi_2} = a_2 U_l = 5.2 \times 10^{-4} \ \text{mm}^{-1} \times 2 \times 10^{-3} \ \text{mm} = 1.04 \times 10^{-6} \ \text{rad}$$

即

$$U_{\varphi_2} = 0.2''$$

（3）正弦尺工作面与两圆柱下母线切平面的平行性误差的扩展不确定度

该误差由正弦尺的加工误差造成，属于不确定的系统误差，服从正态分布。

由检定规程查得，使用窄型 100 mm 长的正弦尺的该项扩展不确定度为

$$U_s = 0.002 \ \text{mm}$$

其传递系数不能通过求导数的方法获得，可利用几何关系求出。如图 6.4 所示，作误差三角形 Δabc，令 $bc = U_s$，$ab = l$。因为误差量很小，所以 U_s 引起的角度误差可按下式计算

$$U_{\varphi_3} = \frac{U_s}{l}$$

式中，$1/l$ 即为 U_s 的传递系数。将数据代入，可得该项扩展不确定度分量

$$U_{\varphi_3} = \frac{U_s}{l} = \frac{0.002}{100} \ \text{rad} = 2 \times 10^{-5} \ \text{rad}$$

即

$$U_{\varphi_3} = 4.1''$$

（4）测微表误差相应的扩展确定度

测微表误差包括示值重复性误差和示值误差两部分，其值由测微表的检定证书给出。

示值重复性误差是多次重复测量同一量值时测微表的示值变化，属于随机误差，查得该项扩展不确定度为 $U_{m1} = 0.000 \ 3$ mm。因为需要测量两端各一次，所以相应扩展不确定度应是二次的合成结果，即

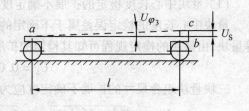

图 6.4

$$U'_{m_1} = \sqrt{2 U_{m1}^2} = \sqrt{2 \times 0.000 \ 3^2} \ \text{mm} = 0.000 \ 42 \ \text{mm}$$

而示值误差属于系统误差，查得 $U_{m_2} = 0.000 \ 5$ mm，则其综合扩展不确定度为

$$U_m = \sqrt{U'^2_{m_1} + U^2_{m_2}} = \sqrt{0.000 \ 42^2 + 0.000 \ 5^2} \ \text{mm} = \pm 0.000 \ 7 \ \text{mm}$$

分析图 6.5 所示的几何关系，该项误差传递至最后结果的相应扩展不确定度分量为

$$U_{\varphi_4} = \frac{U_m}{t} = \frac{0.7 \times 10^{-3}}{95} \ \text{rad} = 7 \times 10^{-6} \ \text{rad}$$

即

$$U_{\varphi_4} = 1.4''$$

此外，还有正弦尺二圆柱尺寸和形状误差、尺面形状误差及平板平面性误差等，分析

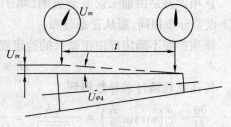

图 6.5

从略。

上述各项误差都可看作是正态分布的,且互不相关,给出的扩展不确定度可靠性较高可按式(5.45)合成,得最终结果的扩展不确定度为

$$U_{\varphi} = \sqrt{U_{\varphi_1}^2 + U_{\varphi_2}^2 + U_{\varphi_3}^2 + U_{\varphi_4}^2} = \sqrt{1.8''^2 + 0.2''^2 + 4.1''^2 + 1.4''^2} = 4.7''$$

则最后结果为

$$\varphi = 2°58'45.5'' \pm 4.7''(k = 3)$$

4. 讨　论

下面对上述误差分析的结果作进一步讨论,以便改进测量方法,提高测量精度。

(1) 通过上面的分析计算可以看到,测量中的主要误差成分是系统误差,多次重复测量不能使测量精度有根本性的改善。为了有效地提高测量的精确度,需要分别采取不同的措施消除或减小主要的系统误差成分。

(2) 正弦尺平行性误差为未知的系统误差,对测量结果的影响最大,消除或减小这项误差能显著地减小测量结果的不确定度,可考虑以下措施:

(a) 提高正弦尺的加工精度,减小平行性误差,但提高正弦尺精度事实上是受限制的。

(b) 采取二次测量的方法,如图 6.6 所示。先用量块垫起正弦尺的 A 端测量锥体一次,垫起正弦尺 B 端,锥体掉转 180° 再测一次,取二次测量结果的平均值为最后结果,便可消除该项误差的影响。

(c) 增大正弦尺的长度 l,可使其传递系数减小,从而减小这一误差的影响。因此,可选用 $l = 200$ mm 的正弦尺。

后两项措施便于采用,并会产生明显效果。

(3) 量块误差为系统误差,其影响也较大。为减小该项误差的影响,可采取如下措施:

(a) 选用较高等别的量块,如选用四等量块代替五等量块可显著地减小这一误差。

(b) 增大正弦尺的长度 l,使其传递系数 a_1 减小,可选用 $l = 200$ mm 的正弦尺,则该项误差显著减小。

若选用较长的正弦尺,该项误差大为减小,则无须采用较高等别的量块。

(4) 测微表的误差分为两部分,示值误差和示值重复性误差。示值误差是系统误差,示值重复性误差是随机误差,应注意其不确定度合成时的差异。

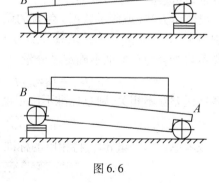

图 6.6

一般测微表的示值误差都比示值重复性误差大,减小这一误差的影响可有效地提高测微表的使用精度。因此,可采用如下测量方法。

用测微表测量被测锥体两端,若在两端点处测微表不能同时指 0,则表明锥体上母线与平板不平行。此时,应调换量块,选择适当尺寸的量块垫入,使测微表在锥体两测量端

上均指 0。于是,可由量块尺寸按公式 $\sin\varphi = h/l$ 计算 φ 角的实际值。此时,只利用测微表作指零瞄准,其示值误差没有影响。

为减小示值重复性误差的影响,可作多次重复测量。但这项误差不大,无需过多地增加测量次数。本例中可取两次测量结果的算术平均值。

另外,这项误差的传递系数为 $a_4 = 1/t$,减小传递系数可减小测微表误差的影响。因此应使所测两点间距离尽可能地长(但测量点不可过分接近端部)。由此可以看到,锥体较长时,这一误差的影响较小,因此测量精度有时还与被测件本身的参数有关。

由以上的分析可以看出,不确定度的分析、计算不仅能给出测量的可靠性,对测量结果作出评定,而且更重要的是,进一步分析、研究不确定度,可以指出提高测量精度的措施和途径,这对拟定和改进测量方法具有指导作用,这是误差分析的积极意义。

6.2　测量方法设计中的不确定度

在考虑采用或设计某一测量方法时,除应考虑测量要求和现有的测试条件等因素外,主要考虑测量的精度与经济性。

对于一个具体的测量问题,对测量精度的要求应是适当的,测量精度低不能满足测量要求,但测量精度过高则是不经济的。对测量误差的分析有助于合理地规定测量的不确定度和恰当地对各误差因素提出限定要求。对这一内容的讨论同样适用于仪器设备中的精度分析。

6.2.1　测量不确定度的微小分量

测量的总不确定度是各不确定度分量综合的结果。这些不确定度分量中有的影响大些,有的影响小些,甚至有的影响可忽略不计。现指出在什么条件下才可认为某项不确定度分量是可忽略不计的微小分量。

设测量方法(或测量数据)包含的误差因素为 $\delta x_1, \delta x_2, \cdots, \delta x_n$,相应的标准不确定度分别为 $u_{x_1}, u_{x_2}, \cdots, u_{x_n}$,传递系数分别为 $a_1, a_2, \cdots, a_n$。将各标准不确定度分别乘以相应的传递系数折合为总标准不确定度分量

$$u_{y_1} = a_1 u_{x_1}, u_{y_2} = a_2 u_{x_2}, \cdots, u_{y_n} = a_n \sigma_{x_n}$$

若各项误差互不相关,则总标准不确定度应为

$$u_y = \sqrt{u_{y_1}^2 + u_{y_2}^2 + \cdots + u_{y_n}^2}$$

现考虑误差分量 δx_k,将相应的标准不确定度分量 u_{y_k} 舍弃,合成总标准不确定度

$$u'_y = \sqrt{u_{y_1}^2 + u_{y_2}^2 + \cdots + u_{y(k-1)}^2 + u_{y(k+1)}^2 + \cdots + u_{y_n}^2}$$

若这一合成结果与没有舍掉 u_{y_k} 合成的总标准不确定度接近,即

$$u'_y \approx u_y$$

则可认为标准不确定度分量 u_{y_k} 为微小分量,在标准不确定度合成中影响很小。

通常,若某项标准不确定度分量 u_{y_k} 小于合成的总标准不确定度 u_y 的 $1/3$,即

$$u_{y_k} < \frac{1}{3} \sqrt{\sum_{i=1}^{n} u_{y_i}^2} \tag{6.1}$$

则可认为在标准不确定度合成中 u_{y_k} 的影响是微小的。

此时有 $$u_{y_k}^2 < \frac{1}{9}u_y^2$$

所以 $$u_y'^2 > \frac{8}{9}u_y^2$$

即有 $$u_y' > 0.9428u_y$$

因此 $$u_y - u_y' < u_y - 0.9428u_y = 0.0572u_y$$

可见,舍弃 u_{y_k} 后的合成标准不确定度与未舍弃 u_{y_k} 的合成标准不确定度仅差 5.7%,这说明 u_{y_k} 的影响确实是微小的。

这就从数量上粗略地给出了一个判定微小误差的界限。但应指出,这一界限不是绝对的,它在测量误差的分析中具有参考意义。例如,还可以给定某项标准不确定度分量为总标准不确定度的 1/2 作为这一界限,即

$$u_{y_k} < \frac{1}{2}u_y$$

此时,舍弃 u_{y_k} 对标准不确定度合成的影响小于 13.4%,即

$$u_y - u_y' < \frac{1}{7.5}u_y$$

给出判定不确定度微小分量的界限的意义在于给出控制误差因素的经济的限度,因而对测量方法的设计具有指导意义。

由上述分析可知,若 $u_{y_k} < \frac{1}{3}u_y$,在合成结果 u_y 中所占比重是微弱的。这表明进一步减小 u_{y_k} 所作的努力对提高测量精度的实际效果已是十分微小的。这样,上述分析给出了某一测量条件下标准不确定度分量的下界($\frac{1}{3}u_y$),当某一标准不确定度分量 u_{y_k} 等于或小于这一下界时,进一步减小 u_{y_k} 对提高测量精度已无实际意义。从经济性的角度上看,进一步减小 u_{y_k},将会增加测量费用,特别是在高精度的测量中,精度的进一步提高需付出更高的经济代价。因此,不顾及经济效果,盲目地提高精度的作法是不恰当的。

可见,给出一个划分微小分量的界限有助于经济地规定不确定度的各分量,因而具有经济方面的意义。但应指出,在不确定度合成中,切不可轻易按这一界限($\frac{1}{3}u_y$)舍弃某一分量。因为这样舍弃的结果往往会影响到合成不确定度的有效数字,从而使所给不确定度引入一定误差。为不损失所给合成不确定度的精度,在合成不确定度时,所能舍弃的不确定度分量应以不影响合成不确定度的有效数字为限。此时,舍弃的这一分量(或若干分量的合成)应较 $\frac{1}{3}u_y$ 更小。

当按扩展不确定度讨论微小分量时,也有类似的结果。

例 6.3　设合成的总标准不确定度为 $u_y = 9.0$,试分析在合成 u_y 时,按 $u_{y_k} < \frac{1}{3}u_y$ 的限度舍弃某项标准不确定度分量时的影响。

解　设舍弃 u_{y_k} 后合成结果为 u_y',则

$$u_y'^2 = u_y^2 - u_{y_k}^2 > u_y^2 - \left(\frac{1}{3}u_y\right)^2 = \frac{8}{9}u_y^2 = \frac{8}{9} \times 9.0^2 = 72$$

即　　　　　　　　　$u_y' > 8.5$

有　　　　　　　　　$u_y - u_y' < 9.0 - 8.5 = 0.5$

可见,按 $u_{y_k} < \frac{1}{3}u_y$ 的界限舍弃微小分量对合成不确定度有一定影响,是不恰当的。

6.2.2　测量总不确定度的规定

在拟定或设计测量方法时,需要确定测量的总不确定度。测量的总不确定度应根据被测量的精度要求恰当地给以规定。通常测量的总标准不确定度(或总扩展不确定度)按被测量标准不确定度(或扩展不确定度)的 1/3 来确定,这样测量误差对测量数据使用精度的影响才是微小的(在条件允许的情况下,必要时测量总不确定度的要求需提高或降低)。

在拟定或设计测量方法时,总要遇到选择测量的标准器具(或标准仪器)的问题。对标准器具的精度要求是选定标准器具的基本指标之一。测量总误差是测量过程的诸误差因素综合作用的结果,而标准器具的误差只是测量总误差的一个组成部分。同理,一般情况下,标准器具的不确定度也以测量的总不确定度的 1/3 为限,而不应过分苛求。过分地提高对标准器具的精度要求会使测量费用大为增加,但却不能明显地提高测量精度。显然,为进一步提高测量精度,应从控制其他误差因素找出路。因此,不应不顾及实际效果片面地追求使用高精度的标准器具。在允许的条件下适当地放宽对标准器具的要求会获得良好的经济效果。

例6.4　检定公称尺寸为 8 mm 的五等量块中心长度偏差,分析标准量块中心长度误差的影响。

解　在量块中心长度的比较测量(相对测量)中,测量误差因素包括标准量块的检定误差、仪器的示值误差、温度误差等。其中标准量块的中心长度检定误差,仅是其测量误差的一部分。

为检定五等量块,应以四等量块为标准。设四等量块的中心长度扩展不确定度为 U_{x_1} 检定五等量块时除标准量块误差以外的全部误差因素的相应扩展不确定度为 U_{x_2},则五等量块的检定扩展不确定度应为

$$U_y = \sqrt{U_{x_1}^2 + U_{x_2}^2}$$

按量块的检定规程,尺寸小于 10 mm 的被检量块的扩展不确定度 U_y 不得超过 0.5 μm,所用四等标准量块扩展不确定度为 0.2 μm,则由上式得

$$U_{x_2} = \sqrt{U_y^2 - U_{x_1}^2} = \sqrt{0.5^2 - 0.2^2} \ \mu m = 0.46 \ \mu m$$

可见,标准量块的误差对测量总误差的影响较小。

6.2.3　不确定度各项分量的确定

根据被测量的精度要求确定了测量的总不确定度以后,应依据总不确定度恰当地规

定各不确定度分量。这是测量方法设计中的关键环节之一。

设测量的各误差间互不相关，由式(5.26)，测量的总标准不确定度为

$$u_y = \sqrt{\sum_{i=1}^{n} (a_i u_i)^2} = \sqrt{\sum_{i=1}^{n} u_{y_i}^2}$$

式中 $u_{y_i} = a_i u_i$ 为标准不确定度分量。

若给定测量的总标准不确定度 u'_y，则应按下式条件规定各标准不确定度分量

$$u_y = \sqrt{\sum_{i=1}^{n} u_{y_i}^2} = \sqrt{\sum_{i=1}^{n} (a_i u_i)^2} \leqslant u'_y \tag{6.2}$$

上式关系规定的 u_{y_i} 是不确定的，应按等作用原则规定这些分量，并作适当调整。

1. 按等作用原则规定不确定度的各分量

前已述及，偏大的不确定度分量对总不确定度影响较大；而偏小（尤其是微小分量）的不确定度分量对总不确定度的影响也较小，甚至没有明显的影响。显然，不确定度分量的这种不均衡一般来说是不适宜的。

较为合理的情形是使各不确定度分量相等。设给定总不确定度 u_y，则各分量应按下式给定

$$u_{y_1}^2 = u_{y_2}^2 = \cdots = u_{y_n}^2 = \frac{u_y^2}{n} \tag{6.3}$$

或

$$u_{y_1} = u_{y_2} = \cdots = u_{y_n} = \frac{u_y}{\sqrt{n}} \tag{6.4}$$

这就是规定各不确定度分量的等作用原则。

由此可得各项误差的标准不确定度应为

$$u_i = \frac{u_{y_i}}{a_i} = \frac{1}{a_i} \cdot \frac{u_y}{\sqrt{n}} \tag{6.5}$$

也可按扩展不确定度规定各分量，即

$$U_{y_i} = a_i U_i = \frac{U_y}{\sqrt{n}} \tag{6.6}$$

或

$$U_i = \frac{U_{y_i}}{a_i} = \frac{1}{a_i} \cdot \frac{U_y}{\sqrt{n}} \tag{6.7}$$

对于 N 次测量的算术平均值，其随机的标准不确定度分量为

$$u_{y_i} = \frac{1}{\sqrt{N}} a_i u_i \tag{6.8}$$

则各项随机误差的标准不确定度为

$$u_i = \frac{\sqrt{N} \cdot u_y}{a_i \sqrt{n}} \tag{6.9}$$

也可用扩展不确定度给定这一分量，因

$$U_{y_i} = \frac{1}{\sqrt{N}} a_i U_i \tag{6.10}$$

有
$$U_i = \frac{\sqrt{N} \cdot U_y}{a_i \cdot \sqrt{n}}$$
(6.11)

2. 对各误差分量进行适当调整

显然,按上面的等作用原则规定各分量,并不一定是最佳方案,还应对不切合实际的规定进行适当的调整。因为各误差因素的传递系数 a_i 不同,所以若规定各标准不确定度分量 u_{y_i}(或扩展不确定度分量)相等,则各误差因素的标准不确定度 u_i(或扩展不确定度)就不相同,甚至相差很远。这实际上是对各误差因素提出了不同的限定要求,造成对有些误差因素要求较松,而对有些误差因素要求较严的不合理状况。

其次,即使所规定的各误差因素的不确定度相同,对于不同的误差因素来说,要满足这同一要求的难易程度也是不同的。

因此,应对等作用原则规定的不确定度各分量进行适当调整。对某些难以保证精度要求或需付出较高代价的分量,应适当放宽要求;而对某些易于满足规定要求的且有一定压缩潜力的分量,可适当缩小其不确定度。这一调整应考虑多方面的因素,有时甚至需要对测量方程式或测量系统的参数作一定的修改。

3. 验算总不确定度

在调整了各不确定度分量以后,应按不确定度的合成公式验算总不确定度,检验它是否满足规定的要求。若验算结果大于给定的不确定度,则应重新调整各不确定度分量;若验算结果远小于给定的不确定度,则应适当放宽对某些分量的要求。

例 6.5　望远系统的放大率 $D = f_1/f_2$,已测得物镜主焦距 $f_1 = 201$ mm,目镜主焦距 $f_2 = 8$ mm,则可求得放大率 D。现给定放大率的标准不确定度为 $u_D = 0.35$,试规定 f_1 与 f_2 的标准不确定度 u_1 与 u_2。

解　δf_1 与 δf_2 的传递系数为

$$a_1 = \frac{\partial D}{\partial f_1} = \frac{1}{f_2} = \frac{1}{8} \text{ mm}^{-1} = 0.125 \text{ mm}^{-1}$$

$$a_2 = \frac{\partial D}{\partial f_2} = -\frac{f_1}{f_2^2} = -\frac{201}{8^2} \text{ mm}^{-1} = -3.14 \text{ mm}^{-1}$$

则放大率的标准不确定度表达式为

$$u_D = \sqrt{u_{D_1}^2 + u_{D_2}^2} = \sqrt{a_1^2 u_1^2 + a_2^2 u_2^2}$$

(1)按等作用原则规定 f_1 与 f_2 的标准不确定度分量

令各标准不确定度分量相等,则有

$$u_{D_1} = u_{D_2} = \frac{1}{\sqrt{2}} u_D = \frac{0.35}{\sqrt{2}} \text{ mm} = 0.25 \text{ mm}$$

根据标准不确定度合成关系,f_1 与 f_2 的标准不确定度应分别规定为(a_1, a_2 按绝对值代入)

$$u_1 = \frac{1}{|a_1|} u_{D_1} = \frac{0.25}{0.125} \text{ mm} = 2 \text{ mm}$$

$$u_2 = \frac{1}{|a_2|} u_{D_2} = \frac{0.25}{3.14} \text{ mm} = 0.08 \text{ mm}$$

（2）调整各标准不确定度分量

在上面所规定的标准不确定度中，对 u_2 的要求较严，而对 u_1 的要求较松，因此应适当放宽 u_2，压缩 u_1。现取 $u_2 = 0.1$ mm，$u_1 = 1.2$ mm。

（3）验算总标准不确定度

由标准不确定度的合成公式，得

$$u_D = \sqrt{a_1^2 u_1^2 + a_2^2 u_2^2} =$$
$$\sqrt{0.125^2 \times 1.2^2 + 3.14^2 \times 0.1^2} \text{ mm} = 0.348 \text{ mm} < 0.35 \text{ mm}$$

验算结果小于给定的标准不确定度，满足要求。

6.3　提高测量结果精确度的途径

根据第 5 章所给不确定度的合成关系，可以从以下几方面着手，减小最后给出结果的不确定度。

6.3.1　控制测量误差因素

通过控制各误差因素来减小各不确定度分量，这是提高测量精确度的基本方法之一。采用何种具体措施则与测量要求、测量方法等具体测量条件有关，以下概括地说明这类方法。

1. 从根源上消除或减小误差因素的影响

对测量的诸环节进行具体分析，找出产生误差的根源，并采取适当措施减小或消除这些误差。例如，选择良好的元器件，提高测量器具的加工、装配与调整的精度；严格控制测量的环境温度，给出较好的测量环境条件；要求测量者的技术熟练以及给出一个完善的测量方法和测量系统等。在采取了必要的措施之后，有些误差减小了，有些误差消除了，从而使测量的总不确定度有所减小。

2. 通过修正或补偿技术消除已知系统误差

为了减小不确定的误差成分，应尽可能地将影响较大的系统误差值确定出来，并通过修正消掉，这样就可显著地减小测量的不确定度。这一方法效果显著，但只能用于消除已知的系统误差。

3. 选择适当的测量方法避免某些误差因素的影响

选择适当的测量方法，并进行适当的数据处理，能避免某些误差因素对最后结果的影响。

例如将不符合阿贝原则的测量改换成符合阿贝原则的测量方法就会消除一次方误差；测量基准与设计基准不一致会带来测量误差，采用设计基准为测量基准则可避免这一误差。

利用测量中的某种对称条件可使对称出现的误差消除掉。例如对称测量法可消除线性变化的误差，半周期法测量可消除周期性误差。相对法测量本质上也属对称测量，可消除多种误差因素的影响。

6.3.2   选择有利的测量方案

在相同或相近的条件下,对测量作不同的安排,其效果往往是不同的。由不确定度的合成公式可以看出,选择不同的测量方案可能使误差的传递系数有所不同。因此,在具有相同误差因素的条件下,测量的不确定度也会有所差别。当然我们希望在相同或相近的条件下,使测量的不确定度尽可能地小。

因此,从测量精度和经济性方面考虑,对测量方案的要求应是在一定的条件下获得较高的测量精度,或者在满足一定测量精度的要求下获得较好的经济效果。测量方案的选择涉及到各方面的因素,这里仅从测量精度的角度进行讨论。

在一定的条件下,为获得既能满足测量精度要求,又较为经济的测量方法,可从测量方程式的确定、测量参数的选换,以及对测量误差因素的限定要求等方面来考虑。

1. 确定测量方程式的最佳形式

测量方程式集中地反映了测量原理和测量方法,它的确定涉及到许多方面的因素。除涉及到测量的原理方案、测量的仪器设备、测量的条件和现有的能力等,还应考虑到测量的难易程度和测量的方式,并应根据不确定度的合成公式分析测量的精度和经济效果,以便给出一个最佳的测量方程式。此时,可使某一项或某几项误差的传递系数减小到最低限度。

2. 正确地选择测量系统的参数

根据给出的不确定度的合成表达式进行分析,适当选择测量系统的参数,可有效地减小测量误差的影响。

设测量的总标准不确定度的表达式为

$$u = \sqrt{(a_1 u_1)^2 + (a_2 u_2)^2 + \cdots + (a_n u_n)^2}$$

式中,传递系数 $\alpha_1, \alpha_2, \cdots, a_n$ 为测量系统某些参数的函数。

$$a_1 = f(h_{11}, h_{21}, -, h_{l1})$$
$$a_2 = f(h_{12}, h_{22}, -, h_{l2})$$
$$\vdots$$
$$a_n = f(h_{1n}, h_{2n}, -, h_{l_n})$$

适当地调整参数 h_{ji},使传递系数 a_i 尽可能小。这样,虽然各误差因素依然存在,但却可有效地减小合成的总标准不确定度 u。因此,这一方法有明显的经济效益。

例 6.6   用卡尺测量铜丝直径,试给出有利的测量条件。

解   如图 6.7 所示,将铜丝紧密地在一根圆棒上绕 n 圈,用卡尺测量 n 圈的长度 l,则铜丝的直径应为

$$d = \frac{l}{n}$$

设测量的扩展不确定度为 U_l,则铜丝直径的扩展不确定度为

$$U_d = \frac{1}{n} U_l$$

可见,当 n 足够大时,直径的测量精度可满足一定要求,这就是测量的最佳条件。

设卡尺的测量扩展不确定度为 0.1 mm,
要使直径 d 的测量误差不大于 0.01 mm,则
应使

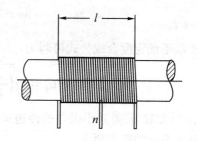

$$n > \frac{U_l}{U_d} = \frac{0.1}{0.01} = 10$$

即,应使铜丝绕 10 圈以上才满足这一要求。

当然,依靠增加圈数 n 不能无限制地提
高 d 的测量精度,因为还有圈间的间隙、铜丝
表面灰尘等因素的影响。因此最佳条件的选
择还应考虑到其他各种实际因素。

图 6.7

例 6.7　试分析用弓高弦长法测量大直径时的最佳条件。

解　测量方程式已给出为

$$D = \frac{s^2}{4h} + h$$

测量的误差关系式为

$$\delta D = \frac{s}{2h} \delta s + \left(1 - \frac{s^2}{4h^2}\right) \delta h$$

其扩展不确定度表达式为

$$U_D = \sqrt{\left(\frac{s}{2h} U_s\right)^2 + \left[\left(1 - \frac{s^2}{4h^2}\right) U_h\right]^2}$$

适当选择测量中的参数 s 与 h,使传递系数尽可能小。为此,令

$$1 - \frac{s^2}{4h^2} = 0$$

则有

$$s^2 = 4h^2$$

即

$$s = 2h$$

这就是最佳测量条件。此时,$h = D/2$,$s = D$,δh 的传递系数为零,即误差 δh 对测量结
果没有影响,而 δs 的传递系数也达到最小值,为 $s/2h = 1$。

例 6.8　单摆的周期公式如下

$$T = 2\pi \sqrt{\frac{L}{g}}$$

式中,L 为摆长;g 为重力加速度。现通过测量 L 与 T 获得重力加速度 g,试分析最佳测量
条件。

解　由给定的单摆周期公式,得

$$g = \frac{4\pi^2 L}{T^2}$$

由 L 与 T 的测量误差 δL 与 δT 引起的误差为

$$\delta g = \frac{\partial g}{\partial L} \delta L + \frac{\partial g}{\partial T} \delta T = \frac{4\pi^2}{T^2} \delta L - \frac{8\pi^2 L}{T^3} \delta T$$

将 T 的表达式代入上式,则有

$$\delta g = \frac{q}{L}\delta L - \frac{q\sqrt{q}}{\pi\sqrt{L}}\delta T$$

扩展不确定度合成公式可写为

$$U_g = \sqrt{\left(\frac{q}{L}U_L\right)^2 + \left(\frac{q\sqrt{q}}{\pi\sqrt{L}}U_T\right)^2}$$

式中,g 为常数,若要减小误差的传递系数,则应使 L 增大。L 增大的限度取决于 L 和 T 的测量精度及 g 的精度要求。

6.3.3　满足误差分量的均衡条件(控制最大误差分量)

与微小误差相反,在测量的各误差因素中,一个或几个较大的误差因素对测量精度有举足轻重的影响。若能适当减小这一项或这几项误差分量,就可显著地提高测量精度。例如,测量误差有三项分量,其标准不确定度分别为 $u_1 = 2, u_2 = 1, u_3 = 1$。合成的结果应为

$$u = \sqrt{u_1^2 + u_2^2 + u_3^2} = \sqrt{2^2 + 1^2 + 1^2} = 2.45$$

式中,u_1 最大,影响也最显著。现令 u_1 减小至 $u'_1 = 1.5$,则测量的总标准不确定度 $u = 2.06$,比原来的 u 有了显著的减小,但若令 u_3 减小至 $u'_3 = 0.5$,则测量的总标准不确定度 $u = 2.29$,效果并不显著。

由此可见,为了有效地提高测量精度,首先应从减小最大误差分量着手。较小的误差分量,对测量总误差的影响较小,所以减小这些误差分量的收效相应地也小。而适当地控制最大误差分量,则可在比较经济的条件下获得较高的精度。当然,这一原则也应视具体条件灵活掌握。

例 6.9　用坐标法测量齿轮齿形误差时,影响测量精度的主要因素有:分度不确定度(扩展不确度,以下同),$U_\varphi = 30''$,齿轮安装偏心不确定度 $U_e = 0.003$ mm,瞄准齿廓及读数不确定度 $U_m = 0.0015$ mm。设压力角 $a_f = 20°$,基圆半径 $r_0 = 35.705$ mm,试分析测量精度,并作适当改进。

解　现由渐开线方程 $\rho = r_0\varphi$ 给出各项误差的传递关系。分度不确定度 U_φ 引起的齿形测量扩展不确定度为

$$U_{f_1} = a_2 U_\varphi = r_0 U_\varphi =$$
$$35.705 \times 1.454 \times 10^{-4} \text{ mm} = 0.0052 \text{ mm}$$

由齿轮安装偏心不确定度 U_e 引起的齿形测量不确定度为

$$U_{f_2} = a_2 U_e = (\varphi_2 - \varphi_1)U_e =$$
$$0.4514 \times 0.003 \text{ mm} = 0.0014 \text{ mm}$$

瞄准不确定度 U_m 一比一地传递于齿形测量中,由于是两次瞄准,所以相应的齿形测量不确定度分量为

$$U_{f_3} = \sqrt{U_m^2 + U_m^2} =$$
$$\sqrt{0.0015^2 + 0.0015^2} \text{ mm} = 0.0021 \text{ mm}$$

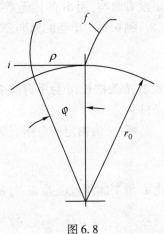

图 6.8

则齿形测量的扩展不确定度为

$$U_f = \sqrt{U_{f_1}^2 + U_{f_2}^2 + U_{f_3}^2} =$$

$$\sqrt{0.005\ 2^2 + 0.001\ 4^2 + 0.002\ 1^2}\ \text{mm} = 0.005\ 8\ \text{mm}$$

在各不确定度分量中，U_{f_1} 远远大于其他项，因此压缩 U_{f_1} 能显著地减小齿形的测量误差。这可从传递系数和原始误差两方面着手。

传递系数 $a_1 = r_0$，r_0 为齿轮参数。当测量小尺寸的齿轮时，基园半径 r_0 小，故 U_{f_1} 的影响小。因此这一测量方法适合测量小齿轮。

但对于尺寸确定的齿轮，r_0 是确定的，为减小 U_{f_1}，须提高分度精度。设取分度的扩展不确定度为 $U'_\varphi = 10''$，则相应的齿形测量不确定度

$$U'_{f_1} = r_0 U'_\varphi = 35.705 \times 4.85 \times 10^{-5}\ \text{mm} = 0.001\ 7\ \text{mm}$$

测量的总扩展不确定度为

$$U'_f = \sqrt{U'^2_{f_1} + U_{f_2}^2 + U_{f_3}^2} =$$

$$\sqrt{0.001\ 7^2 + 0.001\ 4^2 + 0.002\ 1^2}\ \text{mm} = 0.003\ \text{mm}$$

可见，减小最大误差分量可显著提高测量精度，而减小另外两项分量，相对地说，效果不明显。

6.3.4　充分利用测量误差的抵偿性

随机误差具有抵偿性，即诸项随机误差相互叠加时表现出有正负抵消的作用。这一抵偿性表现在多次重复测量的算术平均值中，其标准差减小为测量标准差的 $1/\sqrt{N}$，即 $s_{\bar{x}} = s/\sqrt{N}$。显然，为增大这一抵偿作用，应适当增加测量次数 N，可在不改变测量的仪器设备和测量条件的情况下使其不确定度显著减小。但这要受到具体条件的限制，并不是在任何情况下都适合采用多次重复的测量方法的，而且测量次数也受限制，如果测量次数过多，精度就不再有明显的提高。

在不等精度测量的条件下，按加权算术平均值原理处理测量数据，对于组合测量用最小二乘法处理数据等都能充分地利用随机误差的抵偿性，使所得结果的不确定度最小。为增强这一抵偿效果，应适当增加测量次数，以获得较多的测量数据，在一定的限度内，其效果是明显的。

不同的系统误差间也表现出随机误差那样的抵偿性。但对同一不确定的系统误差，在各次测量结果中其值不变，不具有抵偿性，因此应注意对这类误差因素的控制。

在多次重复测量中，若能创造某种条件使系统误差取值具有随机性，就可利用抵偿性减小影响，这就是系统误差的随机化。例如，在逐次测量中随意地选用度盘上的不同刻度、刻尺上的不同位置，或随意地把仪器调整在不同的工作区域上，使测量的系统误差随机地出现于各次测量结果中。这样，某些系统误差就会像随机误差那样表现出分散性，在进行算术平均值等运算时表现出抵偿性。

对用不同的仪器，不同的测量方法获得的测量结果，采用算术平均值的方法处理，对某些系统误差也能取得类似的效果。

总之,在一定条件下,系统误差随机化的方法能有效地减小系统误差的影响,且简易可行。但必须创造出随机化的条件,而这一条件并非总能得到满足。因此这一方法的运用受到一定限制。

此外,还应注意到误差间的相关性。若误差间的正相关性增强,则抵偿性随之减弱,系统误差可认为是强正相关的误差。因此,减弱正相关关系有利于减小不确定度。

6.4　测量不确定度计算的现状

测量误差的分类、处理和评定是误差理论应用中的一个基本问题。以往人们对这个问题的认识并不一致,处理方法也往往不同,这就造成了精度评定的某种混乱,给正确评价产品质量、确切估计测量的精确度,以及国际上的技术交往造成了一定的困难。

分歧的主要方面是:① 误差的评定参数;② 系统误差的认识、分类、评定;③ 测量总误差评定参数的合成计算;④ 名词术语,等等。

评定测量误差的参数有多种形式,估计方法也不统一,表述参数的差异容易造成误解,不利于交往和对比。

对系统误差的认识方面的分歧就更大,而系统误差的特征表述和处理上的分歧对测量结果精度的评定有更深刻的影响。

对测量最终结果精度的评定与对系统误差的认识及处理有关。系统误差的评定参数是按线性求和还是按概率的方差求和的方法求得,系统误差与随机误差的精度参数能否综合,最后的精度参数表达成何种形式等也迫切需要给出一个统一的规则。

此外,有关误差理论和数据处理方面的名词术语的分歧就更多。例如,精密度、正确度、精确度等术语的含义;"随机误差"和"偶然误差"的使用;误差的定义,等等。这就使有关技术文件的内容表述十分混乱。

上述情况引起了国际上的普遍重视。国际计量局"关于不确定度表述"的工作组在经过几年努力之后,提出了"关于表述不确定度的建议"INC – 1(1980)(见附录3),并于1981年由第70届国际计量委员会作了讨论。国际计量委员会认为该工作组的建议可以作为不确定度表达方式的最终协议的基础,并提出:该工作组的建议可向有关方面推广;国际计量局在今后的对比工作中积极采用这些建议的原则;提倡有关机构研究和试用这些建议。

该建议避开了"系统的"与"随机的"分类方法,代之以将不确定度按其获得方法划分为用统计方法计算的A类分量和用非统计方法计算的B类分量,而A类分量和B类分量与随机的和系统的分量并没有简单的对应关系。

该建议指出,任何不确定度的详细表述应列出其全部分量,并应注明每一分量的数值的获得方法。其中,A类分量用估计的方差s_i^2(或估计的标准差s_i)及自由度ν_i表征,必要时要给出协方差,B类分量也用类似的参数表征。

该建议规定,不确定度的合成采用通常的方差合成的方法。而合成的不确定度及其分量则以标准差的形式表达,若需将合成不确定度乘某一因子得出总不确定度,则应给出该因子的数值。

这样,国际计理局的建议就给出了统一的不确定度的表征参数,即采用标准差或标准差与某一因子的乘积;而合成方法则统一为方差求和的方法,从而使精度评定得到统一。

1993 年,国际标准化组织(ISO)、国际电工委员会(IEC)、国际计量局(BIPM)、国际法制计量组织(OIML)、国际理论化学与应用化学联合会(IUPAC)、国际理论物理与应用物理联合会(IUPAP)、国际临床化学联合会(IFCC) 等 7 个国际标准化组织联合发布了《测量不确定度表示指南》(Guide to the Expression on Uncertainty in Measurement),在建议书 ICN – 1(1980) 的基础上,对测量不确定度的评定准则与表示方法作出了具体明确的规定与说明,是规范测量不确定度评定与表示的国际文件。

我国于 1999 年由国家质量技术监督局发布了计量技术规范 JJF1059—1999《测量不确定度评定与表示》,原则上等同采用《测量不确定度表示指南》(GUM) 的基本内容,这是我国该项内容的法规性文件。

这样,对测量结果表示及其可靠性的评定就有了统一的准则和依据。

思考与练习 6

6.1　试举出不确定度合成的实例。

6.2　在什么情况下适于采用取多次测量结果的算术平均值的方法?

6.3　研究测量的微小误差的意义是什么?

6.4　某项不确定度分量为总不确定度的 1/3,但其影响却远小于这一比例。怎样理解这一事实?

6.5　按 1/3 的比例划定的微小误差的不确定度分量在不确定度合成时能否舍弃?为什么?

6.6　合成不确定度时,在何种条件下才可将某项分量舍弃?

6.7　在按给定的测量总不确定度规定各不确定度分量时,为何应按等作用原则规定? 等作用原则的含义是什么? 最后为何还需要对各分量再作调整?

6.8　提高测量精度可从哪些方面着手?

6.9　设计测量方法时,为何要着重控制最大的不确定度分量?

6.10　误差随机化的意义是什么?

6.11　例 6.2 中,利用正弦尺测量锥体角度时,改用尺长为 $l = 200$ mm 的正弦尺,且测量方法作如下改变:

(1) 选择量块,组合后将其垫在正弦尺一端,使指示表在锥体两端的示值相等(否则应适当更换量块),按所用量块尺寸 h_1(应加入修正值) 计算出锥体角度 φ_1;

(2) 将被测锥体倒转 180° 放置于正弦尺上,适当选择量块,组合后将其垫在正弦尺的另一端,也使指示表在锥体两端的示值相等,按所用量块尺寸 h_2(加修正值) 计算出锥体角度 φ_2;

(3) 最后结果为两次测量结果的算术平均值 $\bar{\varphi} = (\varphi_1 + \varphi_2)/2$。

设使用五等量块,$h_1 = 10.397$ mm,$h_2 = 10.393$ mm,测量的各项扩展不确定度分量分别为:

量块中心长度的扩展不确定度 $U_h = 0.0005$ mm;

指示表的示值重复性误差 $U_m = 0.000\ 3$ mm；

平台（00 级，400 mm × 400 mm）平面平行性误差引入的测量误差的扩展不确定度分量设为 $U_p = 0.003$ mm。

正弦尺各参数精度如下：

正弦尺两圆柱轴线距离的偏差为 ±0.003 mm；

正弦尺工作面与两圆柱下母线切平面的平行度公差为 0.003 mm；

正弦尺工作面平面度公差为 0.003 mm；

正弦尺两圆柱直径之差公差为 0.003 mm；

正弦尺两圆柱的圆柱度公差为 0.002 mm。

试给出锥体角度 $\bar{\varphi}$ 的扩展不确定度。

6.12　若标准差分量 s_k 为总标准差 s 的 1/4，试计算这一分量对总标准差的影响。

6.13　设测量的标准差分量 $s_1 = 3.2$ mm，$s_2 = 1.5$ mm，求合成的总标准差。若使 s_1 与 s_2 分别减小 0.5 mm，试比较两标准差分量各自减小后对总标准差产生的效果。

6.14　100 mm 的四等量块中心长度的检定扩展不确定度为 0.6 μm，五等量块的为 1.0 μm，分析检定五等量块时，四等量块扩展不确定度的影响。

6.15　设零件加工尺寸的偏差为 ±12 μm，要求按 1/3 原则确定测量的不确定度并分析其影响。

6.16　某温度控制系统的温度允许波动范围为 ±0.5 ℃，若按 1/3 原则确定控制系统中温度的测量精度，问系统其余控制部分的允许误差是多少？

6.17　设测量的总标准不确定度 $u = \sqrt{(a_1 u_1)^2 + (a_2 u_2)^2 + (a_3 u_3)^2}$，已知 $a_1 = 2$，$a_2 = 1$，$a_3 = 0.5$，若给定 $u = 0.025$，试按等作用原则确定各标准不确定度分量 u_1, u_2, u_3。

6.18　测得直角三角形的底 $s = 8\ 000$ cm 与其邻角 $\alpha = 42°15'$，则可求得高 h（另一直角边），若要求 h 的误差不超过 ±10 cm，试规定 s 与 a 的测量误差。

6.19　利用三针法测量螺纹中径，中径测量误差的表达式为

$$\delta d^2 = \delta M - \left(1 + \frac{1}{\sin\dfrac{\alpha}{2}}\right)\delta d_0 + \frac{1}{2}\cot\frac{\alpha}{2}\,\delta p + \delta d_{2\varphi} + \delta d_{2p}$$

式中，α 为螺纹牙形角，对于公制螺纹，$\alpha = 60°$；δM 为测得值 M 的误差；δd_0 为测量针直径误差；δp 为螺距误差；$\delta d_{2\varphi}$ 为被测螺纹螺旋升角引起的原理误差；δd_{2F} 为测量力引起的变形误差。现给定中径 d_2 的测量扩展不确定度为 $U_{d_2} = 3.5$ μm，试确定各项扩展不确定度分量 $U_M, U_{d0}, U_p, U_{d_2\varphi}$ 和 U_{d_2F}。

6.20　若测得参数 s、h，则可按式 $R = \dfrac{s^2}{8h} + \dfrac{h}{2}$ 求得参数 R。分析测量的最佳条件。

6.21　已知待求量的表达式为 $y = x^2 - ax$，测得 x 即可按上式求得 y 值。试分析在什么条件下测量误差的影响最小？

6.22　用正弦尺测量锥体角度时的测量方程式为 $\sin\alpha = h/l$，试分析在什么条件下 α 的 测量精度高？

第7章 最小二乘法

最小二乘法是实验数据处理的一种基本方法。它给出了数据处理的一条准则,即在最小二乘意义下获得的最佳结果(或最可信赖值)应使残差平方和最小。基于这一准则所建立的一整套的理论和方法,为随机数据的处理提供了行之有效的手段,成为实验数据处理中应用十分广泛的基础内容之一。

自 1805 年勒让德(Legendre)提出最小二乘法以来,这一方法得到了迅速发展,并不断完善,成为回归分析、数理统计等方面的理论基础之一,广泛地应用于天文测量,大地测量及其他科学实验的数据处理中。

现代,矩阵理论的发展及电子计算机的广泛应用,为这一方法提供了新的理论工具和得力的数据处理手段。随着计量技术及其他现代科学技术的迅速发展,最小二乘法在各学科领域将获得更为广泛的应用。

本章仅涉及独立的测量数据的最小二乘法处理。以等精度线性参数的最小二乘法为中心,叙述最小二乘法原理,正规方程和正规方程的解,以及最小二乘估计的精度估计。最后给出测量数据最小二乘法处理的几个例子。

7.1 最小二乘法原理

先考察下面的例子。

设有一金属尺,在温度 $t(\text{℃})$ 条件下的长度可表示为

$$y_t = y_0(1 + \alpha t)$$

式中　　y_0 —— 温度为 0 ℃ 时的金属尺的长度;

　　　　a —— 金属材料的线膨胀系数;

　　　　t —— 测量尺长时的温度。

现要求给出 y_0 与 α 的数值。

为此,可在 t_1 与 t_2 两个温度条件下分别测得尺的长度 l_1 与 l_2,得方程组

$$\left.\begin{array}{l} l_1 = y_0(1 + \alpha t_1) \\ l_2 = y_0(1 + \alpha t_2) \end{array}\right\}$$

由此可解得 y_0 与 α。

事实上,由于测量结果 l_1 与 l_2 含有测量误差,所解得的 y_0 与 α 的值也含有误差。显而易见,为减小所得 y_0 与 α 值的误差,应增加 y_t 的测量次数,以便利用抵偿性减小测量误差的影响。

设在 $t_1, t_2, \cdots, t_n$ 温度条件下分别测得金属尺的长度 $l_1, l_2, \cdots, l_n$ 共 n 个结果,可列出方程组

$$l_1 = y_0(1 + \alpha t_1)$$
$$l_2 = y_0(1 + \alpha t_2)$$
$$\vdots$$
$$l_n = y_0(1 + \alpha t_n)$$

但由于方程式的数目 n 多于待求量的数目,所以无法直接利用代数法求解上述方程组。

显然,为充分利用这 n 个测量结果所提供的信息,必须给出一个适当的处理方法来克服上面所遇到的困难。而最小二乘法恰恰较为理想地提供了这样一个数据处理方法。

最小二乘法指出,在测量数据是无偏、正态和独立的条件下,y_0 与 α 的最可信赖的结果应在测量的残差

$$v_1 = l_1 - y_1$$
$$v_2 = l_2 - y_2$$
$$\vdots$$
$$v_n = l_n - y_n$$

的平方和$[v^2]$[①]为最小的条件下求得。式中,$y_1, y_2, \cdots, y_n$ 为最小二乘估计量。按上述条件求得的 y_0 与 α 被认为是最可信赖的。测量数据越多,求得的 y_0 与 α 值就越可靠,因此最小二乘法为提高待测量 y_0 与 α 的量值精度提供了必要的数据处理手段。

下面给出最小二乘法原理的一般表述。

为了确定 t 个未知量(待求量)$X_1, X_2, \cdots, X_t$ 的估计量[②] $x_1, x_2, \cdots, x_t$,分别直接测量 n 个直接量 $Y_1, Y_2, \cdots, Y_n$,得测量数据 $l_1, l_2, \cdots, l_n(n > t)$。

设有如下函数关系

$$Y_1 = f_1(X_1, X_2, \cdots, X_i)$$
$$Y_2 = f_2(X_1, X_2, \cdots, X_i)$$
$$\vdots \tag{7.1}$$
$$Y_n = f_n(X_1, X_2, \cdots, X_i)$$

若直接量 $Y_1, Y_2, \cdots, Y_n$ 的估计量分别为 $y_1, y_2, \cdots, y_n$[③],则可得如下关系

$$y_1 = f_1(x_1, x_2, \cdots, x_i)$$
$$y_2 = f_2(x_1, x_2, \cdots, x_i)$$
$$\vdots \tag{7.2}$$
$$y_n = f_n(x_1, x_2, \cdots, x_i)$$

[①] $[v^2] = \sum_{i=1}^{n} v_i^2$,$[\ \ ]$ 为高斯求和符号,与符号 $\sum$ 的意义完全相同,为书写简便,本章以下叙述的求和符号均采用$[\ \ ]$。

[②] 因为测量数据总是有误差的,根据这些数量有限的有误差的数据,用某种数据处理方法(统计方法)所获得的某个待求量的结果当然也有误差,这个结果并非真值而称为估计量。

[③] 估计量 $y_1, y_2, \cdots, y_n$ 与测量数据 $l_1, l_2, \cdots, l_n$ 不同,它是指对测量数据 $l_1, l_2, \cdots, l_n$ 进行数据处理后得到的 $Y_1, Y_2, \cdots, Y_n$ 的某种"近似"结果。与测量数据相比,它们更可能接近于 $Y_1, Y_2, \cdots, Y_n$

而测量数据 $l_1, l_2, \cdots, l_n$ 的残差应为

$$
\left.\begin{aligned}
v_1 &= l_1 - y_1 \\
v_2 &= l_2 - y_2 \\
&\vdots \\
v_n &= l_n - y_n
\end{aligned}\right\} \tag{7.3}
$$

即

$$
\left.\begin{aligned}
v_1 &= l_1 - f_1(x_1, x_2, \cdots, x_t) \\
v_2 &= l_2 - f_2(x_1, x_2, \cdots, x_t) \\
\vdots \quad &\qquad\qquad \vdots \\
v_n &= l_n - f_n(x_1, x_2, \cdots, x_t)
\end{aligned}\right\} \tag{7.4}
$$

式(7.3) 或式(7.4) 称为残差方程。

若数据 $l_1, l_2, \cdots, l_n$ 的测量误差是无偏的($E(\delta_i) = 0$，即排除了测量的系统误差)，服从正态分布，且相互独立，并设其标准差分别为 $\sigma_1, \sigma_2, \cdots, \sigma_n$，则各测量结果分别出现在 l_1，$l_2, \cdots, l_n$ 附近 $d\delta_1, d\delta_2, \cdots, d\delta_n$ 区域内的概率(图 7.1) 为

$$
\left.\begin{aligned}
P_1 &= f_1(\delta_1)\,d\delta_1 = \frac{1}{\sigma_1\sqrt{2\pi}}e^{-\frac{\delta_1^2}{2\sigma_1^2}}d\delta_1 \\
P_2 &= f_2(\delta_2)\,d\delta_2 = \frac{1}{\sigma_2\sqrt{2\pi}}e^{-\frac{\delta_2^2}{2\sigma_2^2}}d\delta_2 \\
&\vdots \\
P_n &= f_n(\delta_n)\,d\delta_n = \frac{1}{\sigma_n\sqrt{2\pi}}e^{-\frac{\delta_n^2}{2\sigma_n^2}}d\delta_n
\end{aligned}\right\} \tag{7.5}
$$

式中，$\delta_1, \delta_2, \cdots, \delta_n$ 分别为测量结果 $l_1, l_2, \cdots, l_n$ 的测量误差。

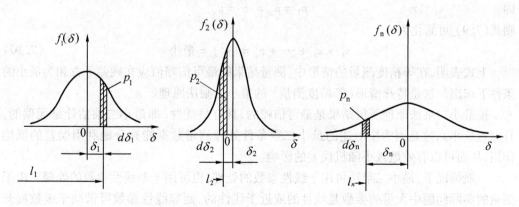

图 7.1

因各测量数据是相互独立的,则由概率乘法定理①可知,各测量数据同时分别出现在 $l_1, l_2, \cdots, l_n$ 附近 $\mathrm{d}\delta_1, \mathrm{d}\delta_2, \cdots, \mathrm{d}\delta_n$ 区域的概率应为

$$P = P_1 P_2 \cdots P_n = \frac{1}{\sigma_1 \sigma_2 \cdots \sigma_n (\sqrt{2\pi})^n} \mathrm{e}^{-\frac{1}{2}\left(\frac{\delta_1^2}{\sigma_1^2} + \frac{\delta_2^2}{\sigma_2^2} + \cdots + \frac{\delta_n^2}{\sigma_n^2}\right)} \mathrm{d}\delta_1 \mathrm{d}\delta_2 \cdots \mathrm{d}\delta_n \qquad (7.6)$$

根据最大似然原理,由于测量值 $l_1, l_2, \cdots, l_n$ 事实上已经出现,所以有理由认为这 n 个测量值同时出现于相应区间 $\mathrm{d}\delta_1, \mathrm{d}\delta_2, \cdots, \mathrm{d}\delta_n$ 的概率 P 应最大,即待求量的最可信赖值的确定应满足 $l_1, l_2, \cdots, l_n$ 同时出现的概率最大这一条件。

由式(7.6)不难看出,要使 P 最大,就应满足

$$\frac{\delta_1^2}{\sigma_1^2} + \frac{\delta_2^2}{\sigma_2^2} + \cdots + \frac{\delta_n^2}{\sigma_n^2} = \text{最小} \qquad (7.7)$$

按上述条件给出的结果以最大的可能性接近真值。但这些结果仅是估计量而并非真值,因此上述条件应以残差的形式表示,即

$$\frac{v_1^2}{\sigma_1^2} + \frac{v_2^2}{\sigma_2^2} + \cdots + \frac{v_n^2}{\sigma_n^2} = \text{最小} \qquad (7.8)$$

式中 $v_1, v_2, \cdots, v_n$ 为测量结果 $l_1, l_2, \cdots, l_n$ 的残差。由下式

$$p_1 : p_2 : \cdots : p_n = \frac{1}{\sigma_1^2} : \frac{1}{\sigma_2^2} : \cdots : \frac{1}{\sigma_n^2}$$

将权的符号引入最小二乘条件,得

$$p_1 v_1^2 + p_2 v_2^2 + \cdots + p_n v_n^2 = [pv^2] = \text{最小} \qquad (7.9)$$

上式表明,测量结果的最可信赖值应在加权残差平方和为最小的条件下求出。这就是最小二乘法原理。式(7.9)是最小二乘条件的一般形式(不等精度测量的情形)。

在等精度测量的条件下

$$\sigma_1 = \sigma_2 = \cdots = \sigma_n$$

即

$$p_1 = p_2 = \cdots = p_n$$

则式(7.9)可简化为

$$v_1^2 + v_2^2 + \cdots + v_n^2 = [v^2] = \text{最小} \qquad (7.10)$$

上式表明,在等精度测量的情形中,测量结果的最可信赖值应在残差平方和为最小的条件下求出。这是特殊情形(等精度测量)的最小二乘法原理。

按最小二乘法原理所得结果是最可信赖的,具有最优性(即最小二乘估计是无偏的,且方差最小),这是因为按上述的最小二乘条件处理测量数据能充分地利用误差的抵偿作用,从而可以有效地减小随机误差的影响。

一般情况下,最小二乘法可用于线性参数的处理,也可用于非线性参数的处理。由于测量的实际问题中大量的参数是线性的或近于线性的,而非线性参数可借助于级数展开

---

① 独立事件的概率乘法定理:独立事件 A_i 乘积(即各独立事件同时发生)的概率等于这些事件概率的乘积,即

$$P(A_1 A_2 \cdots A_n) = P(A_1) P(A_2) \cdots P(A_n)$$

的方法在某一区域内近似地化成线性的形式,所以线性参数的最小二乘法处理是最小二乘法理论所研究的基本内容。本章将主要讨论这一内容。

线性参数测量方程的一般形式为

$$
\left.\begin{aligned}
Y_1 &= a_{11}X_1 + a_{12}X_2 + \cdots + a_{1t}X_t \\
Y_2 &= a_{21}X_1 + a_{22}X_2 + \cdots + a_{2t}X_t \\
&\vdots \qquad\qquad\qquad \vdots \\
Y_n &= a_{n1}X_1 + a_{n2}X_2 + \cdots + a_{nt}X_t
\end{aligned}\right\} \tag{7.11}
$$

式中 $n > t$。

相应的估计量为

$$
\left.\begin{aligned}
y_1 &= a_{11}x_1 + a_{12}x_2 + \cdots + a_{1t}x_t \\
y_2 &= a_{21}x_1 + a_{22}x_2 + \cdots + a_{2t}x_t \\
&\vdots \qquad\qquad\qquad \vdots \\
y_n &= a_{n1}x_1 + a_{n2}x_2 + \cdots + a_{nt}x_t
\end{aligned}\right\} \tag{7.12}
$$

其残差方程为

$$
\left.\begin{aligned}
v_1 &= l_1 - (a_{11}x_1 + a_{12}x_2 + \cdots + a_{1t}x_t) \\
v_2 &= l_2 - (a_{21}x_1 + a_{22}x_2 + \cdots + a_{2t}x_t) \\
&\vdots \qquad\qquad\qquad\qquad \vdots \\
v_n &= l_n - (a_{n1}x_1 + a_{n2}x_2 + \cdots + a_{nt}x_t)
\end{aligned}\right\} \tag{7.13}
$$

估计量 $x_1, x_2, \cdots, x_t$ 应在 $[pv^2] = $ 最小的条件下求出,这就是线性参数的最小二乘法。

线性参数的最小二乘法借助于矩阵进行讨论有许多便利之处。下面给出最小二乘原理的矩阵形式。①

设列向量

$$
V = \begin{bmatrix} v_1 \\ v_2 \\ \vdots \\ v_n \end{bmatrix} \qquad
L = \begin{bmatrix} l_1 \\ l_2 \\ \vdots \\ l_n \end{bmatrix} \qquad
\hat{X} = \begin{bmatrix} x_1 \\ x_2 \\ \vdots \\ x_t \end{bmatrix}
$$

和 $n \times t$ 阶矩阵 $(n > t)$

$$
A = \begin{bmatrix}
a_{11} & a_{12} & \cdots & a_{1t} \\
a_{21} & a_{22} & \cdots & a_{2t} \\
\vdots & \vdots & & \vdots \\
a_{n1} & a_{n2} & \cdots & a_{nt}
\end{bmatrix}
$$

式中　　$v_1, v_2, \cdots, v_n$——n 个测量数据的残差;

　　　　$l_1, l_2, \cdots, l_n$——n 个测量数据;

　　　　$x_1, x_2, \cdots, x_t$——t 个待求量的估计量;

---

① 本章主要按经典形式进行讨论,同时也对矩阵最小二乘法给以适当介绍。

$a_{11}, a_{12}, \cdots, a_{nt}$——$n$ 个残差方程的 $n \times t$ 个系数。

则线性参数的残差方程(式7.13)可表示为

$$
\begin{bmatrix} v_1 \\ v_2 \\ \vdots \\ v_n \end{bmatrix} = \begin{bmatrix} l_1 \\ l_2 \\ \vdots \\ l_n \end{bmatrix} = \begin{bmatrix} a_{11} & a_{12} & \cdots & a_{1t} \\ a_{21} & a_{22} & \cdots & a_{2t} \\ \vdots & \vdots & & \vdots \\ a_{n1} & a_{n2} & \cdots & a_{nt} \end{bmatrix} \begin{bmatrix} x_1 \\ x_2 \\ \vdots \\ x_t \end{bmatrix}
$$

即 $$V = L - A\hat{X} \tag{7.14}$$

等精度测量时,残差平方和最小这一条件的矩阵形式为

$$
(v_1 \quad v_2 \cdots v_n) \begin{bmatrix} v_1 \\ v_2 \\ \vdots \\ v_n \end{bmatrix} = 最小
$$

即 $$V^T V = 最小 \tag{7.15}$$

或 $$(L - A\hat{X})^T (L - A\hat{X}) = 最小 \tag{7.16}$$

而不等精度测量时,最小二乘条件的矩阵形式为

$$V^T P V = 最小 \tag{7.17}$$

或 $$(L - A\hat{X})^T P (L - A\hat{X}) = 最小 \tag{7.18}$$

式中,P 为 $n \times n$ 阶权矩阵。

$$
P = \begin{bmatrix} p_1 & 0 & \cdots & 0 \\ 0 & p_2 & \cdots & 0 \\ \vdots & \vdots & & \vdots \\ 0 & 0 & \cdots & p_n \end{bmatrix} = \begin{bmatrix} \dfrac{\sigma_0^2}{\sigma_1^2} & 0 & \cdots & 0 \\ 0 & \dfrac{\sigma_0^2}{\sigma_2^2} & \cdots & 0 \\ \vdots & \vdots & & \vdots \\ 0 & 0 & \cdots & \dfrac{\sigma_0^2}{\sigma_n^2} \end{bmatrix}
$$

式中,$p_1 = \dfrac{\sigma_0^2}{\sigma_1^2}, p_2 = \dfrac{\sigma_0^2}{\sigma_2^2}, \cdots, p_n = \dfrac{\sigma_0^2}{\sigma_n^2}$,分别为测量数据 $l_1, l_2, \cdots, l_n$ 的权。其中 σ_0^2 为单位权方差;$\sigma_1^2, \sigma_2^2, \cdots, \sigma_n^2$ 分别为测量数据 $l_1, l_2, \cdots, l_n$ 的方差。

线性参数的不等精度测量的残差方程还可以转化为等精度的形式,从而可以按等精度测量时的最小二乘法来处理。为此,只须将残差方程式化为等权的形式即可。

若不等精度测量数据 $l_1, l_2, \cdots, l_n$ 的权分别为 $p_1, p_2, \cdots, p_n$,将不等精度测量的残差方程式(7.13)[①]两端同乘以相应权的平方根,使其单位权化,即

---

① 不等精度测量的残差方程与等精度测量的残差方程形式完全一样,只不过是测量数据 l_1, $l_2, \cdots, l_n$ 的精度不同。

$$
\left.
\begin{aligned}
v_1 \sqrt{p_1} &= l_1 \sqrt{p_1} - (a_{11} \sqrt{p_1}\, x_1 + a_{12} \sqrt{p_1}\, x_2 + \cdots + a_{1t} \sqrt{p_1}\, x_t) \\
v_2 \sqrt{p_2} &= l_2 \sqrt{p_2} - (a_{21} \sqrt{p_2}\, x_1 + a_{22} \sqrt{p_2}\, x_2 + \cdots + a_{2t} \sqrt{p_2}\, x_t) \\
&\ \ \vdots \qquad\qquad \vdots \\
v_n \sqrt{p_n} &= l_n \sqrt{p_n} - (a_{n1} \sqrt{p_n}\, x_1 + a_{n2} \sqrt{p_n}\, x_2 + \cdots + a_{nt} \sqrt{p_n}\, x_t)
\end{aligned}
\right\}
$$

令
$$
v'_1 = v_1 \sqrt{p_1}, \ v'_2 = v_2 \sqrt{p_2}, \cdots, v'_n = v_n \sqrt{p_n}
$$
$$
l'_1 = l_1 \sqrt{p_1}, \ l'_2 = l_2 \sqrt{p_2}, \cdots, l'_n = l_n \sqrt{p_n}
$$
$$
a'_{11} = a_{11} \sqrt{p_1}, a'_{12} = a_{12} \sqrt{p_1}, \cdots, a'_{n1} = a_{n1} \sqrt{p_n}, \cdots, a'_{nt} = a_{nt} \sqrt{p_n}\,。
$$

则不等精度的残差方程化为等精度的形式

$$
\left.
\begin{aligned}
v'_1 &= l'_1 - (a'_{11} x_1 + a'_{12} x_2 + \cdots + a'_{1t} x_t) \\
v'_2 &= l'_2 - (a'_{21} x_1 + a'_{22} x_2 + \cdots + a'_{2t} x_t) \\
&\ \ \vdots \qquad\qquad \vdots \\
v'_n &= l'_n - (a'_{n1} x_1 + a'_{n2} x_2 + \cdots + a'_{nt} x_t)
\end{aligned}
\right\} \tag{7.19}
$$

方程(7.19)中各式已具有相同的权,且与等精度测量的残差方程具有相同的形式,因此可按等精度测量时的最小二乘法来处理。

设有 $n \times 1$ 阶矩阵(列向量)

$$
V' = \begin{bmatrix} v'_1 \\ v'_2 \\ \vdots \\ v'_n \end{bmatrix} \qquad
L' = \begin{bmatrix} l'_1 \\ l'_2 \\ \vdots \\ l'_n \end{bmatrix}
$$

和 $n \times t$ 阶矩阵

$$
A' = \begin{bmatrix}
a'_{11} & a'_{12} & \cdots & a'_{1t} \\
a'_{21} & a'_{22} & \cdots & a'_{2t} \\
& & \vdots & \\
a'_{n1} & a'_{n2} & \cdots & a'_{nt}
\end{bmatrix}
$$

则线性参数不等精度测量的残差方程的矩阵形式又可表示为

$$
V' = L' - A'\hat{X} \tag{7.20}
$$

此时,最小二乘条件用矩阵的形式可表示为

$$
V'^T V' = 最小 \tag{7.21}
$$

或
$$
(L' - A'\hat{X})^T (L' - A'\hat{X}) = 最小 \tag{7.22}
$$

7.2　正规方程

为了获得更可靠的结果,测量次数 n 总要多于待求参数的数目 t,即所得残差方程式的数目总是要多于未知数的数目。因此直接用一般解代数方程的方法是无法求解这些未知数的。

按最小二乘条件则可将残差方程转化为有确定解的代数方程组(其方程式数目正好

等于未知数的数目),从而可求解出这些未知参数。这个有确定解的代数方程组称为最小二乘法的正规方程(或称为法方程)。显然,建立正规方程是数据的最小二乘法处理的基本环节之一。

以下分别讨论线性参数等精度测量数据、不等精度测量数据及非线性参数测量数据的最小二乘法处理的正规方程。

7.2.1   线性参数等精度测量数据最小二乘法处理的正规方程

设有关于线性参数(式 7.11)的等精度测量数据 $l_1, l_2, \cdots, l_n$,按最小二乘法原理,应有 $[v^2]$ = 最小。现讨论怎样才能满足这一条件。

为此,求残差平方和 $[v^2]$ 的极值,即对残差平方和 $[v^2]$ 求导数,并令其为 0,由此可获得一组有确定解的方程,这一方程组的解即为满足 $[v^2]$ = 最小的最小二乘估计量。

先求 $[v^2]$ 对 x_1 的偏导数。

$$\begin{aligned}
\frac{\partial[v^2]}{\partial x_1} = &-2a_{11}\{l_1 - (a_{11}x_1 + a_{12}x_2 + \cdots + a_{1t}x_t)\} - \\
&2a_{21}\{l_2 - (a_{21}x_1 + a_{22}x_2 + \cdots + a_{2t}x_t)\} - \\
&\cdots \qquad \cdots \\
&2a_{n1}\{l_n - (a_{n1}x_1 + a_{n2}x_2 + \cdots + a_{nt}x_t)\} = \\
&-2\{[a_1l] - ([a_1a_1]x_1 + [a_1a_2]x_2 + \cdots t[a_1a_t]x_t)\}
\end{aligned}$$

同理,可得 $[v^2]$ 对 $x_2, \cdots, x_t$ 的偏导数分别为

$$\frac{\partial[v^2]}{\partial x_2} = -2\{[a_2l] - ([a_2a_1]x_1 + [a_2a_2]x_2 + \cdots + [a_2a_t]x_t)\}$$

$$\vdots \qquad\qquad \vdots \qquad\qquad \vdots$$

$$\frac{\partial[v^2]}{\partial x_t} = -2\{[a_tl] - ([a_ta_1]x_1 + [a_ta_2]x_2 + \cdots + [a_ta_t]x_t)\}$$

式中,$[a_ra_s] = \sum_{j=1}^{n} a_{jr}a_{js} = a_{1r}a_{1s} + a_{2r}a_{2s} + \cdots + a_{nr}a_{ns}$

$$(r = 1, 2, \cdots, t; s = 1, 2, \cdots, t)$$

$$[a_rl] = \sum_{j=1}^{n} a_{jr}l_j = a_{1r}l_1 + a_{2r}l_2 + \cdots + a_{nr}l_n$$

$$(r = 1, 2, \cdots, t)$$

令 $[v^2]$ 的偏导数为 0,得

$$\left.\begin{aligned}
\frac{\partial[v^2]}{\partial x_1} &= 0 \\
\frac{\partial[v^2]}{\partial x_2} &= 0 \\
&\vdots \\
\frac{\partial[v^2]}{\partial x_t} &= 0
\end{aligned}\right\} \tag{7.23}$$

而 $[v^2]$ 的二阶偏导数分别为

$$\frac{\partial^2 [v^2]}{\partial x_1^2} = 2[a_1 a_1]$$

$$\frac{\partial^2 [v^2]}{\partial x_2^2} = 2[a_2 a_2]$$

$$\vdots$$

$$\frac{\partial^2 [v^2]}{\partial x_t^2} = 2[a_t a_t]$$

上列等式右端方括号内为平方项之和,恒为正值。因此,由式(7.23)求得的极值是极小值。再考虑到解的惟一性,式(7.23)的解满足最小二乘条件。

将上面给出的 $[v^2]$ 的偏导数的结果代入式(7.23)可得

$$\left.\begin{array}{l} [a_1 a_1]x_1 + [a_1 a_2]x_2 + \cdots + [a_1 a_t]x_t = [a_1 l] \\ [a_2 a_1]x_1 + [a_2 a_2]x_2 + \cdots + [a_2 a_t]x_t = [a_2 l] \\ \quad\vdots \qquad\qquad\qquad\qquad\qquad\qquad\vdots \\ [a_t a_1]x_1 + [a_t a_2]x_2 + \cdots + [a_t a_t]x_t = [a_t l] \end{array}\right\} \qquad (7.24)$$

式中系数与常数项意义如上所述,即

$$[a_r a_s] = a_{1r}a_{1s} + a_{2r}a_{rs} + \cdots + a_{nr}a_{ns}$$

$$[a_r l] = a_{1r}l_1 + a_{2r}l_2 + \cdots + a_{nr}l_n$$

$$(r = 1, 2, \cdots, t; s = 1, 2, \cdots, t)$$

式(7.24)即为等精度测量时线性参数最小二乘估计的正规方程的通式。这是一个 t 元线性方程组,其系数行列式不为 0,有惟一确定的解。解这个方程组就可得到待求的估计量 $x_1, x_2, \cdots, x_t$。

应指出,这个方程组在形式上有如下特点:

(1)沿主对角线(方程系数阵列中由左上角至右下角的联线)分布的是平方项系数 $[a_1 a_1], [a_2 a_2], \cdots, [a_t a_t]$,都为正数;

(2)以主对角线为轴对称分布的各系数彼此两两相等,如 $[a_1 a_2]$ 与 $[a_2 a_1]$ 相等, $[a_2 a_t]$ 与 $[a_t a_2]$ 相等。

在列正规方程和求解时,方程的上述特点提供了很大的方便。

现将上述线性参数的正规方程(7.24)表示成矩阵的形式。把正规方程组中第 r 个方程式

$$[a_r a_1]x_1 + [a_r a_2]x_2 + \cdots + [a_r a_t]x_t - [a_r l] = 0$$

改写成如下形式

$$(a_{1r}a_{11}x_1 + a_{2r}a_{21}x_1 + \cdots + a_{nr}a_{n1}x_1) + (a_{1r}a_{12}x_2 + a_{2r}a_{22}x_2 + \cdots + a_{nr}a_{n2}x_2) +$$

$$\cdots + (a_{1r}a_{1t}x_t + a_{2r}a_{2t}x_t + \cdots + a_{nr}a_{nt}x_t) - (a_{1r}l_1 + a_{2r}l_2 + \cdots + a_{nr}l_n) =$$

$$a_{1r}(a_{11}x_1 + a_{12}x_2 + \cdots + a_{1t}x_t - l_1) + a_{2r}(a_{21}x_1 + a_{22}x_2 + \cdots + a_{2t}x_t - l_2) +$$

$$\cdots + a_{nr}(a_{n1}x_1 + a_{n2}x_2 + \cdots + a_{nt}x_t - l_n) =$$

$$-(a_{1r}v_1 + a_{2r}v_2 + \cdots + a_{nr}v_n) = 0$$

式中, $r = 1, 2, \cdots, t$。

由此,正规方程可写成

$$
\left.\begin{array}{c}
a_{11}v_1 + a_{21}v_2 + \cdots + a_{n1}v_n = 0 \\
a_{12}v_1 + a_{22}v_2 + \cdots + a_{n2}v_n = 0 \\
\vdots \qquad\qquad \vdots \\
a_{1t}v_1 + a_{2t}v_2 + \cdots + a_{nt}v_n = 0
\end{array}\right\}
$$

进而上式可表示为

$$
\begin{bmatrix}
a_{11} & a_{21} & \cdots & a_{n1} \\
a_{12} & a_{22} & \cdots & a_{n2} \\
\vdots & \vdots & & \vdots \\
a_{1t} & a_{2t} & \cdots & a_{nt}
\end{bmatrix}
\begin{bmatrix}
v_1 \\ v_2 \\ \vdots \\ v_n
\end{bmatrix}
=
\begin{bmatrix}
0 \\ 0 \\ \vdots \\ 0
\end{bmatrix}
$$

即
$$A^T V = 0 \tag{7.25}$$

这就是等精度测量情况下以矩阵形式表示的正规方程。又因

$$V = L - A\hat{X}$$

所以正规方程又可表示为

$$A^T L - A^T A \hat{X} = 0$$

即
$$(A^T A)\hat{X} = A^T L \tag{7.26}$$

若令
$$C = A^T A$$

则正规方程又可写为

$$C\hat{X} = A^T L \tag{7.27}$$

例 7.1　没有如下等精度测量的残差方程

$$
\left.\begin{array}{l}
v_1 = 10.08 - (x_1 + x_2) \\
v_2 = 10.12 - (x_1 + x_3) \\
v_3 = 10.02 - (x_2 + x_3) \\
v_4 = 15.18 - (x_1 + x_2 + x_3)
\end{array}\right\}
$$

试给出最小二乘法处理的正规方程。

解　由所给残差方程,测量数据最小二乘法处理的正规方程应为

$$
\left.\begin{array}{l}
[a_1 a_1]x_1 + [a_1 a_2]x_2 + [a_1 a_3]x_3 = [a_1 l] \\
[a_2 a_1]x_1 + [a_2 a_2]x_2 + [a_2 a_3]x_3 = [a_2 l] \\
[a_3 a_1]x_1 + [a_3 a_2]x_2 + [a_3 a_3]x_3 = [a_3 l]
\end{array}\right\}
$$

为计算正规方程的系数与常数项,将残差方程式的系数与测量数据填入表 7.1 中,并计算。正规方程的各系数与常数项为相应竖行各数的总和 $\sum$,列入表的最末一行。

表 7.1

i	a_{i1}	a_{i2}	a_{i3}	l_i	$a_{i1}a_{i1}$	$a_{i1}a_{i2}$	$a_{i1}a_{i3}$	$a_{i2}a_{i2}$	$a_{i2}a_{i3}$	$a_{i3}a_{i3}$	$a_{i1}l_i$	$a_{i2}l_i$	$a_{i3}l_i$
1	1	1	0	10.08	1	1	0	1	0	0	10.08	10.08	0
2	1	0	1	10.12	1	0	1	0	0	1	10.12	0	10.12
3	0	1	1	10.02	0	0	0	1	1	1	0	10.02	10.02
4	1	1	1	15.18	1	1	1	1	1	1	15.18	15.18	15.18
Σ					3	2	2	3	2	3	35.38	35.28	35.32

将所得正规方程的系数及常数项的数值代入上式，得正规方程

$$\left.\begin{array}{l} 3x_1 + 2x_2 + 2x_3 = 35.38 \\ 2x_1 + 3x_2 + 2x_3 = 35.28 \\ 2x_1 + 2x_2 + 3x_3 = 35.32 \end{array}\right\}$$

解得　$x_1 = 5.10, x_2 = 5.00, x_3 = 5.04$。

7.2.2　线性参数不等精度测量数据最小二乘法处理的正规方程

线性参数不等精度测量数据的残差方程与上述等精度测量数据的残差方程形式完全相同(式 7.13)，但在进行最小二乘法处理时应满足加权残差平方和最小的条件，即应有

$$[pv^2] = 最小$$

为满足上述最小二乘条件，对 $[pv^2]$ 求各偏导数，并令其为 0，得

$$\left.\begin{array}{l} \dfrac{\partial [pv^2]}{\partial x_1} = 0 \\[2mm] \dfrac{\partial [pv^2]}{\partial x_2} = 0 \\[2mm] \qquad \vdots \\[2mm] \dfrac{\partial [pv^2]}{\partial x_t} = 0 \end{array}\right\}$$

经整理得

$$\left.\begin{array}{l} [pa_1a_1]x_1 + [pa_1a_2]x_2 + \cdots + [pa_1a_t]x_t = [pa_1l] \\ [pa_2a_1]x_1 + [pa_2a_2]x_2 + \cdots + [pa_2a_t]x_t = [pa_2l] \\ \qquad \vdots \qquad\qquad\qquad\qquad\qquad \vdots \\ [pa_ta_1]x_1 + [pa_ta_2]x_2 + \cdots + [pa_ta_t]x_t = [pa_tl] \end{array}\right\} \tag{7.28}$$

式中
$$[pa_ra_s] = p_1a_{1r}a_{1s} + p_2a_{2r}a_{2s} + \cdots + p_na_{nr}a_{ns}$$
$$[pa_rl] = p_1a_{1r}l_1 + p_2a_{2r}l_2 + \cdots + p_na_{nr}l_n$$
$$(r = 1, 2, \cdots, t; s = 1, 2, \cdots, t)$$

式(7.28) 就是线性参数不等精度测量数据最小二乘法处理的正规方程，它仍有前述等精度测量时正规方程的特点：主对角线上各项系数是平方项，为正值；以主对角线为对称轴线的其他各相应项两两相等。

上面的不等精度测量情形的正规方程还可以化成等精度情形的正规方程的形式。为此，作代换

$$\left.\begin{array}{l} a'_{ir} = a_{ir}\sqrt{p_i} \\ l'_i = l_i\sqrt{p_i} \end{array}\right\} (i = 1, 2, \cdots, n; r = 1, 2, \cdots, t)$$

将其代入正规方程(7.28)，经整理得到下面的正规方程

$$\left.\begin{array}{l} [a'_1a'_1]x_1 + [a'_1a'_2]x_2 + \cdots + [a'_1a'_t]x_t = [a'_1l'] \\ [a'_2a'_1]x_1 + [a'_2a'_2]x_2 + \cdots + [a'_2a'_t]x_t = [a'_2l'] \\ \qquad \vdots \qquad\qquad\qquad\qquad\qquad \vdots \\ [a'_ta'_1]x_1 + [a'_ta'_2]x_2 + \cdots + [a'_ta'_t]x_t = [a'_tl'] \end{array}\right\} \tag{7.29}$$

显然,上列正规方程在形式上与等精度测量时的正规方程(7.24)完全一致,因此可按等精度测量的情形来处理。

下面给出正规处理(7.28)的矩阵表达式。

为此,将正规方程式(7.28)分别展开,整理后可得

$$\left.\begin{array}{l} p_1a_{11}v_1 + p_2a_{21}v_2 + \cdots + p_na_{n1}v_n = 0 \\ p_1a_{12}v_1 + p_2a_{22}v_2 + \cdots + p_na_{n2}v_n = 0 \\ \qquad\qquad \vdots \qquad\qquad\qquad \vdots \\ p_1a_{1t}v_1 + p_2a_{2t}v_2 + \cdots + p_na_{nt}v_n = 0 \end{array}\right\}$$

可用矩阵表示为

$$\begin{bmatrix} a_{11} & a_{21} & \cdots & a_{n1} \\ a_{12} & a_{22} & \cdots & a_{n2} \\ \vdots & \vdots & & \vdots \\ a_{1t} & a_{2t} & \cdots & a_{nt} \end{bmatrix} \begin{bmatrix} p_1 & 0 & \cdots & 0 \\ 0 & p_2 & \cdots & 0 \\ \vdots & \vdots & & \vdots \\ 0 & 0 & \cdots & p_n \end{bmatrix} \begin{bmatrix} v_1 \\ v_2 \\ \vdots \\ v_n \end{bmatrix} = \begin{bmatrix} 0 \\ 0 \\ \vdots \\ 0 \end{bmatrix}$$

即 $$A^TPV = 0$$

而 $$V = L - A\hat{X}$$

所以式(7.28)又可写成

$$A^TPA\hat{X} = A^TPL \tag{7.30}$$

例 7.2   已知测量方程

$$\left.\begin{array}{l} Y_1 = X_1 + X_2 \\ Y_2 = 2X_1 + X_2 \\ Y_3 = X_1 + 2X_2 \\ Y_4 = 2X_1 + 2X_2 \end{array}\right\}$$

对 Y_i 的测量数据及其相应的标准差分别为(单位略)

$$l_1 = 3.538 \qquad s_1 = 0.003$$
$$l_2 = 6.055 \qquad s_2 = 0.003$$
$$l_3 = 4.547 \qquad s_3 = 0.002$$
$$l_4 = 7.070 \qquad s_4 = 0.002$$

试列出最小二乘法处理的正规方程。

解   列出残差方程

$$\left.\begin{array}{l} v_1 = l_1 - (x_1 + x_2) \\ v_2 = l_2 - (2x_1 + x_2) \\ v_3 = l_3 - (x_1 + 2x_2) \\ v_4 = l_4 - (2x_1 + 2x_2) \end{array}\right\}$$

确定各测量数据 l_i 的权。由式(4.16),有

$$p_1 : p_2 : p_3 : p_4 = \frac{1}{s_1^2} : \frac{1}{s_2^2} : \frac{1}{s_3^2} : \frac{1}{s_4^2} =$$

$$\frac{1}{0.003^2} : \frac{1}{0.003^2} : \frac{1}{0.002^2} : \frac{1}{0.002^2} = 4 : 4 : 9 : 9$$

取 $p_1 = 4, p_2 = 4, p_3 = 9, p_4 = 9$。

将残差方程系数、测量数据及其相应的权记入表 7.2 中，并计算。

表 7.2

i	a_{i1}	a_{i2}	l_i	p_i	$p_i a_{i1}^2$	$p_i a_{i1} a_{i2}$	$p_i a_{i2}^2$	$p_i a_{i1} li$	$p_i a_{i2} li$
1	1	1	3.538	4	4	4	4	14.152	14.152
2	2	1	6.055	4	16	8	4	48.440	24.220
3	1	2	4.547	9	9	18	36	40.923	81.846
4	2	2	7.070	9	36	36	36	127.260	127.260
$\sum$					65	66	80	230.775	247.478

将计算结果代入正规方程

$$\left. \begin{array}{l} [pa_1a_1]x_1 + [pa_1a_2]x_2 = [pa_1l] \\ [pa_2a_1]x_1 + [pa_2a_2]x_2 = [pa_2l] \end{array} \right\}$$

得

$$\left. \begin{array}{l} 65x_1 + 66x_2 = 230.775 \\ 66x_1 + 80x_2 = 247.478 \end{array} \right\}$$

7.2.3 非线性参数最小二乘法处理的正规方程

在一般情况下，函数

$$y_i = f_i(x_1, x_2, \cdots, x_t) \quad (i = 1, 2, \cdots, n)$$

为非线性函数，即 y_i 与 $x_1, x_2, \cdots, x_t$ 不成线性关系，因此测量的残差方程(7.4)为非线性方程组。一般来说，直接由它建立正规方程并求解是困难的。

为解决这类问题，可供使用的方法有两类：数值计算的方法和函数线性化的方法。

数值计算的方法是使用各种优选法在电子计算机上通过数值搜索实现最优化计算，给出满足最小二乘条件的数值解。这一方法直接由残差方程进行数值计算得到数值解，无须列出正规方程的具体解析式，这对某些较为复杂的非线性参数的情形是适合的。有关数值计算的方法可参阅有关著述，本书从略。

函数线性化的方法是利用级数展开的方法将非线性函数化为线性函数，然后再按线性参数的情形进行最小二乘法处理。这一方法可列出正规方程的具体解析表达式。以此为基础，可在计算机上用逐次迭代法求解，以满足求解的精度要求。现说明这一方法。

取待求估计量 $x_1, x_2, \cdots, x_t$ 的近似值 $x_{10}, x_{20}, \cdots, x_{t0}$，则待求估计量可表示为

$$\left. \begin{array}{l} x_1 = x_{10} + \delta_1 \\ x_2 = x_{20} + \delta_2 \\ \vdots \\ x_t = x_{t0} + \delta_t \end{array} \right\} \tag{7.31}$$

式中,$\delta_1,\delta_2,\cdots,\delta_t$ 为所取估计量的近似值与相应估计量的偏差。

因此,只须求得偏差 $\delta_1,\delta_2,\cdots,\delta_t$,即可由式(7.31)获得估计量 $x_1,x_2,\cdots,x_t$。为求得偏差 $\delta_1,\delta_2,\cdots,\delta_t$,将函数在 $x_{10},x_{20},\cdots,x_{t0}$ 处展开,取一次项,则有

$$f_i(x_1,x_2,\cdots,x_t) =$$

$$f_i(x_{10},x_{20},\cdots,x_{t0}) + \left(\frac{\partial f_i}{\partial x_1}\right)_0\delta_1 + \left(\frac{\partial f_i}{\partial x_2}\right)_0\delta_2 + \cdots + \left(\frac{\partial f_i}{\partial x_t}\right)_0\delta_t$$

$$(i = 1,2,\cdots,n) \tag{7.32}$$

式中,$\left(\dfrac{\partial f_i}{\partial x_1}\right)_0,\left(\dfrac{\partial f_i}{\partial x_2}\right)_0,\cdots,\left(\dfrac{\partial f_i}{\partial x_t}\right)_0$ 分别为函数 f_i 对 $x_1,x_2,\cdots,x_t$ 的偏导数在 $x_{10},x_{20},\cdots,x_{t0}$ 处的值。将函数的一次展开式(7.32)代入残差方程(7.4),得

$$v_i = l_i - \left[f_i(x_{10},x_{20},\cdots,x_{t0}) + \left(\frac{\partial f_i}{\partial x_1}\right)_0\delta_1 + \left(\frac{\partial f_i}{\partial x_2}\right)_0\delta_2 + \cdots + \left(\frac{\partial f_i}{\partial x_t}\right)_0\delta_t\right]$$

$$(i = 1,2,\cdots,n)$$

将上式中的常数项合并,改写系数符号,令

$$l'_i = l_i - f_i(x_{10},x_{20},\cdots,x_{t0})$$

$$a_{i1} = \left(\frac{\partial f_i}{\partial x_1}\right)_0,a_{i2} = \left(\frac{\partial f_i}{\partial x_2}\right)_0,\cdots,a_{it} = \left(\frac{\partial f_i}{\partial x_t}\right)_0$$

则残差方程式可化成线性方程组

$$\left.\begin{array}{l} v_1 = l'_1 - (a_{11}\delta_1 + a_{12}\delta_2 + \cdots + a_{1t}\delta_t) \\ v_2 = l'_2 - (a_{21}\delta_1 + a_{22}\delta_2 + \cdots + a_{2t}\delta_t) \\ \vdots \qquad\qquad\qquad \vdots \\ v_n = l'_n - (a_{n1}\delta_1 + a_{n2}\delta_2 + \cdots + a_{nt}\delta_t) \end{array}\right\} \tag{7.33}$$

于是,就可按线性参数的情形列出正规方程并求解 $\delta_1,\delta_2,\cdots,\delta_t$,进而按式(7.31)求得相应的估计量 $x_1,x_2,\cdots,x_t$。

必须指出,为获得线性化的结果,函数的展开式只取一次项而略去了二次以上的高次项,严格地说,由此给出的结果仅是最小二乘估计的近似。为使线性化给出的结果对最小二乘估计具有足够的近似程度,要求所选估计量的近似值尽可能地接近于最小二乘估计值。

实践上,为保证给出结果充分接近最小二乘估计,可采用逐次迭代计算的方法。由选定的待求量的初始近似值 $x_{j0}^{(0)}$ 出发,按上述线性化的方法求出结果。该结果作为一级近似值 $x_{j0}^{(1)}$,重复上述线性化处理,求得待求量的二级近似值 $x_{j0}^{(2)}$。再重复线性化处理过程,求得三级近似值 $x_{j0}^{(3)}$。如此反复迭代计算,所得结果 $x_{j0}^{(k)}$ 逐步趋近于最小二乘估计 x_j。直至第 r 次迭代与第 $(r-1)$ 次迭代计算所得近似值 $x_{j0}^{(r)}$ 与 $x_{j0}^{(r-1)}$ 的差别小于允许值 ε(要求的逼近精度),即满足

$$|x_{j0}^r - x_{j0}^{r-1}| = |\delta_j^{(r)}| < \varepsilon \qquad (j = 1,2,\cdots,t)$$

时为止,$x_{j0}^{(r)}$ 即可作为给出的最小二乘估计。

为使迭代计算的结果能尽快地收敛于最小二乘估计 x_j(在一定精度的意义上),所选取的初始近似值 $x_{j0}^{(0)}$ 应有一定的精度要求,即初始近似值 $x_{j0}^{(0)}$ 应充分地接近最小二乘估

计 x_j。否则会延长迭代计算过程,甚至无法收敛于最小二乘估计。

这一迭代计算是相当繁琐的,因而计算过程都是借助电子计算机完成的。

为获得非线性函数的展开式,必须首先确定待求估计量的近似值,其方法有两种:

(1) 直接测量:若条件允许,可直接测量待求量 x_j,所得结果即可作为其近似值,但相对来说,测量结果不可过分粗糙;

(2) 利用部分方程式进行计算:从残差方程式中选取最简单的 t 个方程式,令 $v_i = 0$,于是得到一个 t 元齐次方程组,解得的一组结果即可作为待求量的近似值 x_{j0}。

第二种方法应用较为方便,作迭代计算时常采用这一方法。

由以上讨论可见,所有情况(等精度与非等精度测量,线性参数与非线性参数)最后均可归结为线性参数等精度测量的情形,从而可按线性参数等精度测量的情形建立和解算正规方程。

例 7.3　将下面的非线性残差方程组化成线性的形式。

$$\left.\begin{aligned}
v_1 &= 5.13 - R_1 \\
v_2 &= 8.26 - R_2 \\
v_3 &= 13.21 - (R_1 + R_2) \\
v_4 &= 3.01 - \frac{R_1 R_2}{R_1 + R_2}
\end{aligned}\right\}$$

解　取方程组中前二式,令 $v_1 = 0, v_2 = 0$,则可得 R_1 与 R_2 的近似值,即

$$R_{10} = 5.13$$
$$R_{20} = 8.26$$

将函数在 $R_{10} = 5.13, R_{20} = 8.26$ 处展开,有

$$R_1 = R_{10} + \delta_1 = 5.13 + \delta_1$$
$$R_2 = R_{20} + \delta_2 = 8.26 + \delta_2$$
$$R_1 + R_2 = R_{10} + R_{20} + \delta_1 + \delta_2 = 13.39 + \delta_1 + \delta_2$$
$$\frac{R_1 R_2}{R_1 + R_2} = \frac{R_{10} R_{20}}{R_{10} + R_{20}} + \frac{(R_{10} + R_{20}) R_{20} - R_{10} R_{20}}{(R_{10} + R_{20})^2} \delta_1 +$$
$$\frac{(R_{10} + R_{20}) R_{10} - R_{10} R_{20}}{(R_{10} + R_{20})^2} \delta_2 = 3.16 + 0.38\delta_1 + 0.15\delta_2$$

将展开式代入残差方程,可得线性残差方程

$$\left.\begin{aligned}
v_1 &= -\delta_1 \\
v_2 &= -\delta_2 \\
v_3 &= -0.18 - (\delta_1 + \delta_2) \\
v_4 &= -0.15 - (0.38\delta_1 + 0.15\delta_2)
\end{aligned}\right\}$$

7.2.4　对同一量重复测量数据进行最小二乘法处理的正规方程

为了确定一个量 X 的估计量 x,对它进行 n 次直接测量,得到 n 个数据 $l_1, l_2, \cdots, l_n$,相应的权分别为 $p_1, p_2, \cdots, p_n$,现讨论量 X 的最小二乘估计。

测量的残差方程为

$$v_1 = l_1 - x \\ v_2 = l_2 - x \\ \vdots \\ v_n = l_n - x$$

按式(7.28),可列出正规方程

$$[paa]x = [pal]$$

因为 $a = 1$,所以有

$$[p]x = [pl]$$

可解得量 X 的最小二乘估计

$$x = \frac{[pl]}{[p]} = \frac{p_1l_1 + p_2l_2 + \cdots + p_nl_n}{p_1 + p_2 + \cdots + p_n} = \bar{l}_p$$

这正是不等精度测量时加权算术平均值原理所给出的结果。

对等精度测量,有

$$p_1 = p_2 = \cdots = p_n$$

则由最小二乘法所确定的估计量为

$$x = \frac{pl_1 + pl_2 + \cdots + pl_n}{p + p + \cdots + p} = \frac{[l]}{n} = \bar{l}$$

这与算术平均值原理所给出的结果相同。

由此可见,最小二乘原理与算术平均值原理及加权算术平均值原理是一致的,算术平均值原理与加权算术平均值原理可看作是最小二乘原理的特例。

7.3　正规方程的解算

由于正规方程式系数行列式不为0(即其系数矩阵满秩),故可由正规方程获得一组惟一的解。可以使用解代数方程的任何一种方法解算这样的线性方程组。但是由于正规方程有特殊的规律性,所以在绝大多数情况下,解算正规方程采用规范化的方法,如逐次消元法、平方根法等。由于这些方法解算程序很规则,所以给正规方程的求解带来很大的便利。这里介绍的逐次稍元法是一种广泛使用的解算方法。

解算正规方程时,应列出相应的表格,以使解算过程清晰明了,不易出错,同时也有利于校核。较复杂的正规方程可借助电子计算机来解算。

7.3.1　逐次消元法(高斯法)解算正规方程

逐次消元法是解算正规方程的经典方法,最早由高斯提出,因此又称高斯法。利用这一方法解算正规方程的计算量小,手续很规则,通常可借助表格进行演算,并且便于精度估计。

解算时,先由正规方程中第一个方程式的第一个未知数开始,逐次消去一个未知数,最后可求得最末一个未知数,然后再按相反的次序逐个求得其他未知数。必须指出,利用这个方法解算正规方程时,不允许用任何数(除待定未知数的系数之外)去乘或除方程的左右两边。

现以三元的正规方程为例来说明这个方法,设有正规方程

$$\left.\begin{array}{l}[a_1a_1]x_1 + [a_1a_2]x_2 + \cdots + [a_1a_3]x_3 = [a_1l] \\ [a_2a_1]x_1 + [a_2a_2]x_2 + \cdots + [a_2a_3]x_3 = [a_2l] \\ [a_3a_1]x_1 + [a_3a_2]x_2 + \cdots + [a_3a_3]x_3 = [a_3l]\end{array}\right\}$$

若$[a_1a_1] \neq 0$,由第一个方程式写出第一个未知数x_1的表达式,用$[a_1a_1]$除等式两端,移项后得

$$x_1 = \frac{[a_1l]}{[a_1a_1]} - \frac{[a_1a_2]}{[a_1a_1]}x_2 - \frac{[a_1a_3]}{[a_1a_1]}x_3 \tag{7.34}$$

将所得x_1的表达式代入正规方程的第二、第三个方程式,得

$$\left.\begin{array}{l}\left([a_2a_2] - \dfrac{[a_1a_2][a_1a_2]}{[a_1a_1]}\right)x_2 + \left([a_2a_3] - \dfrac{[a_1a_2][a_1a_3]}{[a_1a_1]}\right)x_3 = [a_2l] - \dfrac{[a_1a_2][a_1l]}{[a_1a_1]} \\ \left([a_2a_3] - \dfrac{[a_1a_2][a_1a_3]}{[a_1a_1]}\right)x_2 + \left([a_3a_3] - \dfrac{[a_1a_3][a_1a_3]}{[a_1a_1]}\right)x_3 = [a_3l] - \dfrac{[a_1a_3][a_1l]}{[a_1a_1]}\end{array}\right\}$$

令

$$[a_2a_2 \cdot 1] = [a_2a_2] - \frac{[a_1a_2][a_1a_2]}{[a_1a_1]}$$

$$[a_2a_3 \cdot 1] = [a_2a_3] - \frac{[a_1a_2][a_1a_3]}{[a_1a_1]}$$

$$[a_3a_3 \cdot 1] = [a_3a_3] - \frac{[a_1a_3][a_1a_3]}{[a_1a_1]}$$

$$[a_2l \cdot 1] = [a_2l] - \frac{[a_1a_2][a_1l]}{[a_1a_1]}$$

$$[a_3l \cdot 1] = [a_3l] - \frac{[a_1a_3][a_1l]}{[a_1a_1]}$$

则有

$$\left.\begin{array}{l}[a_2a_2 \cdot 1]x_2 + [a_2a_3 \cdot 1]x_3 = [a_2l \cdot 1] \\ [a_2a_3 \cdot 1]x_2 + [a_3a_3 \cdot 1]x_3 = [a_3l \cdot 1]\end{array}\right\} \tag{7.35}$$

这个方程组具有正规方程的一切特性,其主对角线上的系数为正的(平方系数),以此主对角线为对称轴对称分布的未知数的系数彼此两两相等。

进而,由方程组(7.35)的第一个方程式求未知数x_2。设$[a_2a_2 \cdot 1] \neq 0$,以$[a_2a_2 \cdot 1]$除第一个方程式的两边,移项后得

$$x_2 = \frac{[a_2l \cdot 1]}{[a_2a_2 \cdot l]} - \frac{[a_2a_3 \cdot 1]}{[a_2a_2 \cdot 1]}x_3 \tag{7.36}$$

将x_2值代入式(7.35)的第二个方程中,得

$$\left([a_3a_3 \cdot 1] - \frac{[a_2a_3 \cdot 1][a_2a_3 \cdot 1]}{[a_2a_2 \cdot 1]}\right)x_3 = [a_3l \cdot 1] - \frac{[a_2a_3 \cdot 1][a_2l \cdot 1]}{[a_2a_2 \cdot 1]}$$

令

$$[a_3a_3 \cdot 2] = [a_3a_3 \cdot 1] - \frac{[a_2a_3 \cdot 1][a_2a_3 \cdot 1]}{[a_2a_2 \cdot 1]}$$

$$[a_3l \cdot 2] = [a_3l \cdot 1] - \frac{[a_2a_3 \cdot 1][a_2l \cdot 1]}{[a_2a_2 \cdot 1]}$$

得 $\qquad [a_3a_3 \cdot 2]x_3 = [a_3l \cdot 2]$ （7.37）

设 $[a_3a_3 \cdot 2] \neq 0$，则 x_3 可解得为

$$x_3 = \frac{[a_3l \cdot 2]}{[a_3a_3 \cdot 2]} \qquad (7.38)$$

进而按相反顺序由式（7.36）式（7.34）解出 x_2 和 x_1。

可见，正规方程组可由下面的等值方程组代替

$$\left.\begin{array}{l} [a_1a_1]x_1 + [a_1a_2]x_2 + [a_1a_3]x_3 = [a_1l] \\ [a_2a_2 \cdot 1]x_2 + [a_2a_3 \cdot 1]x_3 = [a_2l \cdot 1] \\ [a_3a_3 \cdot 2]x_3 = [a_3l \cdot 2] \end{array}\right\} \qquad (7.39)$$

或按求未知数的顺序表示为如下形式

$$\left.\begin{array}{l} x_3 = \dfrac{[a_3l \cdot 2]}{[a_3a_3 \cdot 2]} \\[2mm] x_2 = \dfrac{[a_2l \cdot 1]}{[a_2a_2 \cdot 1]} - \dfrac{[a_2a_3 \cdot 1]}{[a_2a_2 \cdot 1]}x_3 \\[2mm] x_1 = \dfrac{[a_1l]}{[a_1a_1]} - \dfrac{[a_1a_3]}{[a_1a_1]}x_3 - \dfrac{[a_1a_2]}{[a_1a_1]}x_2 \end{array}\right\} \qquad (7.40)$$

这就是解算正规方程的逐次消元法，可以把它推广到有任意个方程式的正规方程组的解算中。例如，对于有 t 个方程式的正规方程

$$\left.\begin{array}{l} [a_1a_1]x_1 + [a_1a_2]x_2 + [a_1a_3]x_3 + \cdots + [a_1a_t]x_t = [a_1l] \\ [a_2a_1]x_1 + [a_2a_2]x_2 + [a_2a_3]x_3 + \cdots + [a_2a_t]x_t = [a_2l] \\ \qquad\qquad\qquad \vdots \qquad\qquad\qquad\qquad \vdots \\ [a_ta_1]x_1 + [a_ta_2]x_2 + [a_ta_3]x_3 + \cdots + [a_ta_t]x_t = [a_tl] \end{array}\right\}$$

可由下列等值方程代替

$$\left.\begin{array}{l} [a_1a_1]x_1 + [a_1a_2]x_2 + [a_1a_3]x_3 + \cdots + [a_1a_t]x_t = [a_1l] \\ \qquad [a_2a_2 \cdot 1]x_2 + [a_2a_3 \cdot 1]x_3 + \cdots + [a_2a_t \cdot 1]x_t = [a_2l \cdot 1] \\ \qquad\qquad [a_3a_3 \cdot 2]x_3 + \cdots + [a_3a_t \cdot 2]x_t = [a_3l \cdot 2] \\ \qquad\qquad\qquad\qquad \vdots \qquad\qquad\qquad\qquad \vdots \\ \qquad\qquad\qquad\qquad [a_ta_t \cdot (t-1)]x_t = [a_tl \cdot (t-1)] \end{array}\right\} \qquad (7.41)$$

式中 $[a_1a_1] \neq 0, [a_2a_2 \cdot 1] \neq 0, \cdots, [a_ta_t \cdot (t-1)] \neq 0$。

等值方程式中的系数符号和自由项符号称为高斯约化符号，是计算等值方程式未知数和自由项的运算符号。

约化符号 $[a_ra_s \cdot k]$ 表示经 k 次消元以后得到的系数，是等值方程第 r 式中 x_s 的系数，位于原 $[a_ra_s]$ 处。

约化符号 $[a_rl \cdot k]$ 表示经 k 次消元以后得到的自由项，是等值方程第 r 式的自由项，位于原 $[a_rl]$ 处。

显而易见,只要求得由这些约化符号所表示的系数和自由项,未知数 $x_1, x_2, \cdots, x_t$ 就可由等值方程式求得。为此,下面给出的约化符号的展开式,它们不难由上面的推演过程给出。

$$[a_r a_s \cdot k] = [a_r a_s \cdot (k-1)] - \frac{[a_k a_r \cdot (k-1)][a_k a_s \cdot (k-1)]}{[a_k a_k \cdot (k-1)]} \tag{7.42}$$

$$[a_r l \cdot k] = [a_r l \cdot (k-1)] - \frac{[a_k a_r \cdot (k-1)][a_k l \cdot (k-1)]}{[a_k a_k \cdot (k-1)]} \tag{7.43}$$

$$(r > k, s > k)$$

解算方程时,利用上式将约化符号逐次展开,直到展开式完全由原正规方程的系数和自由项所表达时为止。

在展开约化符号时,为了检核,可给出如下规则,将展开式中的约化符号的方括号去掉,并把所得表达式看作是代数式,则该表达式应等于 0,即

$$a_r a_s \cdot (k-1) - \frac{a_k a_r \cdot (k-1) \cdot a_k a_s (k-1)}{a_k a_k \cdot (k-1)} = 0 \tag{7.44}$$

实际解算时,为使运算更有条理、更规则化,以利于运算、减少差错,须根据以上讨论,事先拟定好计算表格。

必须再次指出,应用高斯法解正规方程须满足如下条件

$$[a_1 a_1] \neq 0, [a_2 a_2 \cdot 1] \neq 0, \cdots, [a_t a_t \cdot (t-1)] \neq 0$$

该条件等价于

$$[a_1 a_1] \neq 0$$

$$\begin{vmatrix} [a_1 a_1] & [a_1 a_2] \\ [a_2 a_1] & [a_2 a_2] \end{vmatrix} \neq 0$$

$$\vdots$$

$$\begin{vmatrix} [a_1 a_1] & [a_1 a_2] & \cdots & [a_1 a_t] \\ [a_2 a_1] & [a_2 a_2] & \cdots & [a_2 a_t] \\ \vdots & & \vdots \\ [a_t a_1] & [a_t a_2] & \cdots & [a_t a_t] \end{vmatrix} \neq 0 \quad (|C| \neq 0)$$

例 7.4　用逐次消元法解如下线性方程组

$$63.26x_1 - 48.54x_2 - 105.42x_3 = 12.71 \tag{1}$$

$$-48.54x_1 + 60.27x_2 + 5.36x_3 = -24.70 \tag{2}$$

$$-105.42x_1 + 5.36x_2 + 65.53x_3 = -201.19 \tag{3}$$

解　第一次消去 x_1,为此用 63.26 除第一式得

$$x_1 = 0.77x_2 + 1.67x_3 + 0.20 \tag{4}$$

将(4)代入(2)得

$$22.89x_2 - 75.70x_3 = -14.89 \tag{5}$$

将(4)代入(3)得

$$-75.89x_2 - 110.52x_3 = -180.11 \tag{6}$$

第二次消去 x_2,为此用 22.89 除(5)得

$$x_2 = 3.31x_3 - 0.65 \qquad\qquad (7)$$

用(7)代入(6)得

$$x_3 = 0.63$$

再逐次求得 $x_2 = 1.44$，最后得 $x_1 = 2.36$

7.3.2　残差平方和的计算

解算正规方程的任务，一是给出待求量的最可靠的估计值，二是给出相应的精度估计，而精度估计需依据残差平方和作出。因此，在研究各种解算方法时，就必须考虑残差平方和的计算。

按定义，残差平方和应为

$$[v^2] = v_1^2 + v_2^2 + \cdots + v_n^2 \quad （等精度测量）$$

$$[pv_2] = p_1 v_1^2 + p_2 v_2^2 + \cdots + p_n v_n^2 \quad （非等精度测量）$$

式中，v_i 是测量数据 l_i 的残差，p_i 为相应的权。在一般情况下

$$v_i = l_i - y_i = l_i - f_i(x_1, x_2, \cdots, x_t)$$

式中，$y_i = f_i(x_1, x_2, \cdots, x_t)$ 为直接测量参数的估计值。

对于线性参数，残差为

$$v_i = l_i - y_i = l_i - (a_{i1}x_1 + a_{i2}x_2 + \cdots + a_{it}x_t)$$

式中

$$y_i = a_{i1}x_1 + a_{i2}x_2 + \cdots + a_{it}x_t$$

用矩阵形式表示的残差平方和为

$$[v^2] = V^T V$$

线性参数测量数据的残差平方和可进一步写成

$$V^T V = L^T L - L^T A \hat{X} \quad （对等精度测量）$$

$$V^T P V = L^T P L - L^T P A \hat{X} \quad （对非等精度测量）$$

式中符号的意义与前面相应的的符号一致。

以上给出了残差平方和的一般形式。在具体解算时，从计算方便考虑，对不同的解算方法，残差平方和的计算各有相应的具体方法。

用高斯法解算正规方程时，残差平方和的计算可在解算待求量的过程中附带解决。这是高斯法的一个优点。

为计算等精度测量的残差平方和，利用关系式

$$V^T V = L^T L - L^T A \hat{X}$$

即

$$[v^2] = [l^2] - [a_1 l]x_1 - [a_2 l]x_2 - \cdots - [a_t l]x_t$$

得

$$[a_1 l]x_1 + [a_2 l]x_2 + \cdots + [a_t l]x_t = [l^2] - [v^2]$$

将它并入正规方程组中，得到一个由 $(t+1)$ 个方程式组成的新方程组，即

$$\left. \begin{array}{l} [a_1 a_1]x_1 + [a_1 a_2]x_2 + \cdots + [a_1 a_t]x_t = [a_1 l] \\ [a_2 a_1]x_1 + [a_2 a_2]x_2 + \cdots + [a_2 a_t]x_t = [a_2 l] \\ \quad\vdots \qquad\qquad\quad \vdots \\ [a_t a_1]x_1 + [a_t a_2]x_2 + \cdots + [a_t a_t]x_t = [a_t l] \\ [a_1 l]x_1 + [a_2 l]x_2 + \cdots + [a_t l]x_t = [l^2] - [v^2] \end{array} \right\} \qquad (7.45)$$

如同前述方法一样,通过逐次消元的方法求解,在经过 t 次消元后,消去了未知数 x_1, $x_2,\cdots,x_t$,最后得到 $[v^2]$ 的解,即

$$[v^2] = [l^2] - \frac{[a_1 l]^2}{[a_1 a_1]} - \frac{[a2l \cdot 1]^2}{[a_2 a_2 \cdot 1]} - \cdots - \frac{[a_n l \cdot (n-1)]^2}{[a_n a_n \cdot (n-1)]} \qquad (7.46)$$

该式可利用解算估计量过程的中间结果来计算,而无须另作专门计算。

解算表格的拟制应考虑到 $[v^2]$ 的计算。

7.3.3 最小二乘估计的无偏性

最小二乘法所给出的估计量是无偏的,即测量误差不含有系统误差时,按最小二乘法处理所得估计量 x_i 也不含有系统误差。

在等精度测量中,线性参数最小二乘估计的正规方程为

$$(A^T A)\hat{X} = A^T L$$

因 A 的秩等于 t,则矩阵 $(A^T A)$ 是满秩的,即其行列式 $|A^T A| \neq 0$,那么 $\hat{X}$ 必定有解,而且有惟一的解,则最小二乘估计的解的矩阵形式可写为

$$\hat{X} = (A^T A)^{-1} A^T L \qquad (7.47)$$

对这一估计求数学期望,即

$$E(\hat{X}) = E\{(A^T A)^{-1} A^T L\}$$
$$= (A^T A)^{-1} A^T E(L)$$

因为测量误差是无偏的,所以

$$E(L) = Y = AX$$

式中矩阵

$$Y = \begin{bmatrix} Y_1 \\ Y_2 \\ \vdots \\ Y_n \end{bmatrix} \qquad\qquad X = \begin{bmatrix} X_1 \\ X_2 \\ \vdots \\ X_t \end{bmatrix}$$

矩阵元素

$$Y_1 = a_{11} X_1 + a_{12} X_2 + \cdots + a_{1t} X_t$$
$$Y_2 = a_{21} X_1 + a_{22} X_2 + \cdots + a_{2t} X_t$$
$$\vdots \qquad\qquad \vdots$$
$$Y_n = a_{n1} X_1 + a_{n2} X_2 + \cdots + a_{nt} X_t$$

式中,$Y_1, Y_2, \cdots, Y_n$ 及 $X_1, X_2, \cdots, X_t$ 分别为相应的量的真值。则有

$$E(\hat{X}) = (A^T A)^{-1} A^T AX = X \qquad (7.48)$$

可见 $\hat{X}$ 是 X 的无偏估计。

在不等精度测量中,最小二乘估计的正规方程为

$$A^T PA\hat{X} = A^T PL$$

因行列式 $|A^T PA| \neq 0$,则 $\hat{X}$ 必定有解,而且有惟一的解。其解的矩阵表达式为

$$\hat{X} = (A^T PA)^{-1} A^T PL \qquad (7.49)$$

对 $\hat{X}$ 求数学期望,有

$$
\begin{aligned}
E(\hat{X}) &= E\{(A^TPA)^{-1}A^TPL\} = \\
&(A^TPA)^{-1}A^TPE(L) = \\
&(A^TPA)^{-1}A^TPAX = X
\end{aligned} \tag{7.50}
$$

可见 $\hat{X}$ 为 X 的无偏估计。

还可以证明(从略),估计量 $\hat{X}$ 是最有效的。由此可见,最小二乘估计 $\hat{X}$ 具有最优性。

7.4　精度估计

对测量数据进行最小二乘法处理的最终结果,不仅要给出待求量的最可信赖的估计量,而且还要给出其可信赖程度,即应给出所得估计量的精度。

7.4.1　测量数据的精度估计

为了确定最小二乘估计量 $x_1,x_2,\cdots,x_t$ 的精度,首先需要给出测量数据 $l_1,l_2,\cdots,l_n$ 的精度。测量数据的精度以标准差 σ 来表示。因为无法求得 σ 的真值(总体参数),所以只能依据有限次的测量结果给出 σ 的估计值 s(子样参数)。所谓给出精度估计,实际上是求出估计值 s,以下都以标准不确定度 u 表示,即 $u = s$。

1. 等精度测量的精度估计

设对包含 t 个未知量的 n 个线性参数(式7.1)进行 n 次独立的等精度测量,获得 n 个测量数据 $l_1,l_2,\cdots,l_n$,其相应的残差为 $v_1,v_2,\cdots,v_n$,现给出数据 l_i 的方差 σ_2 的估计量。

可以证明,$\sum\limits_{i=1}^{n} v_i^2 / \sigma^2$ 是自由度为 $(n-t)$ 的 χ^2 变量。根据 χ^2 变量的性质(χ^2 变量的数学期望等于其自由度),有

$$
E\left\{ \frac{\sum\limits_{i=1}^{n} v_i^2}{\sigma^2} \right\} = n - t
$$

因此

$$
E\left\{ \frac{\sum\limits_{i=1}^{n} v_i^2}{\sigma^2} \right\} = \sigma^2 \tag{7.51}
$$

所以,可以取 $\sum\limits_{i=1}^{n} v_i^2 / (n-t)$ 作为 σ^2 的无偏估计量,即

$$
s^2 = \frac{\sum\limits_{i=1}^{n} v_i^2}{n-t} \tag{7.52}
$$

式中　n——测量数据的数目;

　　　　t——待估计量的数目;

$$\sum_{i=1}^{n} v_i^2 —— 残差平方和。$$

因此标准不确定度（标准差的估计量）为

$$u = s = \sqrt{\frac{\sum_{i=1}^{n} v_i^2}{n-t}} \tag{7.53}$$

但这里 s 不是 σ 的无偏估计量。

例7.5 试求例7.1中测量数据的标准不确定度。

解 由例7.1测量数据相应的估计量为

$$y_1 = x_1 + x_2 = 5.10 + 5.00 = 10.10$$
$$y_2 = x_1 + x_3 = 5.10 + 5.04 = 10.14$$
$$y_3 = x_2 + x_3 = 5.00 + 5.04 = 10.04$$
$$y_4 = x_1 + x_2 + x_3 = 5.10 + 5.00 + 5.04 = 15.14$$

将测量数据 l_i 及其相应量的估计量列表7.3计算残差平方和。

表7.3

i	l_i	y_i	$v_i \times 10^2$	$v_i^2 \times 10^4$
1	10.08	10.10	-2	4
2	10.12	10.14	-2	4
3	10.02	10.04	-2	4
4	15.18	15.14	4	16
$\sum$				28

将残差平方和 $\sum_{i=1}^{n} v_i^2 = 28$ 代入式(7.53) 求得测量数据的标准不确定度

$$u = s = \sqrt{\frac{\sum_{i=1}^{n} v_i^2}{n-t}} = \sqrt{\frac{28 \times 10^{-4}}{4-3}} = 0.053$$

2. 不等精度测量数据的精度估计

不等精度测量数据的精度估计与等精度测量数据的精度估计相似,但应考虑到测量数据的权。

将残差 $v_1, v_2, \cdots, v_n$ 分别乘以其自身的权的平方根 $\sqrt{p_i}$,则可将其单位权化,得

$$v'_1 = v_1\sqrt{p_1}, v'_2 = v_2\sqrt{p_2}, \cdots, v'_n = v_n\sqrt{p_n}$$

将其代入式(7.52) 中,即可得单位权方差的无偏估计为

$$s_0^2 = \frac{\sum_{i=1}^{n} p_i v_i^2}{n-t} \tag{7.55}$$

测量的单位权标准差为

$$s_0 = \sqrt{\frac{\sum\limits_{i=1}^{n} p_i v_i^2}{n - t}} \tag{7.56}$$

由式(4.21),测量数据的方差估计等于单位权方差除以该数据的权,即

$$s_i^2 = \frac{s_0^2}{p_i} \tag{7.57}$$

而测量数据的标准不确定度为

$$u_i = s_i = \frac{s_0}{\sqrt{p_i}} \tag{7.58}$$

7.4.2　待求量的估计量的精度估计

线性参数最小二乘法处理所确定的估计量 $x_1, x_2, \cdots, x_t$ 的精度取决于测量数据的精度和线性方程组所给出的函数关系。对给定的线性方程组,若已知测量数据 $l_1, l_2, \cdots, l_n$ 的精度,就可得到待求量的估计量的精度。

1. 等精度测量中估计量的精度估计

为给出等精度测量最小二乘估计量 $x_1, x_2, \cdots, x_t$ 的精度,先由正规方程式(7.24)出发,利用不定乘数法求出 $x_1, x_2, \cdots, x_t$ 的表达式,然后即可推得估计量 $x_1, x_2, \cdots, x_t$ 的精度估计的表达式。

设有不定乘数(共 $t \times t$ 个)

$$\left. \begin{array}{l} d_{11}, d_{12}, \cdots, d_{1t} \\ d_{21}, d_{22}, \cdots, d_{2t} \\ \vdots \\ d_{t1}, d_{t2}, \cdots, d_{tt} \end{array} \right\}$$

为导出 x_1 的表达式,令第一组不定乘数 $d_{11}, d_{12}, \cdots, d_{1t}$ 分别乘正规方程中的第 $1, 2, \cdots, t$ 式,得

$$\left. \begin{array}{l} d_{11}[a_1 a_1]x_1 + d_{11}[a_1 a_2]x_2 + \cdots + d_{11}[a_1 a_t]x_t = d_{11}[a_1 l] \\ d_{12}[a_2 a_1]x_1 + d_{12}[a_2 a_2]x_2 + \cdots + d_{12}[a_2 a_t]x_t = d_{12}[a_2 l] \\ \vdots \qquad\qquad\qquad\qquad\qquad \vdots \\ d_{1t}[a_t a_1]x_1 + d_{1t}[a_t a_2]x_2 + \cdots + d_{1t}[a_t a_t]x_t = d_{1t}[a_t l] \end{array} \right\}$$

将方程组各式的左右两边分别相加,按 $x_1, x_2, \cdots, x_t$ 合并同类项,得

$$\sum_{r-1}^{t} d_{1r}[a_r a_1]x_1 + \sum_{r=1}^{t} d_{1r}[a_r a_2]x_2 + \cdots + \sum_{r=1}^{t} d_{1r}[a_r a_t]x_t = \sum_{r=1}^{t} d_{1r}[a_r l]$$

适当选择 $d_{11}, d_{12}, \cdots, d_{1t}$ 的值,使方程式中 x_1 前面的系数为1,其余 $x_2, x_3, \cdots, x_t$ 前面的系数均为0,即满足如下条件

$$\left.\begin{aligned}\sum_{r=1}^{t} d_{1r}[a_ra_1] &= 1 \\ \sum_{r=1}^{t} d_{1r}[a_ra_2] &= 0 \\ &\vdots \\ \sum_{r=1}^{t} d_{1r}[a_ra_t] &= 0\end{aligned}\right\} \tag{7.59}$$

则有 $\quad x_1 = \sum_{r=1}^{t} d_{1r}[a_rl] =$

$$(d_{11}a_{11} + d_{12}a_{12} + \cdots + d_{1t}a_{1t})l_1 + (d_{11}a_{21} + d_{12}a_{22} + \cdots + d_{1t}a_{2t})l_2 +$$
$$\cdots + (d_{11}a_{n1} + d_{12}a_{n2} + \cdots + d_{1t}a_{nt})l_n$$

令
$$\left.\begin{aligned}d_{11}a_{11} + d_{12}a_{12} + \cdots + d_{1t}a_{1t} &= h_{11} \\ d_{11}a_{21} + d_{12}a_{22} + \cdots + d_{1t}a_{2t} &= h_{12} \\ \vdots \qquad\qquad \vdots \\ d_{11}a_{n1} + d_{12}a_{n2} + \cdots + d_{1t}a_{nt} &= h_{1n}\end{aligned}\right\}$$

则
$$x_1 = h_{11}l_1 + h_{12}l_2 + \cdots + h_{1n}l_n$$

因 $l_1, l_2, \cdots, l_n$ 为相互独立的随机变量,上式两端取方差,有

$$\sigma_{x_1}^2 = h_{11}^2\sigma_1^2 + h_{12}^2\sigma_2^2 + \cdots + h_{1n}^2\sigma_n^2$$

又因数据 $l_1, l_2, \cdots, l_n$ 具有相同的精度,即

$$\sigma_1 = \sigma_2 = \cdots = \sigma_n = \sigma$$

故有
$$\sigma_{x1}^2 = (h_{11}^2 + h_{12}^2 + \cdots + h_{1n}^2)\sigma^2$$

将等式右端 σ^2 的系数展开,适当地合并同类项,并注意到不定乘数 $d_{11}, d_{12}, \cdots, d_{1t}$ 的选择条件(式7.59),最后可得

$$\sigma_{x_1}^2 = d_{11}\sigma^2$$

同样,再用第二组不定乘数 $d_{21}, d_{22}, \cdots, d_{2t}$ 分别去乘正规方程各式两端,将乘得的各式两端分别相加,得

$$\sum_{r=1}^{t} d_{2r}[a_ra_1]x_1 + \sum_{r=1}^{t} d_{2r}[a_ra_2]x_2 + \cdots + \sum_{r=1}^{t} d_{2r}[a_ra_t]x_t = \sum_{r=1}^{t} d_{2r}[a_rl]$$

适当选择 d_{2r} 值,使 x_2 的系数为1,而其他各系数为0,即满足如下条件

$$\left.\begin{aligned}\sum_{r=1}^{t} d_{2r}[a_ra_1] &= 0 \\ \sum_{r=1}^{t} d_{2r}[a_ra_2] &= 1 \\ &\vdots \\ \sum_{r=1}^{t} d_{2r}[a_ra_t] &= 0\end{aligned}\right\}$$

即可求得 x_2 的表达式,即

$$x_2 = \sum_{r=1}^{t} d_{2r}[a_r l]$$

由此得

$$\sigma_{x_2}^{~2} = d_{22}\sigma^2$$

依此类推,可得 $\sigma_{x_3}^{~2}, \cdots, \sigma_{x_t}^{~2}$。

由以上所述,可给出下面的结果。

设有 t 组系数

$$\left.\begin{array}{c} d_{11}, d_{12}, \cdots, d_{1t} \\ d_{21}, d_{22}, \cdots, d_{2t} \\ \vdots \\ d_{t1}, d_{t2}, \cdots, d_{tt} \end{array}\right\}$$

分别为下列 t 组方程组的解

$$\left.\begin{array}{c} [a_1 a_1]d_{11} + [a_1 a_2]d_{12} + \cdots + [a_1 a_t]d_{1t} = 1 \\ [a_2 a_1]d_{11} + [a_2 a_2]d_{12} + \cdots + [a_2 a_t]d_{1t} = 0 \\ \vdots \qquad\qquad \vdots \\ [a_t a_1]d_{11} + [a_t a_2]d_{12} + \cdots + [a_t a_t]d_{1t} = 0 \\ [a_1 a_1]d_{21} + [a_1 a_2]d_{22} + \cdots + [a_1 a_t]d_{2t} = 0 \\ [a_2 a_1]d_{21} + [a_2 a_2]d_{22} + \cdots + [a_2 a_t]d_{2t} = 1 \\ \vdots \qquad\qquad \vdots \\ [a_t a_1]d_{21} + [a_t a_2]d_{22} + \cdots + [a_t a_t]d_{2t} = 0 \\ \vdots \qquad\qquad \vdots \\ [a_1 a_1]d_{t1} + [a_1 a_2]d_{t2} + \cdots + [a_1 a_t]d_{tt} = 0 \\ [a_2 a_1]d_{t1} + [a_2 a_2]d_{t2} + \cdots + [a_2 a_t]d_{tt} = 0 \\ \vdots \qquad\qquad \vdots \\ [a_t a_1]d_{t1} + [a_t a_2]d_{t2} + \cdots + [a_t a_t]d_{tt} = 1 \end{array}\right\} \tag{7.60}$$

则各最小二乘估计量 $x_1, x_2, \cdots, x_t$ 的方差分别为

$$\left.\begin{array}{c} \sigma_{x_1}^{~2} = d_{11}\sigma^2 \\ \sigma_{x_2}^{~2} = d_{22}\sigma^2 \\ \vdots \\ \sigma_{x_t}^{~2} = d_{tt}\sigma^2 \end{array}\right\} \tag{7.61}$$

实际上由式(7.53)给出的测量数据的标准差为其估计量 s,所以式(7.61)应写为

$$\left.\begin{array}{c} s_{x_1}^{~2} = d_{11}s^2 \\ s_{x_2}^{~2} = d_{22}s^2 \\ \vdots \\ s_{x_t}^{~2} = d_{tt}s^2 \end{array}\right\} \tag{7.62}$$

而相应的标准不确定度(标准差)则应为

$$\left.\begin{array}{l} u_{x_1} = s_{x_1} = \sqrt{d_{11}}\,s \\ u_{x_2} = s_{x_2} = \sqrt{d_{22}}\,s \\ \vdots \\ u_{xt} = s_{xt} = \sqrt{d_{tt}}\,s \end{array}\right\} \tag{7.63}$$

最小二乘估计量的精度参数也可以扩展不确定度的形式给出

$$\left.\begin{array}{l} U_{x_1} = k u_{x_1} \\ U_{x_2} = k u_{x_2} \\ \vdots \\ U_{xt} = k u_{xt} \end{array}\right\}$$

以上各式中,计算标准差的系数 $d_{ii}(i = 1, 2, \cdots, t)$ 决定了最小二乘估计的精度(在一定的测量精度条件下)。事实上,系数 $\sqrt{d_{ii}}$ 就是测量误差的传递系数,它与最小二乘估计的权有关(当测量数据的权为1,最小二乘估计的权 $p_i = 1/\sqrt{d_{ii}}$)。系数 d_{ii} 的大小表明了最小二乘法处理的效果,d_{ii} 越小,最小二乘法处理的效果越好。显然,只有当 $d_{ii} < 1$ 时,最小二乘估计的精度才高于测量精度。

注意,式(7.60)中各系数 $[a_s a_s]$ 与正规方程式(7.24)的系数完全相同。因而,为计算系数 d_{ii},可完全借用正规方程的系数来建立解算方程式(7.60),这对于精度估计是极为便利的。

利用矩阵形式可以更方便地获得上述结果。设有协方差矩阵

$$DL = \begin{bmatrix} D_{11} & D_{12} & \cdots & D_{1n} \\ D_{21} & D_{22} & \cdots & D_{2n} \\ \vdots & \vdots & & \vdots \\ D_{n1} & D_{n2} & \cdots & D_{nn} \end{bmatrix} = E\{(L - EL)(L - EL)^T\}$$

式中　　D_{ii}——l_i 的方差;

$$D_{ii} = E\{(l_i - El_i)^2\} = \sigma_i^2 \qquad (i = 1, 2, \cdots, n)$$

D_{ij}——l_i 与 l_j 的协方差(或相关矩)。

有 $D_{ij} = E\{(l_i - El_i)(l_j - El_j)\} = \rho_{ij}\sigma_i\sigma_j$

$$(i = 1, 2, \cdots, n; j = 1, 2, \cdots, n; i \neq j)$$

式中 ρ_{ij} 为 l_i 与 l_j 的相关系数。

因为 $l_1, l_2, \cdots, l_n$ 为等精度独立测量的结果,所以有

$$\sigma_1 = \sigma_2 = \cdots = \sigma_n = \sigma$$

及 　　　　　　　　　　　$D_{ij} = 0$

则 　　　　　　$DL = \begin{bmatrix} \sigma^2 & 0 & \cdots & 0 \\ 0 & \sigma^2 & \cdots & 0 \\ \vdots & \vdots & & \vdots \\ 0 & 0 & \cdots & \sigma^2 \end{bmatrix}$

于是估计量的协方差矩阵为

$$
\begin{aligned}
D\hat{X} &= E\{(\hat{X} - E\hat{X})(\hat{X} - E\hat{X})^T\} = \\
&= (A^TA)^{-1}A^T E\{(L - EL)(L - EL)^T\}\{(A^TA)^{-1}A^T\}^T = \\
&= (A^TA)^{-1}A^T D(L)A(A^TA)^{-1} = \\
&= (A^TA)^{-1}A^T \sigma^2 I A(A^TA)^{-1} = (A^TA)^{-1}\sigma^2
\end{aligned}
\tag{7.64}
$$

式中 A——残差方程的系数矩阵；

I——单位矩阵。

系数矩阵

$$
(A^TA)^{-1} = \begin{bmatrix} d_{11} & d_{12} & \cdots & d_{1t} \\ d_{21} & d_{22} & \cdots & d_{2t} \\ \vdots & \vdots & & \vdots \\ d_{t1} & d_{t2} & \cdots & d_{tt} \end{bmatrix}
\tag{7.65}
$$

中各元素 d_{rs} 即为上述的待定乘数，可由矩阵 (A^TA) 求逆而得，或由式 (7.60) 求得。

以 σ 的估计量代入式 (7.64)，最小二乘估计的协方差可表示为

$$
D\hat{X} = (A^TA)^{-1}s^2 = (A^TA)^{-1}u^2
\tag{7.66}
$$

例 7.6 已知等精度测量的标准差为 $s = 0.04$，数据最小二乘法处理的正规方程为

$$
\left.\begin{aligned}
6x_1 + 2x_2 &= 17.40 \\
2x_1 + x_2 &= 6.32
\end{aligned}\right\}
$$

试给出最小二乘估计 x_1 和 x_2 的标准不确定度。

解 设有系数 d_{11}, d_{12}，利用所给正规方程的系数列出求解方程

$$
\left.\begin{aligned}
6d_{11} + 2d_{12} &= 1 \\
2d_{11} + d_{12} &= 0
\end{aligned}\right\}
$$

解得 $d_{11} = 0.5$。

再设系数 d_{21}, d_{22}，同样利用正规方程的系数列出求解方程

$$
\left.\begin{aligned}
6d_{21} + 2d_{22} &= 0 \\
2d_{21} + d_{22} &= 1
\end{aligned}\right\}
$$

解得 $d_{22} = 3$。

于是可得最小二乘估计的标准不确定度

$$
u_{x_1} = s_{x_1} = \sqrt{d_{11}}\, s = \sqrt{0.5} \times 0.04 = 0.03
$$

$$
u_{x_2} = s_{x_2} = \sqrt{d_{22}}\, s = \sqrt{3} \times 0.04 = 0.07
$$

2. 不等精度测量中最小二乘估计的精度估计

不等精度测量的情形与上述情形类似，设有不等精度测量的正规方程 (7.28)，求解下面的 t 个方程组

$$\left.\begin{array}{l} [pa_1a_1]d_{11} + [pa_1a_2]d_{12} + \cdots + [pa_1a_t]d_{1t} = 1 \\ [pa_2a_1]d_{11} + [pa_2a_2]d_{12} + \cdots + [pa_2a_t]d_{1t} = 0 \\ \quad\vdots \qquad\qquad\qquad \vdots \\ [pa_ta_1]d_{11} + [pa_ta_2]d_{12} + \cdots + [pa_ta_t]d_{1t} = 0 \\ [pa_1a_1]d_{21} + [pa_1a_2]d_{22} + \cdots + [pa_1a_t]d_{2t} = 0 \\ [pa_2a_1]d_{21} + [pa_2a_2]d_{22} + \cdots + [pa_2a_t]d_{2t} = 1 \\ \quad\vdots \qquad\qquad\qquad \vdots \\ [pa_ta_1]d_{21} + [pa_ta_2]d_{22} + \cdots + [pa_ta_t]d_{2t} = 0 \\ \quad\vdots \qquad\qquad\qquad \vdots \\ [pa_1a_1]d_{t1} + [pa_1a_2]d_{t2} + \cdots + [pa_1a_t]d_{tt} = 0 \\ [pa_2a_1]d_{t1} + [pa_2a_2]d_{t2} + \cdots + [pa_2a_t]d_{tt} = 0 \\ \quad\vdots \qquad\qquad\qquad \vdots \\ [pa_ta_1]d_{t1} + [pa_ta_2]d_{t2} + \cdots + [pa_ta_t]d_{tt} = 1 \end{array}\right\} \tag{7.67}$$

得到待定系数 $d_{11}, d_{22}, \cdots, d_{tt}$，于是最小二乘估计 $x_1, x_2, \cdots, x_t$ 的标准差的估计量即标准不确定度为

$$\left.\begin{array}{l} u_{x_1} = s_{x_1} = \sqrt{d_{11}}\, s_0 \\ u_{x_2} = s_{x_2} = \sqrt{d_{22}}\, s_0 \\ \quad\cdots \quad\cdots \\ u_{x_t} = s_{x_t} = \sqrt{d_{tt}}\, s_0 \end{array}\right\} \tag{7.68}$$

式中，s_0 为测量的单位权标准差估计量。

同样，也可用扩展不确定度表征估计量的精度。

不等精度测量的协方差矩阵为

$$D\hat{X} = (A^T P A)^{-1} s_0^2 \tag{7.69}$$

式中，s_0 为单位权标准差估计量。矩阵

$$(A^T P A)^{-1} = \begin{bmatrix} d_{11} & d_{12} & \cdots & d_{1t} \\ d_{21} & d_{22} & \cdots & d_{2t} \\ \vdots & \vdots & & \vdots \\ d_{t1} & d_{t2} & \cdots & d_{tt} \end{bmatrix} \tag{7.70}$$

的各元素即为待定系数，可由 $(A^T P A)$ 求逆得到，也可由式(7.67) 求得。

7.5   最小二乘法应用举例

由于最小二乘估计具有最优性，而且最小二乘法已形成一套行之有效的规范化的方法，使用起来十分方便，因而最小二乘法在各学科领域的数据处理中有着广泛的应用，如经常遇到的曲线的拟合，经验公式的推导，组合测量数据的处理等。

以下仅从这些应用中选取几例说明最小二乘方法。最小二乘法应用于回归分析的内

容见第 8 章。

例 7.7   对摆通过铅垂位置的时刻作了 10 次观测,记录下观测数据为 $t_1,t_2,\cdots,t_{10}$,求摆的周期 T。

解   设摆第一次通过铅垂位置的真实时刻的最小二乘估计为 τ,则可列出残差方程

$$
\left.
\begin{aligned}
v_1 &= t_1 - \tau \\
v_2 &= t_2 - (\tau + T) \\
&\vdots \\
v_{10} &= t_{10} - (\tau + 9T)
\end{aligned}
\right\}
$$

其最小二乘法处理的正规方程应为

$$
\left.
\begin{aligned}
[a_1 a_1]\tau + [a_1 a_2]T &= [a_1 t] \\
[a_2 a_1]\tau + [a_2 a_2]T &= [a_2 t]
\end{aligned}
\right\}
$$

由残差方程可求得正规方程的各系数和常数项

$$
\begin{aligned}
[a_1 a_1] &= a_{11}a_{11} + a_{21}a_{21} + \cdots + a_{10\cdot1}a_{10\cdot1} = \\
& 1 \times 1 + 1 \times 1 + \cdots + 1 \times 1 = 10
\end{aligned}
$$

$$
\begin{aligned}
[a_1 a_2] = [a_2 a_1] &= a_{11}a_{12} + a_{21}a_{22} + \cdots + a_{10\cdot1}a_{10\cdot2} = \\
& 1 \times 0 + 1 \times 1 + 1 \times 2 + \cdots + 1 \times 9 = 45
\end{aligned}
$$

$$
\begin{aligned}
[a_2 a_2] &= a_{12}a_{12} + a_{22}a_{22} + \cdots + a_{10\cdot2}a_{10\cdot2} = \\
& 0 \times 0 + 1 \times 1 + 2 \times 2 + \cdots + 9 \times 9 = 285
\end{aligned}
$$

$$
\begin{aligned}
[a_1 t] &= a_{11}t_1 + a_{21}t_2 + \cdots + a_{10\cdot1}t_{10} = \\
& t_1 + t_2 + \cdots + t_{10} = t_{\sum 1}
\end{aligned}
$$

$$
\begin{aligned}
[a_2 t] &= a_{12}t_1 + a_{22}t_2 + \cdots + a_{10\cdot2}t_{10} = \\
& t_2 + 2t_3 + \cdots + 9t_{10} = t_{\sum 2}
\end{aligned}
$$

代入正规方程公式可得

$$
\left.
\begin{aligned}
10\tau + 45T &= t_{\sum 1} \\
45\tau + 285T &= t_{\sum 2}
\end{aligned}
\right\}
$$

解方程,可得摆的周期的最小二乘估计

$$
T = \frac{t_{\sum 2} - 4.5 t_{\sum 1}}{82.5}
$$

所得估计量 T 的标准不确定度按式(7.63)为

$$
u_T = s_T = \sqrt{d_{22}} \cdot s
$$

式中,测量数据 t_i 的标准差 s 按式(7.53)计算

$$
s = \sqrt{\frac{\sum\limits_{i=1}^{10} v_i^2}{10 - 2}}
$$

式中,残差平方和 $\sum\limits_{i=1}^{10} v_i^2$ 根据上面的残差方程计算。

系数 d_{22} 按式(7.60)求解。设有待定系数 d_{21},d_{22},由正规方程系数得求解方程式为

$$10d_{21} + 45d_{22} = 0$$
$$45d_{21} + 285d_{22} = 1$$

解得
$$d_{22} = 0.012$$

则单摆周期最小二乘估计的标准不确定度为

$$u_T = s_T = \sqrt{d_{22}}\, s = \sqrt{0.012}\, s = 0.11s$$

例7.8 对某金属棒在不同温度 t_i 下的长度 s_i 进行了 6 次测量,所得结果列入表7.4 中,试给出这种金属的线膨胀系数。

表7.4

i	1	2	3	4	5	6
t_i/℃	10	20	30	40	50	60
s_i/ mm	999.990	1000.003	1000.010	1000.015	1000.029	1000.037

解 解0℃ 时的金属棒长度为 y_0,该种金属的线膨胀系数为 α,按金属棒长度 y_t 与温度 t 的线性关系

$$y_t = y_0(1 + \alpha t)$$

可列出如下残差方程

$$v_i = s_i - y_{ti} = s_i - y_0(1 + \alpha t_i) \quad (i = 1,2,\cdots,6)$$

令 $x_1 = y_0, x_2 = ay_0$ 为待估计参数,则残差方程又可写为

$$v_i = s_i - (x_1 + t_i x_2) \quad (i = 1,2,\cdots,6)$$

按式(7.24),正规方程应为

$$\left.\begin{array}{l} [a_1a_1]x_1 + [a_1a_2]x_2 = [a_1l] \\ [a_2a_1]x_1 + [a_2a_2]x_2 = [a_2l] \end{array}\right\}$$

式中,$a_{i1} = 1, a_{i2} = t_i$,为残差方程的系数;$l_i = s_i$,为测量数据。由此,正规方程可进一步写成

$$\left.\begin{array}{l} 6x_1 + [t]x_2 = [s] \\ [t]x_1 + [t^2]x_2 = [ts] \end{array}\right\}$$

为使计算过程清晰明了,列出表7.5 计算。

表7.5

i	$a_{i1} = 1$	$a_{i2} = t_i$	$l_i = s_i$	$a_{i1}a_{i1} = 1$	$a_{i1}a_{i2} = t_i$	$a_{i1}l_i = s_i$	$a_{i2}a_{i2} = t_i^2$	$a_{i2}l_i = t_is_i$
1	1	10	999.990	1	10	999.990	100	9999.90
2	1	20	1 000.003	1	20	1 000.003	400	20 000.06
3	1	30	1 000.010	1	30	1 000.010	900	30 000.30
4	1	40	1 000.015	1	40	1 000.015	1 600	40 000.60
5	1	50	1 000.029	1	50	1 000.029	2 500	50 001.45
6	1	60	1 000.037	1	60	1 000.037	3 600	60 002.22
$\sum_{i=1}^{6}$				6	210	6 000.084	9 100	210 004.53

将表中计算出的正规方程各系数及常数项代入上式,得正规方程式

$$6x_1 + 210x_2 = 6\ 000.\ 084 \left.\right\}$$
$$210x_1 + 9\ 100x_2 = 210\ 004.\ 53 \left.\right\}$$

解得
$$x_1 = 999.\ 982\ \text{mm}$$
$$x_2 = 0.\ 000\ 912\ \text{mm/℃}$$

则有
$$y_0 = x_1 = 999.\ 982\ \text{mm}$$
$$a = \frac{x_2}{y_0} = \frac{0.\ 000\ 912\ \text{mm/℃}}{999.\ 982\ \text{mm}} = 9.\ 12 \times 10^{-7}/℃$$

将所得 y_0 与 a 代入残差方程,得
$$v_i = s_i - 999.\ 982(1 + 9.\ 12 \times 10^{-7}t_i) \quad (i = 1,2,3,4,5,6)$$

由此列表7.6计算残差平方和。

表 7.6

i	s_i/mm	$t_i/℃$	at_i	$y_0(1 + at_i)$	v_i/mm	v_i^2
1	999.990	10	$9.\ 12 \times 10^{-6}$	999.991	-0.001	1×10^{-6}
2	1000.003	20	$1.\ 82 \times 10^{-5}$	1000.000	0.003	9×10^{-5}
3	1000.010	30	$2.\ 74 \times 10^{-5}$	1000.009	0.001	1×10^{-6}
4	1000.015	40	$3.\ 65 \times 10^{-5}$	1000.019	-0.004	$1.\ 6 \times 10^{-5}$
5	1000.029	50	$4.\ 56 \times 10^{-5}$	1000.028	0.001	1×10^{-6}
6	1000.037	60	$5.\ 47 \times 10^{-5}$	1000.037	0	0
$\sum_{i=1}^{6}$						$2.\ 8 \times 10^{-5}$

按式(7.53),测量数据的标准差为

$$s = \sqrt{\frac{\sum_{i=1}^{n} v_i^2}{n - t}} = \sqrt{\frac{2.\ 8 \times 10^{-5}}{6 - 4}}\ \text{mm} = 2.\ 647 \times 10^{-3}\ \text{mm}$$

设待定系数

$$d_{11}, d_{12} \left.\right\}$$
$$d_{21}, d_{22} \left.\right\}$$

利用正规方程式系数列出求解方程

$$6d_{11} + 210d_{12} = 1 \left.\right\}$$
$$210d_{11} + 9100d_{12} = 0 \left.\right\}$$

$$6d_{21} + 210d_{22} = 0 \left.\right\}$$
$$210d_{21} + 9100d_{22} = 1 \left.\right\}$$

解得
$$d_{11} = 0.\ 866$$
$$d_{22} = 0.\ 000\ 571\ ℃^{-2}$$

于是,最小二乘估计量 x_1 与 x_2 的标准差可得

$$s_{x_1} = \sqrt{d_{11}}\,s = \sqrt{0.\ 866} \times 2.\ 647 \times 10^{-3}\ \text{mm} = 2.\ 46 \times 10^{-3}\ \text{mm}$$

$$s_{x_2} = \sqrt{d_{22}}\,s = \sqrt{0.\ 000571} \times 2.\ 647 \times 10^{-3}\ \text{mm/℃} = 6.\ 33 \times 10^{-6}\ \text{mm/℃}$$

则 α 的标准不确定度为

$$u_\alpha = s_\alpha = \frac{s_{x_2}}{y_0} = \frac{6.33 \times 10^{-6} \text{ mm/℃}}{999.982 \text{ mm}} = 6.33 \times 10^{-9}/\text{℃}$$

例 7.9 如图 7.2 所示,对三段刻线间距的各种组合量进行了测量,得如下测量数据(单位 mm): $l_1 = 10.008$, $l_2 = 10.014$, $l_3 = 9.982$, $l_4 = 20.022$, $l_5 = 19.995$, $l_6 = 30.009$,试给出这三段刻线间距的最小二乘估计量 x_1, x_2, x_3 及其标准不确定度。

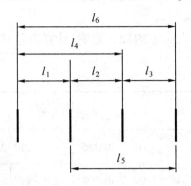 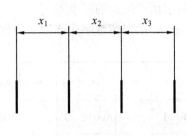

图 7.2

解 由图 7.2 所示量值关系,可列出测量的残差方程如下:

$$\left.\begin{aligned}
v_1 &= l_1 - x_1 \\
v_2 &= l_2 - x_2 \\
v_3 &= l_3 - x_3 \\
v_4 &= l_4 - (x_1 + x_2) \\
v_5 &= l_5 - (x_2 + x_3) \\
v_6 &= l_6 - (x_1 + x_2 + x_3)
\end{aligned}\right\}$$

按式(7.24),正规方程应为

$$\left.\begin{aligned}
[a_1 a_1]x_1 + [a_1 a_2]x_2 + [a_1 a_3]x_3 &= [a_1 l] \\
[a_2 a_1]x_1 + [a_2 a_2]x_2 + [a_2 a_3]x_3 &= [a_2 l] \\
[a_3 a_1]x_1 + [a_3 a_2]x_2 + [a_3 a_3]x_3 &= [a_3 l]
\end{aligned}\right\}$$

现将残差方程的各系数 a_{ij};($i = 1,2,3,4,5,6$; $j = 1,2,3$)及测量数据 l_i 列入表 7.7 中,并按正规方程式的要求进行计算,将计算结果逐列填入表内。

表 7.7

i	a_{i1}	a_{i1}	a_{i1}	l_i	$a_{i1}a_{i1}$	$a_{i1}a_{i2}$	$a_{i1}a_{i3}$	$a_{i1}l_i$	$a_{i2}a_{i2}$	$a_{i2}a_{i3}$	$a_{i2}l_i$	$a_{i3}a_{i3}$	$a_{i3}l_i$
1	1	0	0	10.008	1	0	0	10.008	0	0	0	0	0
2	0	1	0	10.014	0	0	0	0	1	0	10.014	0	0
3	0	0	1	9.982	0	0	0	0	0	0	0	1	9.982
4	1	1	0	20.022	1	1	0	20.022	1	0	20.022	0	0
5	0	1	1	19.995	0	0	0	0	1	1	19.995	1	19.995
6	1	1	1	30.009	1	1	1	30.009	1	1	30.009	1	30.009
$\sum$					3	2	1	60.039	4	2	80.040	3	59.986

将表中所得正规方程系数值代入上式(注意系数的对称性),得

$$3x_1 + 2x_2 + x_3 = 60.039$$
$$2x_1 + 4x_2 + 2x_3 = 80.040$$
$$x_1 + 2x_2 + 3x_3 = 59.986$$

解得

$$x_1 = 10.009\ 5\ mm \approx 10.010\ mm$$
$$x_2 = 10.013\ 8\ mm \approx 10.014\ mm$$
$$x_3 = 9.983\ mm$$

最后求所得结果的标准差(注意,为避免舍入误差的较大影响,计算残差时,最小二乘估 x_1, x_2, x_3 的保留数字应多取一位如表 7.8)。

表 7.8

i	l_i	a_{i1}	x_1	$a_{i1}x_1$	a_{i2}	x_2	$a_{i2}x_2$	a_{i3}	x_3	$a_{i3}x_3$	$\sum\limits_{j=1}^{3} a_{ij}x_j$	v_i	v_i^2
1	10.008	1		10.0095	0		0	0		0	10.0095	-1.5×10^{-3}	2.25×10^{-6}
2	10.014	0		0	1		10.0138	0		0	10.0138	-2.0×10^{-3}	0.04×10^{-6}
3	9.982	0		0	0		0	1		9.9830	9.9830	-1.0×10^{-3}	1.00×10^{-6}
4	20.022	1	10.0095	10.0095	1	10.0138	10.0138	0	9.9830	0	20.0233	-1.3×10^{-3}	1.69×10^{-6}
5	19.995	0		0	1		10.0138	1		9.9830	19.9968	-1.8×10^{-3}	3.24×10^{-6}
6	30.009	1		10.0095	1		10.0138	1		9.9830	30.0063	-2.7×10^{-3}	7.29×10^{-6}
$\sum$													15.51×10^{-6}

由式(7.53)测量数据的标准差为

$$s = \sqrt{\frac{\sum\limits_{i=1}^{6} v_i^2}{n-t}} = \sqrt{\frac{15.51 \times 10^{-6}}{6-3}}\ mm = 2.27 \times 10^{-3}\ mm$$

再利用正规方程的系数计算下面的系数

$$d_{11}, d_{12}, d_{13}$$
$$d_{21}, d_{22}, d_{23}$$
$$d_{31}, d_{32}, d_{33}$$

由式(7.60),将正规方程系数代入,可得求解方程

$$3d_{11} + 2d_{12} + d_{13} = 1$$
$$2d_{11} + 4d_{12} + 2d_{13} = 0$$
$$d_{11} + 2d_{12} + 3d_{13} = 0$$

$$3d_{21} + 2d_{22} + d_{23} = 0$$
$$2d_{21} + 4d_{22} + 2d_{23} = 1$$
$$d_{21} + 2d_{22} + 3d_{23} = 0$$
$$3d_{31} + 2d_{32} + d_{33} = 0$$
$$2d_{31} + 3d_{32} + 2d_{33} = 0$$
$$d_{31} + 2d_{32} + 3d_{33} = 1$$

分别解得

$$d_{11} = 0.5$$
$$d_{22} = 0.5$$
$$d_{33} = 0.5$$

则按式(7.63),可得估计量 x_1, x_2, x_3 的标准不确定度

$$u_{x_1} = s_{x_1} = s\sqrt{d_{11}} = 2.27 \times 10^{-3} \text{ mm} \times \sqrt{0.5} = 1.6 \times 10^{-3} \text{ mm}$$
$$u_{x_2} = s_{x_2} = s\sqrt{d_{22}} = 2.27 \times 10^{-3} \text{ mm} \times \sqrt{0.5} = 1.6 \times 10^{-3} \text{ mm}$$
$$u_{x_3} = s_{x_3} = s\sqrt{d_{33}} = 2.27 \times 10^{-3} \text{ mm} \times \sqrt{0.5} = 1.6 \times 10^{-3} \text{ mm}$$

思考与练习7

7.1　用最小二乘法处理测量数据的实质意义是什么?

7.2　残差方程与测量方程(条件方程)有何差别与联系?

7.3　正规方程的系数与残差方程的系数有何关系?

7.4　正规方程的系数在排列形式上有何特点?

7.5　不等精度测量数据最小二乘法处理的正规方程与等精度测量时的正规方程有何差别与联系?

7.6　对非线性参数残差方程作线性化处理时有何要求?

7.7　算术平均值原理、加权算术平均值原理与最小二乘法原理有何关系?

7.8　怎样理解最小二乘估计的无偏性?

7.9　最小二乘估计具有"最小方差"的含意是什么?

7.10　最小二乘估计的精度与什么因素有关? 提高最小二乘估计精度的途径有哪些?

7.11　将最小二乘法中计算测量数据标准差的公式与贝塞尔公式作一比较,二者有何差别与联系?

7.12　计算最小二乘估计的标准差时,系数 d_{ii} 的实质意义是什么? 它与最小二乘估计的权有何关系?

7.13　计算最小二乘估计标准差的系数 d_{ii} 的数值一般小于1,其意义是什么?

7.14　确定不等精度测量最小二乘估计的精度时,精度系数 d_{ii} 随权的改变而改变,这对精度估计有无影响? 为什么?

7.15　已知测量方程如下

$$\left.\begin{array}{l} Y_1 = X_1 \\ Y_2 = X_2 \\ Y_3 = X_1 + X_2 \end{array}\right\}$$

而 Y_1, Y_2, Y_3 的测量结果分别为 $l_1 = 5.26$ mm, $l_2 = 4.94$ mm, $l_3 = 10.14$ mm。试给出 X_1, X_2 的最小二乘估计 x_1, x_2 及其精度估计。

7.16 已知残差方程如下(单位略)

$$\left.\begin{array}{l} v_1 = 10.013 - x_1 \\ v_2 = 10.010 - x_2 \\ v_3 = 10.002 - x_3 \\ v_4 = 0.004 - (x_1 - x_2) \\ v_5 = 0.008 - (x_1 - x_3) \\ v_6 = 0.006 - (x_2 - x_3) \end{array}\right\}$$

求解未知量 x_1, x_2, x_3,并给出精度估计。

7.17 测得电阻 $R_1 = 2.105$ Ω, $R_2 = 1.800$ Ω,以及二电阻的并联值 $R_1 + R_2 = 3.121$ Ω,求电阻 R_1 和 R_2 的最小二乘估计值及其标准不确定度。

7.18 已知某一金属棒的电阻 R 与温度 t 的函数关系为 $R = a + bt$,为确定 a 值与 b 值,测量了七种不同温度下的电阻值,列入表 7.9 中,试给出 a 与 b 的最小二乘估计。

表 7.9

t_i/℃	19.1	25.0	30.1	36.0	40.0	45.0	50.0
R/ Ω	76.30	77.80	79.75	80.80	82.35	83.90	85.10

7.19 测力计示值 F 与测量时温度的对应值如表 7.10

表 7.10

T/℃	15	18	21	24	27	30
F/N	43.61	43.63	43.68	43.71	43.74	43.78

设 T 值无误差, F 为等精度测量的结果,若 F 随 T 的变化成线性关系,即

$$F = K_0 + KT$$

试给出系数 K_0 与 K 的最小二乘估计。

7.20 对米尺基准器的研究表明,其长度的修正值可表示为

$$\varepsilon_t = \varepsilon_0 + at + bt^2$$

式中 ε_t——t ℃ 时基准器长度的修正值, μm;

ε_0——0 ℃ 时基准器长度的修正值, μm;

a, b—— 温度系数;

t—— 温度,℃。

在不同温度下测得米尺基准器的修正值如表 7.11,求参数 ε_0、a 及 b 的最小二乘估计

及其标准不确定度。

表 7.11

$t_i/℃$	0.551	5.363	10.459	14.277	17.806	22.103	24.633	28.986	34.417
$\varepsilon_{ti}/\mu m$	5.70	47.61	91.49	124.25	154.87	192.64	214.57	252.09	299.84

7.21　已知测量方程为

$$\left.\begin{array}{l} l_1 = x \\ l_2 = y \\ l_3 = x + y \end{array}\right\}$$

不等精度的测量数据及其相应的权分别为 $l_1 = 5.24, p_1 = 2; l_2 = 2.49, p_2 = 2; l_3 = 7.76,$ $p_3 = 3$，试求 x 与 y 的最小二乘估计及其标准不确定度。

7.22　残差方程及相应的标准差如下（单位略）

$$\left.\begin{array}{ll} v_1 = 1.632 - x_1 & s_1 = 0.002 \\ v_2 = 0.510 - x_2 & s_2 = 0.002 \\ v_3 = 2.145 - (x_1 + x_2) & s_3 = 0.003 \\ v_4 = 3.771 - (2x_1 + x_2) & s_4 = 0.003 \\ v_5 = 4.187 - (x_1 + 5x_2) & s_5 = 0.003 \end{array}\right\}$$

试列出正规方程并求解。

7.23　已知不等精度测量的单位权标准差 $s_0 = 0.004$，正规方程为

$$\left.\begin{array}{l} 33x_1 + 32x_2 = 70.184 \\ 32x_1 + 117x_2 = 111.994 \end{array}\right\}$$

给出最小二乘估计的精度。

7.24　将下面的非线性方程组化成线性的方程组

$$\left.\begin{array}{l} v_1 = 3.42 - x_1^2 \\ v_2 = 2.25 - x_1 x_2 \\ v_3 = 3.73 - 2x_1 \\ v_4 = 3.12 - (x_1 + x_2) \end{array}\right\}$$

7.25　利用题 7.24 所得线性方程给出未知参数 x_1 与 x_2 的最小二乘估计及相应的精度估计。

7.26　对二个电容器的电容测量结果分别为 $C_1 = 0.2071\ \mu F, C_2 = 0.2056\ \mu F$，对并联电容测得值 $C_1 + C_2 = 0.4111\ \mu F$，串联电容测得值 $\dfrac{C_1 C_2}{C_1 + C_2} = 0.1035\ \mu F$，求电容量 C_1 与 C_2 的最可信赖值及其标准不确定度。

第8章 回归分析

回归分析是处理变量间相关关系的数理统计方法。相关变量间既有相互依赖性,又有某种不确定性。回归分析就是通过对一定数量的观测数据进行统计处理,以找出变量间相互依赖的统计规律。在测试技术的研究中,常需要拟合实验曲线、确定经验公式等,回归分析是处理这类问题不可缺少的方法。

8.1 一元线性回归

8.1.1 一元线性回归方程的求法

一元线性回归是处理随机变量 y 和变量 x 之间线性相关关系的一种方法。若变量 y 大体上随变量 x 的变化而变化,我们可以认为 y 是因变量,x 是自变量。在实际分析中,通过对一组 x、y 的观测数据进行一元回归分析,可得到这两个变量之间的经验公式。如果这两个变量间的关系是线性的,那么上述回归问题就称为一元线性回归,也就是通常所说的为观测数据配一条直线,或直线拟合等。

例 8.1 为获得某大量程电容式位移传感器的输入输出关系,测得一组实验数据如下。

位移 $x/$ mm	0	1	2	3	4	5	6	7
输出电压 $y/$V	0	0.099 89	0.199 83	0.299 94	0.400 08	0.500 25	0.600 36	0.700 39

先把数据点标在坐标纸上,如图 8.1 所示,这种图叫做散点图。从散点图上可大致看出输出电压 y 与位移 x 之间基本呈直线关系。假设 y、x 之间的关系是线性的,而数据点与直线的偏离是由测量过程中的随机因素引起的,这样便可按一元线性回归问题进行处理。

一元线性回归的数学模型为

$$y = \beta_0 + \beta x + \varepsilon \tag{8.1}$$

式中　x,y—— 满足线性数学模型的变量;

　　β_0,β—— 待定常数和系数;

　　ε—— 测量的随机误差。

当 x 的值为 $x_1,x_2,\cdots,x_N$ 时,相应地有

$$y_1 = \beta_0 + \beta x_1 + \varepsilon_1 \left.\vphantom{\begin{array}{c}1\\2\end{array}}\right\}$$
$$y_2 = \beta_0 + \beta x_2 + \varepsilon_2$$
$$\vdots$$
$$y_N = \beta_0 + \beta x_N + \varepsilon_N$$

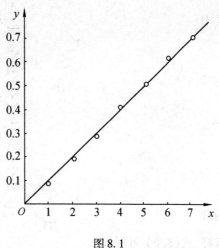

可以假定,测量误差 $\varepsilon_1,\varepsilon_2,\cdots,\varepsilon_N$ 服从同一正态分布 $N(0,\sigma)$,且彼此相互独立。这样就可用最小二乘法来估计式(8.1)中的参数 $\beta_0,\beta_\circ$ 若 b_0,b 分别为参数 β_0,β 的最小二乘估计量,那么就可得到一元线性回归方程

$$\hat{y} = b_0 + bx \tag{8.2}$$

式中,b_0,b 为回归方程中的常数和回归系数。

当 x 取值为 $x_1,x_2,\cdots,x_N$ 时,可有相应的回归值

图 8.1

$$\hat{y}_1 = b_0 + bx_1 \left.\vphantom{\begin{array}{c}1\\2\end{array}}\right\}$$
$$\hat{y}_2 = b_0 + bx_2$$
$$\vdots$$
$$\hat{y}_N = b_0 + bx_N$$

某一观测值 y_i 与回归值 $\hat{y}_i$ 之差用 v_i 表示,则有

$$v_i = y_i - \hat{y}_i = y_i - (b_0 + bx_i) \qquad (i = 1,2,\cdots,N)$$

它表示某一点 (x_i,y_i) 与回归直线的偏离程度。设全部观测值与回归直线的偏离平方和记为 Q,则

$$Q = \sum_{i=1}^{N} (y_i - \hat{y}_i)^2 = \sum_{i=1}^{N} [y_i - (b_0 + bx_i)]^2 \tag{8.3}$$

Q 值的大小反映了全部观测值与回归直线的偏离程度。要使回归直线与全部观测值拟合得最好,即两者的偏离程度最小,可利用最小二乘法原理,通过选择 b_0 和 b 值,使 Q 达到最小。即由式(8.3)分别对 b_0、b 求一阶偏导数,并令它们等于零,则有

$$\frac{\partial Q}{\partial b_0} = -2\sum_{i=1}^{N} [y_i - (b_0 + bx_i)] = 0 \tag{8.4}$$

$$\frac{\partial Q}{\partial b} = -2\sum_{i=1}^{N} [y_i - (b_0 + bx_i)]x_i = 0 \tag{8.5}$$

由式(8.4)有

$$b_0 = \frac{\sum\limits_{i=1}^{N} y_i}{N} - b\frac{\sum\limits_{i=1}^{N} x_i}{N} = \bar{y} - b\bar{x}$$

把 $b_0 = \bar{y} - b\bar{x}$ 代入式(8.5),经整理得

$$b = \frac{\sum\limits_{i=1}^{N} x_i y_i - \bar{y}\sum\limits_{i=1}^{N} x_i}{\sum\limits_{i=1}^{N} x_i^2 - \bar{x}\sum\limits_{i=1}^{N} x_i} \tag{8.6}$$

式中

$$\sum_{i=1}^{N} x_i y_i - \bar{y} \sum_{i=1}^{N} x_i =$$

$$\sum_{i=1}^{N} x_i y_i - \bar{y} \sum_{i=1}^{N} x_i - N\bar{x}\,\bar{y} + N\bar{x}\,\bar{y} =$$

$$\sum_{i=1}^{N} x_i y_i - \sum_{i=1}^{N} \bar{x} y_i - \sum_{i=1}^{N} \bar{y} x_i + \sum_{i=1}^{N} \bar{x}\,\bar{y} =$$

$$\sum_{i=1}^{N} (x_i y_i - \bar{x} y_i - \bar{y} x_i + \bar{x}\,\bar{y}) =$$

$$\sum_{i=1}^{N} (x_i - \bar{x})(y_i - \bar{y}) \tag{8.7}$$

同理

$$\sum_{i=1}^{N} x_i^2 - \bar{x} \sum_{i=1}^{N} x_i = \sum_{i=1}^{N} (x_i - \bar{x})^2 \tag{8.8}$$

这样,式(8.6)可写成

$$b = \frac{\sum_{i=1}^{N} (x_i - \bar{x})(y_i - \bar{y})}{\sum_{i=1}^{N} (x_i - \bar{x})^2} \tag{8.9}$$

或写成

$$b = \frac{h_{xy}}{h_{xx}} \tag{8.10}$$

式中

$$h_{xy} = \sum_{i=1}^{N} (x_i - \bar{x})(y_i - \bar{y}) = \sum_{i=1}^{N} \left(x_i y_i - \frac{1}{N} \left(\sum_{i=1}^{N} x_i \right) \left(\sum_{i=1}^{N} y_i \right) \right) \tag{8.11}$$

$$h_{xx} = \sum_{i=1}^{N} (x_i - \bar{x})^2 = \sum_{i=1}^{N} x_i^2 - \frac{1}{N} \left(\sum_{i=1}^{N} x_i \right)^2 \tag{8.12}$$

$$h_{yy} = \sum_{i=1}^{N} (y_i - \bar{y})^2 = \sum_{i=1}^{N} y_i^2 - \frac{1}{N} \left(\sum_{i=1}^{N} y_i \right)^2 \tag{8.13}$$

h_{yy} 在计算回归方程参数时并无用处,但在进一步分析中要用到。

至此,可根据求出的回归系数 b_0、b 确定一元线性回归方程

$$\hat{y} = b_0 + bx$$

简单的回归问题,可由人工计算,计算时需列表进行,这样既简便又便于核对。复杂的回归问题可借助电子计算机进行计算。

回归直线方程还可写成另一种形式,即把 $b_0 = \bar{y} - b\bar{x}$ 代入式(8.2)中,则有

$$\hat{y} = b_0 + bx = (\bar{y} - b\bar{x}) + bx$$

$$\hat{y} - \bar{y} = b(x - \bar{x})$$

这是我们熟悉的直线的点斜式方程,它表明回归直线通过点 $(\bar{x}, \bar{y})$。明确这一点,便于我们在坐标纸上绘出回归直线。绘图时,只须在数据域任取一点 x_0 代入回归方程,求出相应的 $\hat{y}_0$,得到回归线上的一点 $(x_0, \hat{y}_0)$,而另一点为 $(\bar{x}, \bar{y})$,过这两点的直线便是欲求的回归直线。

8.1.2 数据变换及处理

通常遇到的 (x_i, y_i) 值不便于计算,为了简化计算,可以将数据作适当的变换。有时数据稍作变换,还可保证有效数字的位数,以提高计算精度,特别在使用电子计算机和计算器计算时。常用的变换方法是把数据加(减)一个常数 c 或乘(除)一个常数 d,对计算结果并无影响。设 x_i 为原始数据,x'_i 为变换后的数据,令

$$x'_i = d_1(x_i - c_1), \quad y'_i = d_2(y_i - c_2)$$

则有

$$x_i = c_1 + \frac{x'_i}{d_1}, \quad y_i = c_2 + \frac{y'_i}{d_2}$$

同理有

$$\bar{x} = c_1 + \frac{\overline{x'}}{d_1}, \quad \bar{y} = c_2 + \frac{\overline{y'}}{d_2}$$

代入式(8.11),(8.12),(8.13),有

$$h_{xy} = \sum_{i=1}^{N}(x_i - \bar{x})(y_i - \bar{y}) = \sum_{i=1}^{N}(c_1 + \frac{x'_i}{d_1} - c_1 - \frac{\overline{x'}}{d_1})(c_2 + \frac{y'_i}{d_2} - c_2 - \frac{\overline{y'}}{d_2}) =$$

$$\frac{1}{d_1 d_2}\sum_{i=1}^{N}(x'_i - \overline{x'})(y'_i - \overline{y'}) = \frac{1}{d_1 d_2}h_{x'y'}$$

同理有

$$h_{xx} = \sum_{i=1}^{N}(x_i - \bar{x}) = \frac{1}{d_1^2}\sum_{i=1}^{N}(x'_i - \overline{x'})^2 = \frac{1}{d_1^2}h_{x'x'}$$

$$h_{yy} = \sum_{i=1}^{N}(y_i - \bar{y})^2 = \frac{1}{d_2^2}\sum_{i=1}^{N}(y'_i - \overline{y'})^2 = \frac{1}{d_2^2}h_{y'y'}$$

$h_{x'y'}, h_{x'x'}, h_{y'y'}$ 分别由式(8.11),(8.12),(8.13)求得。

例8.2 用例8.1中的大量程电容式位移传感器的实测数据,求出输出电压 y_i 与位移 x_i 之间的关系。

解 具体步骤如下:

(1)由例8.1知变量 y_i 与 x_i 之间大体呈线性关系,设它们满足一元线性回归方程

$$\hat{y} = b_0 + bx$$

把 x_i 和 y_i 的数据列入表8.1中。本数据比较简整,本可不做数据变换,但考虑到用电子计算机进行定点运算时,由于字长有限,如果数据中小数点的位置不适当,可能会造成计算时不应有的截断误差(如 $0.0002^2 = 0.00000004$,若显示为8位,结果就为零。若变换成 0.002,就有 $0.002^2 = 0.000004$,则无上述截断误差),故令

$$x'_i = x_i \quad (\text{即 } c_1 = 0, d_1 = 1)$$

$$y'_i = 10 y_i \quad (\text{即 } c_2 = 0, d_2 = 10)$$

(2)分别计算出 $x'_i, y'_i, x'^2_i, y'^2_i, x'_i y'_i$ 的值,填入表8.1中。

(3)对各列数据分别求和,列入表8.1中最下面一行。

(4)计算 h_{xx}, h_{yy}, h_{xy}

$$h_{x'x'} = \sum_{i=1}^{N}x'^2_i - \frac{1}{N}(\sum_{i=1}^{N}x'_i)^2 = 140 - \frac{1}{8} \times 28^2 = 42$$

表 8.1

序号	x_i	x'_i	y_i	y'_i	x'^2_i	y'^2_i	$x'_i y'_i$
1	0	0	0	0	0	0	0
2	1	1	0.099 89	0.998 90	1	0.997 80	0.998 90
3	2	2	0.199 83	1.998 30	4	3.993 20	3.996 60
4	3	3	0.299 94	2.999 40	9	8.996 40	8.998 20
5	4	4	0.400 08	4.000 80	16	16.006 40	16.003 20
6	5	5	0.500 25	5.002 50	25	25.025 01	25.012 50
7	6	6	0.600 36	6.003 60	36	36.043 21	36.021 60
8	7	7	0.700 39	7.003 90	49	49.054 62	49.027 30
$\sum_{i=1}^{8}$	28	28	2.800 74	28.007 40	140	140.116 64	140.058 30

$$h_{y'y'} = \sum_{i=1}^{N} y'^2_i - \frac{1}{N}\left(\sum_{i=1}^{N} y'_i\right)^2 = 140.116\ 64 - \frac{1}{8} \times 28.007\ 4 = 42.064\ 83$$

$$h_{x'y'} = \sum_{i=1}^{N} x'_i y'_i - \frac{1}{N}\left(\sum_{i=1}^{N} x'_i\right)\left(\sum_{i=1}^{N} y'_i\right) = 140.058\ 30 - \frac{1}{8} \times 28 \times 28.007\ 4 = 42.032\ 40$$

$$h_{xx} = \frac{1}{d_1^2} h_{x'x'} = \frac{1}{1^2} \times 42 = 42$$

$$h_{yy} = \frac{1}{d_2^2} h_{y'y'} = \frac{1}{10^2} \times 42.064\ 83 = 0.420\ 648\ 3$$

$$h_{xy} = \frac{1}{d_1 d_2} h_{x'y'} = \frac{1}{1 \times 10} \times 42.032\ 40 = 4.203\ 240$$

（5）计算 b, b_0

$$b = \frac{h_{xy}}{h_{xx}} = \frac{4.203\ 240}{42} = 0.100\ 077$$

$$b_0 = \bar{y} - b\bar{x} = \frac{1}{8} \times 2.800\ 74 - 0.100\ 077 \times \frac{1}{8} \times 28 = -0.000\ 177$$

（6）列回归方程

$$\hat{y} = b_0 + bx = -0.000\ 177 + 0.100\ 077x$$

8.1.3 回归方程的方差分析和显著性检验

求出了一元线性回归方程之后,需进一步检验所求的方程是否有意义。检验可分两步进行:首先进行方差分析;然后利用方差分析的结果,对回归方程进行显著性检验,以确定随机变量 y 与变量 x 之间线性关系的密切程度。

1. 回归方程的方差分析

N 个观测值 $y_1, y_2, \cdots, y_N$ 之间是有差异的,这个差异称为离差。它是由两方面的原因造成的,一是由因变量 y 与自变量 x 之间的线性依赖关系引起的,即当自变量 x 变化时,由因变量 y 所产生的线性变化引起的;二是由其他因素引起的,即由除 x、y 间的线性信赖关系以外的因素(包括测量误差)引起的。为了对回归方程进行检验,应设法把上述两种原因造成的影响分解开。

N 个测量值 $y_1, y_2, \cdots, y_N$ 之间的变化程度可用总离差平方和 $\sum\limits_{i=1}^{N}(y_i - \bar{y})^2$ 来表示,记为

$$S = \sum_{i=1}^{N}(y_i - \bar{y})^2 \qquad (8.14)$$

现对式(8.14)进行变换

$$
\begin{aligned}
S = \sum_{i=1}^{N}(y_i - \bar{y})^2 = \\
\sum_{i=1}^{N}\left[(y_i - \hat{y}_i) + (\hat{y}_i - \bar{y})\right]^2 = \\
\sum_{i=1}^{N}(y_i - \hat{y}_i)^2 + 2\sum_{i=1}^{N}(y_i - \hat{y}_i) \cdot \\
(\hat{y}_i - \bar{y}) + \sum_{i=1}^{N}(\hat{y}_i - \bar{y})^2
\end{aligned}
$$

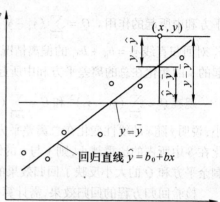

图 8.2

现分析中间项。把 $\hat{y}_i = b_0 + bx_i$ 和 $\bar{y}_i = b_0 + b\bar{x}$ 代入中间项,则有

$$
\begin{aligned}
2\sum_{i=1}^{N}(y_i - \hat{y}_i)(\hat{y}_i - \bar{y}) = \\
2\sum_{i=1}^{N}(y_i - b_0 - bx_i)(b_0 + bx_i - b_0 - b\bar{x}) = \\
2\sum_{i=1}^{N}(y_i - b_0 - b\bar{x} + b\bar{x} - bx_i)(bx_i - b\bar{x}) = \\
2b\sum_{i=1}^{N}\left[(y_i - \bar{y})(x_i - \bar{x}) - b(x_i - \bar{x})^2\right] = \\
2b\left[\sum_{i=1}^{N}(y_i - \bar{y})(x_i - \bar{x}) - b\sum_{i=1}^{N}(x_i - \bar{x})^2\right]
\end{aligned}
$$

由式(8.9)

有

$$\sum_{i=1}^{N}(x_i - \bar{x})(y_i - \bar{y}) = b\sum_{i=1}^{N}(x_i - \bar{x})^2$$

故

$$2\sum_{i=1}^{N}(y_i - \hat{y}_i)(\hat{y}_i - \bar{y}) = 0$$

这样,式(8.14)可写成

$$S = \sum_{i=1}^{N}(y_i - \bar{y})^2 = \sum_{i=1}^{N}(\hat{y}_i - \bar{y})^2 + \sum_{i=1}^{N}(y_i - \hat{y}_i)^2$$

令

$$U = \sum_{i=1}^{N}(\hat{y}_i - \bar{y})^2, \quad Q = \sum_{i=1}^{N}(y_i - \hat{y}_i)^2$$

则有

$$S = U + Q \qquad (8.15)$$

这样就把总的离差平方和 $S = \sum_{i=1}^{N} (y_i - \bar{y})^2$ 分解为包含 $(\hat{y}_i - \bar{y})^2$ 和 $(y_i - \hat{y}_i)^2$ 形式的两部分。$U = \sum_{i=1}^{N} (\hat{y}_i - \bar{y})^2$ 称为回归平方和，它反映了回归直线 $\hat{y} = b_0 + bx_i$ 对均值 $\bar{y}$ 的偏离情况，即由于 y 与 x 之间存在着线性依赖关系，y 随 x 的变化而产生的线性变化在总的离差平方和中所起的作用。$Q = \sum_{i=1}^{N} (y_i - \hat{y}_i)$ 称为剩余平方和，它反映了 y 的测量值 $y_1, y_2, \cdots,$ y_N 对回归直线 $\hat{y}_i = b_0 + bx_i$ 的偏离情况，即除 x、y 之间的线性依赖关系之外的其他因素引起的 y 的变化在总的离差平方和中所起的作用。

观察 $Q = \sum_{i=1}^{N} (y_i - \hat{y}_i)^2$ 和 $U = \sum_{i=1}^{N} (\hat{y}_i - \bar{y})^2$，由式 (8.15)，当 S 一定时，U 越大，则 Q 越小，说明 y 随 x 的线性变化在总离差平方和 S 中所占的比重越大，而其他因素引起的 y 的变化在 S 中所占的比重越小，则 y 与 x 的线性信赖关系就越密切。因此，回归平方和 U 相对剩余平方和 Q 的大小反映了回归效果的好坏。

检验回归方程的回归效果，需计算 Q 和 U。为便于计算，可将 U 写成如下形式

$$U = \sum_{i=1}^{N} (\hat{y}_i - \bar{y})^2 = \sum_{i=1}^{N} (b_0 + bx_i - b_0 - b\bar{x})^2 =$$
$$b^2 \sum_{i=1}^{N} (x_i - \bar{x})^2 = b \sum_{i=1}^{N} (x_i - \bar{x})(y_i - \bar{y}) = bh_{xy} \tag{8.16}$$

又因为

$$S = \sum_{i=1}^{N} (y_i - \bar{y}_i)^2 = h_{yy}$$

所以

$$Q = S - U = h_{yy} - bh_{xy} \tag{8.17}$$

设总的离差平方和 S、回归平方和 U 及剩余平方和 Q 各自对应的自由度分别为 ν_S、ν_U 及 ν_Q。三个自由度之间的关系为

$$\nu_S = \nu_U + \nu_Q \tag{8.18}$$

S 所用的数据为 N 个，但由式 $S = \sum_{i=1}^{N} (y_i - \bar{y})$ 可知，它们受平均值 $\bar{y}$ 的约束，相当于有一个测量值不是独立的，即失去一个自由度，故有 $\nu_S = N - 1$；回归平方和 U 所对应的自由度反映自变量的个数，对一元线性回归方程来说，自变量的个数为 1，故有 $\nu_U = 1$，由式 (8.18) 可求出剩余平方和 Q 所对应的自由度为

$$\nu_Q = \nu_S - \nu_N = (N - 1) - 1 = N - 2$$

用 S、U 和 Q 分别除以各自对应的自由度 ν_S、ν_U 和 ν_Q，得

$$\left. \begin{aligned} E_S^2 &= \frac{S}{\nu_S} \\ E_U^2 &= \frac{U}{\nu_U} \\ E_Q^2 &= \frac{Q}{\nu_Q} \end{aligned} \right\} \tag{8.19}$$

式中，E_S^2 可看作各种因素对离差影响的平均效应；而 E_U^2 可看作是自变量的变化对离差影响的平均效应；E_Q^2 可看作是其他因素对离差影响的平均效应。这样，同时考虑 S,U,Q 和自由度 ν_S,ν_U,ν_Q，就可恰当地反映测量数据波动的大小。

2. 回归方程的显著性检验

为定量地说明 y 与 x 的线性密切程度，现作回归方程的显著性检验，通常用 F 检验法，即计算统计量

$$F = \frac{U/\nu_U}{Q/\nu_Q} \tag{8.20}$$

对一元线性回归，有

$$F = \frac{U/1}{Q/N-2} \tag{8.21}$$

这种检验也叫做用剩余平方和 Q 去检验（比较）回归平方和 U。得到这个公式后，我们就可大致按下面的步骤进行计算和检验：

（1）由式（8.21）计算出 F 值。

（2）根据给定的显著性水平 $a = 1 - P$（事先给出的要求），从 F 分布表（该表见书后附录）中查取临界值 $F_a(1,N-2)$。表中的两个自由度 ν_1,ν_2，即 ν_U 和 ν_Q 分别为 1 和 $N-2$。

（3）比较计算得到的 F 值和查表所得的 F_a 值，若

$$F \geqslant F_a(1,N-2)$$

则可认为回归效果是显著的，即变量 y 对 x 的线性关系是密切的，若

$$F < F_a(1,N-2)$$

则认为回归效果不显著，即变量 y 对 x 的线性关系不密切。

通常显著性水平可分为以下几级：如果

$$F \geqslant F_{a=0.01}(1,N-2)$$

就可认为回归效果高度显著，一般称为在 0.01 水平上显著，即可信赖程度为 99% 以上；如果

$$F_{a=0.05}(1,N-2) \leqslant F \leqslant F_{a=0.01}(1,N-2)$$

就可认为回归效果是显著的，称为在 0.05 水平上显著，即可信赖程度在 95% 和 99% 之间；如果

$$F < F_{a=0.10}(1,N-2)$$

则一般可认为回归效果不显著，此时 y 对 x 的线性关系不密切。

3. 剩余方差与剩余标准差

剩余平方和除以它所对应的自由度 ν_Q 可得

$$s_Q^2 = \frac{Q}{N-2} = \frac{1}{N-2}\sum_{i=1}^{N}(y_i - \hat{y}_i)^2$$

s_Q^2 称为剩余方差，剩余方差的平方根

$$s_Q = \sqrt{\frac{Q}{N-2}}$$

称为剩余标准差，它表明在单次测量中，由线性因素以外的其他因素引起的 y 的变化程

度。s_Q 越小,回归直线的精度就越高。

例 8.3 试对例(8.2)中求出的回归方程进行显著性检验。

解 具体步骤如下:

(1) 利用例 8.2 中得到 $h_{xy}, h_{xx}, h_{yy}, b$,求 U, Q, S。则有

$$S = h_{yy} = 0.420\ 648\ 3$$

$$U = bh_{xy} = 0.100\ 077 \times 4.203\ 240 = 0.420\ 647\ 6$$

$$Q = h_{yy} - bh_{xy} = 0.420\ 648\ 3 - 0.420\ 647\ 6 = 0.000\ 000\ 7$$

(2) 计算 ν_U, ν_Q, F

$$\nu_U = 1, \quad \nu_Q = 8 - 2 = 6$$

$$F = \frac{U/1}{Q/(N-2)} = \frac{0.420\ 647\ 6/1}{0.000\ 000\ 7/6} \approx 3.61 \times 10^6$$

(3) 根据 ν_U, ν_Q 查表(题中未给出 α)

$$\nu_1 = \nu_v = 1, \quad \nu_2 = \nu_Q = 6$$

在 $\alpha = 0.01$ 级表中查得

$$F_{a=0.01}(1,6) = 13.74$$

由于(4) 判别

$$F \approx 3.61 \times 10^6 \gg F_{a=0.01}(1,6) = 13.74$$

故回归效果高度显著。

(5) 求剩余标准差 s_Q

$$s_Q = \sqrt{\frac{Q}{N-2}} = \sqrt{\frac{0.0000007}{6}} \approx 0.000342$$

8.1.4　利用重复测量数据检验回归方程拟合质量

前面讨论的显著性检验可以告诉我们所求得的回归方程是否有意义,但它并不完善,它只能粗略地说明回归效果的好坏。这是因为,Q 对 U 的显著性检验只反映 x 的一次项是否是影响 y 的主要因素,而未表明在影响 y 的因素中,除 x 以外,是否还有一个或几个不可忽略的其他因素,也未表明 y 与 x 的关系是否确实是线性的。

实际上,在剩余平方和 Q 中,不仅包含测量误差的影响,还包含着 x 对 y 的非线性影响,及除此之外的那些未加控制的因素的影响。通过重复测量的方法,可以把剩余平方和 Q 分解为误差平方和 Q_E 及失拟平方和 Q_L。Q_E 反映了测量误差的影响在剩余平方和中所占的比重;Q_L 反映了 x 对 y 的非线性影响和其他未加控制的因素对 y 的影响。Q, Q_E, Q_L 三者的关系为

$$Q = Q_E + Q_L$$

如果用误差平方和 Q_E 对失拟平方和 Q_L 进行 F 检验,就可以确定回归方程拟合的好坏。下面讨论如何进行这项检验。

设取 N 个测量点,每个测量点重复测量 m 次,此时各平方和及其各自对应的自由度有如下关系

$$S = U + Q_L + Q_E \tag{8.22}$$

$$\nu_S = \nu_U + \nu_{QL} + \nu_{QE} \tag{8.23}$$

它们的计算式如下

$$S = \sum_{j=1}^{m} \sum_{i=1}^{N} (y_{ij} - \bar{y})^2, \quad \nu_S = Nm - 1 \tag{8.24}$$

$$U = m \sum_{i=1}^{N} (\hat{y}_i - \bar{y})^2, \quad \nu_U = 1 \tag{8.25}$$

$$Q_L = m \sum_{i=1}^{N} (\bar{y}_i - \hat{y}_i)^2, \quad \nu_{QL} = N - 2 \tag{8.26}$$

$$Q_E = \sum_{j=1}^{m} \sum_{i=1}^{N} (y_{ij} - \bar{y}_i)^2, \quad \nu_{QE} = N(m - 1) \tag{8.27}$$

式中　　$\bar{y}$——N 个测量点上的数据 $\bar{y}_1, \bar{y}_2, \cdots, \bar{y}_i, \cdots, \bar{y}_N$ 的算术平均值;

　　　　$\bar{y}_i$—— 在第 i 个测量点上,重复测量 m 次得到的 $y_{i1}, y_{i2}, \cdots, y_{im}$ 的算术平均值;

　　　　$\hat{y}_i$—— 第 i 个回归值。

在重复测量之后进行的显著性检验通常按如下步骤进行。

首先用误差平方和 Q_E 对失拟平方和 Q_L 进行 F_1 检验,作变量

$$F_1 = \frac{Q_L / \nu_{QL}}{Q_E / \nu_{QE}}$$

为清楚起见,可分成两种情况讨论。

1. $F_1 > F_a(\nu_{QL}, \nu_{QE})$ 的情况

如果 $F_1 > F_a(\nu_{QL}, \nu_{QE})$,则检验结果是显著的,这说明失拟误差相对于测量误差说是不能忽略的。这时可能存在以下几种情况:

(1)影响因变量 y 的因素除自变量 x 外,至少还有一个不可忽略的因素;

(2)y 与 x 不是线性关系,而是某种非线性关系;

以上情况表明,所选择的一元线性回归这一数学模型可能与实际情况不符合。这时,应对测量误差平方和 Q_E 和剩余误差平方和 Q 的情况作进一步分析。

先用 Q_E 对 U 进行 F_2 检验,即

$$F_2 = \frac{U / \nu_U}{Q_E / \nu_{QE}}$$

如果

$$F_2 > F_a(\nu_U, \nu_{QE})$$

即检验结果显著,则说明测量误差很小。这时,可再用 Q 对 U 进行 F_3 检验,即

$$F_3 = \frac{U / \nu_U}{Q / \nu_Q}$$

如果

$$F_3 > F_a(\nu_U, \nu_Q)$$

即检验结果显著,则说明剩余误差也很小。如果剩余标准差小于事先要求的标准差,即

$$s_Q = \sqrt{\frac{Q}{N - 2}} < s$$

则所求的回归方程可以使用,否则不能使用,或进一步分析原因,重新建立回归方程。

2. $F_1 < F_a(\nu_{QL}, \nu_{QE})$ 的情况

如果
$$F_1 < F_a(\nu_{QL}, \nu_{QE})$$
即检验结果不显著,则说明非线性误差相对于测量误差很小,或者说,由测量误差等随机因素起主要作用。这时,可把 Q_L 与 Q_E 合并起来,二者之和对 U 进行 F_2 检验,即
$$F_2 = \frac{U/\nu_U}{(Q_L + Q_E)/(\nu_{QL} + \nu_{QE})}$$
如果
$$F_2 > F_a[\nu_U, (\nu_{QL} + \nu_{QE})]$$
即检验结果显著,则表明所求的一元线性回归方程对数据拟合得较好,方程是可用的。
如果
$$F_2 < F_a[\nu_U, (\nu_{QL} + \nu_{QE})]$$
即检验结果不显著,则可能有如下几种情况:

(1) 测量误差与非线性误差都很大;

(2) 测量误差过大;

(3) 回归直线斜率很小,接近水平。

对第(1)、(2) 两种情况来说,所求的一元线性回归方程不理想,对数据拟合得不好;对第(3) 种情况则不能下这样的结论,必须根据剩余标准差 s_Q 的大小来决定回归方程是否可用。如
$$s_Q = \sqrt{\frac{Q}{N-2}} < s$$
则所求的一元线性回归方程可用。式中 s 是事先给定的。

对 $F_1 < F_a(\nu_{QL}, \nu_{QE})$ 的情况,要进一步估计测量误差的大小,还可用另一种检验方法,即用 Q_E 对 U 进行 F_2 检验。
$$F_2 = \frac{U/\nu_U}{Q_E/\nu_{QE}}$$
如果
$$F_2 > F_a(\nu_U, \nu_{QE})$$
即检验结果显著,则可再用 Q_L 与 Q_E 之和对 U 进行 F_3 检验,即
$$F_3 = \frac{U/\nu_U}{(Q_L + Q_E)/(\nu_{QL} + \nu_{QE})}$$
如果
$$F_3 > F_a[\nu_U, (\nu_{QL} + \nu_{QE})]$$
即检验结果显著,则说明所求的一元线性回归方程比较理想,对数据拟合得比较好。

重复测量可把误差平方和 Q_E 和失拟平方和 Q_L 从剩余平方和 Q 中分离出来,有利于较精确地进行统计分析,便于认清各种误差的来源及它们所产生影响的大小。但重复测量需要一定的条件,且工作量较大,在有些情况下难以做到,这时,用 Q 对 U 的 F 检验也可以大致评定出回归效果的好坏。

例 8.4 用标准测力机对应变式测力传感器进行静态校准,数据见表 8.2,试检验所求回归方程的可用性。

表 8.2

序号	力值 x_i/kN	传感器输出电压 y_{ij}/ mV						六次读数平均值 $\bar{y}_i$
		升程 y_{i1}	回程 y_{i2}	升程 y_{i3}	回程 y_{i4}	升程 y_{i5}	回程 y_{i6}	
1	0	0	0.002	0	0.002	0	0.002	0.001
2	3	5.294	5.292	5.298	5.296	5.296	5.294	5.295 0
3	6	10.514	10.504	10.508	10.500	10.509	10.504	10.506 5
4	9	15.712	15.704	15.520	15.708	15.670	15.652	15.661 0
5	12	20.918	20.916	20.918	20.914	20.918	20.915	20.916 5
6	15	26.122	26.125	26.126	26.129	26.127	26.124	26.125 5
7	18	31.330	31.330	31.330	31.330	31.330	31.330	31.330
$\sum$	63							109.835 5

解 具体步骤如下:

1. 求回归方程

(1)把 x_i 和 $\bar{y}_i$ 数据填入表 8.3,数据较简短,可不作变换。

表 8.3

序号	x_i	$\bar{y}_i$	x_i^2	$\bar{y}_i^2$	$x_i\bar{y}_i$	$\hat{y}_i$
1	0	0.0010	0	0.000001	0	0.0417
2	3	5.2950	9	28.037 025	15.885 0	5.258 1
3	6	10.506 5	36	110.386 542	63.039 0	10.474 4
4	9	15.661 0	81	245.266 921	140.949 0	15.690 8
5	12	20.916 5	144	437.499 972	250.998 0	20.907 2
6	15	26.125 5	225	682.541 750	391.882 5	26.123 5
7	18	31.330 0	324	981.568 900	563.940 0	31.339 9
$\sum$	63	109.835 5	819	2 485.301 111	1 426.693 5	109.835 6

(2)分别计算各列数据的和 $\sum\limits_{i=1}^{7} x_i$,$\sum\limits_{i=1}^{7} \bar{y}_i$,$\cdots$,填入表中最下一行。

(3)计算 h_{xx},$h_{\bar{y}\bar{y}}$,$h_{x\bar{y}}$

$$h_{xx} = \sum_{i=1}^{7} x_i^2 - \frac{1}{7}\left(\sum_{i=1}^{7} x_i\right)^2 = 819 - \frac{1}{7} \times 63^2 = 252$$

$$h_{\bar{y}\bar{y}} = \sum_{i=1}^{7} \bar{y}_i^2 - \frac{1}{7}\left(\sum_{i=1}^{7} \bar{y}_i\right)^2 = 2\ 485.301\ 111 - \frac{1}{7} \times 109.835\ 5^2 = 761.895\ 811$$

$$h_{x\bar{y}} = \sum_{i=1}^{7} x_i\bar{y}_i - \frac{1}{7}\left(\sum_{i=1}^{7} x_i\right)\left(\sum_{i=1}^{7} \bar{y}_i\right) = 1\ 426.693\ 5 - \frac{1}{7} \times 63 \times 109.835\ 5 = 438.174$$

(4)计算 b,b_0

$$b = \frac{h_{x\bar{y}}}{h_{xx}} = \frac{438.174}{252} = 1.738\ 786$$

$$b_0 = \bar{y} - b\bar{x} = \frac{1}{7}\sum_{i=1}^{7}\bar{y}_i - b \cdot \frac{1}{7}\sum_{i=1}^{7}x_i = \frac{1}{7} \times 109.835\ 5 - 1.738\ 786 \times \frac{1}{7} \times 63 = 0.041\ 712$$

（5）求得回归方程

$$\hat{y} = b_0 + bx = 0.041\ 712 + 1.738\ 786x$$

2. 检验

（1）由表8.3求出的 $\bar{y}_i, \hat{y}_i, \bar{y}$ 计算表8.4，求出 S, U, Q_L, Q_E 及对应的自由度。

表8.4

序号	$(y_{i1} - \bar{y})^2$	$(y_{i2} - \bar{y})^2$	$(y_{i3} - \bar{y})^2$	$(y_{i4} - \bar{y})^2$	$(y_{i5} - \bar{y})^2$	$(y_{i6} - \bar{y})^2$	$(\bar{y}_i - \hat{y}_i)^2$	$(\hat{y}_i - \bar{y})^2$
1	246.201 20	246.138 45	246.201 20	246.138 45	246.201 20	246.138 45	0.001 66	244.894 33
2	108.093 45	108.135 04	108.010 29	108.051 87	108.051 87	108.093 45	0.001 36	108.841 23
3	26.799 26	26.902 89	26.861 42	26.944 40	26.851 05	26.902 89	0.001 03	27.210 83
4	0.000 45	0.000 17	0.029 17	0.000 30	0.000 43	0.001 51	0.000 89	0
5	27.323 62	27.302 72	27.323 62	27.281 82	27.323 62	27.292 27	0.000 09	27.210 83
6	108.809 93	108.872 53	108.893 40	108.956 02	108.914 27	108.851 66	0	108.841 23
7	244.584 58	244.584 58	244.584 58	244.584 58	244.584 58	244.584 58	0.001 0	244.894 33
$\sum$	761.812 49	761.936 38	761.903 68	761.957 44	761.927 02	761.864 81	0.005 13	761.892 78

由表中计算的结果求得

$$S = \sum_{j=1}^{6}\sum_{i=1}^{7}(y_{ij} - \bar{y})^2 = \sum_{j=1}^{7}(y_{i1} - \bar{y})^2 + \sum_{i=1}^{7}(y_{i2} - \bar{y})^2 + \sum_{i=1}^{7}(y_{i3} - \bar{y})^2 +$$

$$\sum_{i=1}^{7}(y_{i4} - \bar{y})^2 + \sum_{i=1}^{7}(y_{i5} - \bar{y})^2 + \sum_{i=1}^{7}(y_{i6} - \bar{y})^2 = 4\ 571.401\ 82$$

$$U = 6\sum_{i=1}^{7}(\hat{y}_i - \bar{y})^2 = 4\ 571.356\ 68$$

$$Q_L = 6\sum_{i=1}^{7}(\bar{y}_i - \hat{y}_i)^2 = 0.030\ 78$$

$$Q_E = S - U - Q_L = 0.014\ 36$$

$$\nu_S = Nm - 1 = 7 \times 6 - 1 = 41$$

$$\nu_U = 1$$

$$\nu_{QL} = N - 2 = 7 - 2 = 5$$

$$\nu_{QE} = N(m - 1) = 7(6 - 1) = 35$$

（2）对所求回归方程进行检验

$$F_1 = \frac{Q_L/\nu_{QL}}{Q_E/\nu_{QE}} = \frac{0.030\ 78/5}{0.014\ 36/35} = 15.01$$

由 $\nu_1 = \nu_{QL} = 5, \nu_2 = \nu_{QE} = 35$ 查 F 表，有

$$F_{a=0.01}(5,35) = 3.61$$

$$F_1 = 15.01 > F_{a=0.01}(5,35) = 3.61$$

检验结果显著，说明失拟误差相对于测量误差是不可忽略的，对本题有二种可能：一是影

响 y 的因素除 x 外,还有其他因素;二是 y 与 x 有一定程度的曲线关系。

再用 Q_E 对 U 进行 F_2 检验

$$F_2 = \frac{U/\nu_U}{Q_E/\nu_{QE}} = \frac{4\ 571.401\ 82/1}{0.014\ 36/35} = 1.11 \times 10^7 \gg F_{a=0.01}(1,35) = 7.435$$

检验结果高度显著,可用 $Q_E + Q_L = Q$ 对 U 进行 F_3 检验

$$F_3 = \frac{U/\nu_U}{Q/\nu_Q} = \frac{4\ 571.401\ 82/1}{(0.014\ 36 + 0.030\ 78)/40} = 4.05 \times 10^6$$

$$F_3 = 4.05 \times 10^6 \gg F_{a=0.01}(1,40) = 7.31$$

同样高度显著,说明 Q_E 和 Q 都很小,此时,如果剩余标准差 s_Q 小于给定的标准差 s,则所求的回归方程仍是可用的。

8.1.5 根据回归方程预报和控制因变量 y 的取值

在求得回归方程并进行检验之后,就可根据回归方程精确预报和控制因变量 y 的取值,以减少 y 与 x 的线性关系以外的其他因素对 y 的影响。

所谓预报就是在一定的显著性水平 α 上,或在一定的可信赖程度上确定与 x 相对应的 y 的取值范围。

一般来说,如果变量 x 服从正态分布,那么对于每个确定的 $x = x_0$,y 的取值也服从正态分布。当 $x = x_0$ 时,回归方程的相应值为 $\hat{y}_0 = b_0 + bx_0$,其方差可用剩余方差 s_Q^2 来估计。

由正态分布的性质,y 值落在 $\hat{y}_0 \pm 2s_Q$ 的区间内约占 95.4%;落在 $\hat{y}_0 \pm 3s_Q$ 的区间内约占 99.7%。

这就是回归方程所预报的结果,可见 s_Q 越小,区间就越小,预报的 y 值就越精确。因此,可把剩余标准差作为预报精度的指标。

这个结论对一切通常取值范围内的 x 都成立。所以,如果在平面图上作两条与回归直线平行的直线

$$y' = b_0 - 2s_Q + bx$$
$$y'' = b_0 + 2s_Q + bx$$

那么,可能出现的全部 y 值大约有 95.4% 的点落在这两条直线所夹的范围内,如图 8.3 所示。这个结论同样适用于 N 个观测点。

所谓控制是与预报相反的问题。若要求观测值 y 在一定的范围内出现,则可由回归方程反过来确定自变量 x 的控制范围。类似地,如果要将 y 控制在 $y_1 < y < y_2$ 内,只要通过回归方程(若置信系数仍取 2)

$$y_1 = b_0 - 2s_Q + bx_1$$
$$y_2 = b_0 + 2s_Q + bx_2$$

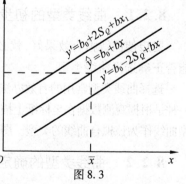

图 8.3

解出 x_1, x_2,便可确定出 x 值的控制范围。

须注意两点:第一,回归方程一般仅局限于原来观测数据的取值范围,不能随意外推,即不能在观测数据以外使用。这是因为,回归方程是在一定的实验条件下,从实际观测数

据中求得的,所以它反映的规律只在该实验范围内有效;第二,由回归方程预报和控制是在假定回归方程稳定的前提下进行的。如果回归方程本身不稳定,则对每个固定的x值,y的取值以$\hat{y} = b_0 + bx$为中心有一定的变化,此时,y的标准差为

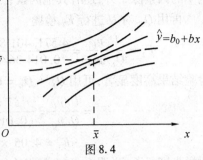

图 8.4

$$s_y = s \sqrt{1 + \frac{1}{N} + \frac{(x - \bar{x})^2}{\sum (x - \bar{x})^2}}$$

s_y比s大。这表明按回归方程预报y值时,其预报精度与x有关,越靠近平均值$\bar{x}$,预报精度也越高;离$\bar{x}$越远,预报精度也越低。在图 8.4 中,两条虚线间表示回归值$\hat{y}$的变动范围,两条实线间表示预报值的变动范围。

当N相当大,且x离$\bar{x}$较近时,式中$1/N$与$(x - \bar{x})^2/\sum (x - \bar{x})^2$两项趋近于零,$s_y$趋近于$s$,二曲线趋近于二直线(如图 8.3)。

总之,要使回归方程反映真实情况,必须提高它的精度和稳定性,即满足下列条件:

(1) 尽量提高观测数据本身的精度;

(2) 尽量增加观测数据的个数N;

(3) 增大观测数据中自变量的离散程度。

8.2　一元非线性回归

在测试技术中,还会经常遇到两变量为非线性关系,即某种曲线关系的问题。对这类非线性问题,如果仍直接用最小二乘法原理去求解,计算过程将会非常复杂。这个矛盾常用以下两种方法来解决,一种是通过变量代换,化曲线回归问题为直线回归问题,这样就可以用求解一元线性回归方程的方法对其求解;另一种是通过级数展开,把曲线函数变成多项式的形式,即直接用回归多项式来描述两个变量x、y之间的关系,这样就把解曲线回归问题转换成解多项式回归问题。这里,我们主要介绍,用第一种方法解曲线回归问题。

8.2.1　曲线类型的初步选择

要想使曲线拟合效果好,就必须恰当地进行线性化转换,而实现恰当转换的关键在于能否正确选择曲线类型。

选择曲线类型常用的有效办法有两种;一种是根据专业理论知识和以往的经验来选取;另一种是根据观测数据在坐标纸上描出大致的曲线图形,然后与典型曲线对比,选择最相近的典型曲线作为该拟合曲线的类型。图 8.8 至图 8.13 是一些典型的可线性化的二变量曲线。

8.2.2　曲线类型的确定

所选择的曲线类型是否合适,需要通过检验才能确定。如果在所选择的曲线函数中参数在两个以下,可用直接法检验并确定其参数;如果参数多于两个,则可用表差法检验,并确定方程的次数。

1. 直线法

用直线法检验并确定参数可分成四步进行：

（1）化曲线形式为直线形式，即把预选的回归方程写成直线形式

$$y' = a' + b'x'$$

式中　x', y'——分别为 x, y 的函数；

　　　a', b'——分别为对应于 a, b 的常数和系数。

（2）求出若干对与 x, y 相对应的 x', y' 的值（x, y 取值时，间隔大些为宜）；

（3）以 x' 和 y' 为变量在 $x' - y'$ 坐标上画出散点图。若所得散点图大致为一直线，则表明所选择的曲线类型是合适的，否则应重新选择；

（4）如果选择的曲线类型合适，回归曲线的形式便确定了，而参数 a, b 还要根据变换后的直线公式 $y' = a' + b'x'$ 来确定。这样，问题就被转化为求解一元线性回归方程的参数问题。求解之前须进行数据变换，即把 x, y 的数据值转换成相应的 x', y' 值。下面举例说明如何用直线法确定曲线类型。

例 8.5　表 8.5 是一组光导纤维的直径 x_i 与极限分辨率 y_i 的实测数据，试确定 x, y 之间的曲线类型并求出回归方程。

表 8.5

光纤直径 x_i/mm	1	2	4	5	6	8	10	12	14	16	18	20	25
极限分辨率 y_i/mm^{-1}	500	250	125	100	33	63	50	42	36	31	28	25	20

解　具体步骤如下：

（1）首先根据数据画出散点图，观察曲线的大致形状，散点见图 8.5；

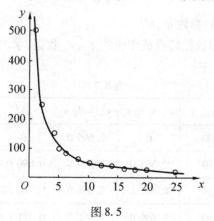

图 8.5

（2）把所绘图形与图 8.8 至图 8.13 中的典型图形比较，发现与图 8.9 中 $b < 0$ 时的幂函数曲线最相近，故取回归方程形式为

$$y = ax^b \qquad (b < 0)$$

（3）对 $y = ax^b$ 进行检验

① 化曲线形式为直线形式，令

$$y' = \lg y, \ x' = \lg x, \ a' = \lg a, \ b' = b$$

则有 $\qquad\qquad\qquad\qquad\qquad y' = a' + b'x'$

② 把 4 对 x, y 值转换为相应的 x', y' 值,见表 8.6。

表 8.6

x	$x' = \lg x$	y	$y' = \lg y$
1	0	500	2.7
5	0.7	100	2
10	1	50	1.7
20	1.3	25	1.4

③ 以 x', y' 为变量画图,图形为一直线(见图 8.6)故所选择的回归曲线类型是适当的。

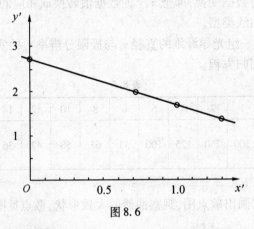

图 8.6

(4) 求 $y' = a' + b'x'$ 的参数 a', b'

① 列表 8.7,把 x_i, y_i 的数据转换成相应的 x'_i, y'_i 数据,求出 $x'^2_i, y'^2_i, x'_iy'_i$ 的值,并求出对应的和,也列入表 8.7 中;

表 8.7

序号	x_i	y_i	$x'_i = \lg x_i$	$y'_i = \lg y_i$	x'^2_i	y'^2_i	$x'_iy'_i$
1	1	500	0	2.699 0	0	7.284 60	0
2	2	250	0.301 0	2.397 9	0.090 60	5.749 92	0.721 77
3	4	125	0.602 1	2.096 9	0.362 52	4.396 99	1.262 54
4	5	100	0.699 0	2.000 0	0.488 60	4.000 00	1.398 00
5	6	83	0.778 2	1.919 1	0.605 60	3.682 94	1.493 37
6	8	63	0.903 1	1.799 3	0.815 59	3.237 48	1.624 95
7	10	50	1.000 0	1.699 0	1.000 00	2.886 60	1.699 00

续表 8.7

序号	x_i	y_i	$x'_i = \lg x_i$	$y'_i = \lg y_i$	x'^2_i	y'^2_i	$x'_i y'_i$
8	12	42	1.079 2	1.623 2	1.164 67	2.634 78	1.751 76
9	14	36	1.146 1	1.556 3	1.313 55	2.422 07	1.783 68
10	16	31	1.204 1	1.491 4	1.449 86	2.224 27	1.795 79
11	18	28	1.255 3	1.447 2	1.575 78	2.094 39	1.816 67
12	20	25	1.301 0	1.397 9	1.692 60	1.954 12	1.818 67
13	25	20	1.397 9	1.301 0	1.954 12	1.692 60	1.818 67
$\sum$	141	1 353	11.667 0	23.428 2	12.513 49	44.260 76	18.985 27

② 计算中间值($N = 13$)

$$h_{x'x'} = \sum_{i=1}^{13} x'^2_i - \frac{1}{13} \left(\sum_{i=1}^{13} x_i \right)^2 = 12.513\ 49 - \frac{1}{13} \times 11.667\ 0^2 = 2.042\ 81$$

$$h_{y'y'} = \sum_{i=1}^{13} y'^2_i - \frac{1}{13} \left(\sum_{i=1}^{13} y_i \right)^2 = 44.260\ 76 - \frac{1}{13} \times 23.428\ 2^2 = 2.039\ 18$$

$$h_{x'y'} = \sum_{i=1}^{13} x'_i y'_i - \frac{1}{13} \left(\sum_{i=1}^{13} x'_i \right) \left(\sum_{i=1}^{13} y'_i \right) = 18.985\ 27 - 21.025\ 91 = -2.040\ 64$$

③ 计算 b', a'

$$b' = \frac{h_{x'y'}}{h_{x'x'}} = \frac{-2.040\ 64}{2.042\ 81} = -0.998\ 94$$

$$a' = \bar{y}' - b' \bar{x}' = 1.802\ 17 - (-0.998\ 94) \times 0.897\ 46 = 2.698\ 68$$

（5）求出 a, b

由

$$a' = \lg a, \quad b' = b$$

得

$$a = \lg^{-1} a' = \lg^{-1} 2.698\ 68 = 499.666\ 23$$

$$b = b' = -0.998\ 94$$

（6）求出曲线的回归方程

$$\hat{y} = a x^b = 499.666\ 23 x^{-0.998\ 94}$$

下面介绍确定曲线类型的另一种方法——表差法。

2. 表差法

如果曲线函数中的参数在两个以上,或者是曲线函数可以转化为多项式的形式,而多项式的常数及系数的数目在两个以上,特别是有些曲线函数尽管只有两个参数,但不能转化成直线形式,那么所选择的曲线类型可用表差法检验,并确定曲线方程的次数。其步骤如下:

（1）根据 x、y 的观测数据画出图形;

（2）选择定差 Δx,也就是步距。然后根据选定的步距在图上取 x_i、y_i 的对应值列表;

（3）根据取得的 x_i、y_i 值,求出相应的差值 $\Delta^j y_i$,即

$$\Delta y_1 = y_2 - y_1, \quad \Delta y_2 = y_3 - y_2, \cdots \text{称为第一阶差};$$

$$\Delta^2 y_1 = \Delta y_2 - \Delta y_1, \Delta^2 y_2 = \Delta y_3 - \Delta y_2, \cdots \text{称为第二阶差};$$

$$\Delta^3 y_1 = \Delta^2 y_2 - \Delta^2 y_1, \Delta^3 y_2 = \Delta^2 y_3 - \Delta^2 y_2, \cdots \text{称为第三阶差};$$

$$\vdots$$

$$\Delta^n y_1 = \Delta^{n-1} y_2 - \Delta^{n-1} y_1, \Delta^n y_2 = \Delta^{n-1} y_3 - \Delta^{n-1} y_2, \cdots \text{称为第} n \text{阶差}$$

（4）若发现第 j 阶差 $\Delta^j y_i$ 的各项 $\Delta^j y_1, \Delta^j y_2, \cdots$ 相差很小，近似为一常数，则表明所选出的曲线类型是恰当的，且多项式方程的次数为 j。

表（8.8）列出了常用的方程式类型及用表差法确定对应的方程式的次数时的步骤和标准。

表 8.8

序号	方程式类型	根据 Δx、$\Delta(\frac{1}{x})$ 或 $\Delta \lg x$ 为常数的步骤		确定方程式的标准
		画图，作表	求顺序差值	
1	$y = a + bx + cx^2 + \cdots + qx^n$	$y = f(x)$	$\Delta y; \Delta^2 y; \Delta^3 y; \cdots \Delta^n y$	$\Delta^n y$ 为常数
2	$y = a + \frac{b}{x} + \frac{c}{x^2} + \cdots + \frac{q}{x^n}$	$y = f(\frac{1}{x})$	$\Delta y; \Delta^2 y; \Delta^3 y; \cdots \Delta^n y$	$\Delta^n y$ 为常数
3	$y^2 = a + bx + cx^2 + \cdots + qx^n$	$y^2 = f(x)$	$\Delta y^2; \Delta^2 y^2; \Delta^3 y^2; \cdots \Delta^n y^2$	$\Delta^n y^2$ 为常数
4	$\lg y = a + bx + cx^2 + \cdots + qx^n$	$\lg y = f(x)$	$\Delta(\lg y); \Delta^2(\lg y); \cdots \Delta^n(\lg y)$	$\Delta^n(\lg y)$ 为常数
5	$y = a + b(\lg x) + c(\lg x)^2$	$y = f(\lg x)$	$\Delta y; \Delta^2 y$	$\Delta^2 y$ 为常数
6	$y = ab^x = ae^{b/x}$	$\lg y = f(x)$	$\Delta(\lg y)$	$\Delta(\lg y)$ 为常数
7	$y = a + bc^x = a + be^{c/x}$	$y = f(x)$	$\Delta y; \lg \Delta y; \Delta(\lg \Delta y)$	$\Delta(\lg \Delta y)$ 为常数
8	$y = a + bx + cd^x = a + bx + ce^{d/x}$	$y = f(x)$	$\Delta y; \Delta^2 y; \lg \Delta^2 y; \Delta(\lg \Delta^2 y)$	$\Delta(\lg \Delta^2 y)$ 为常数
9	$y = ax^b$	$\lg y = f(\lg x)$	$\Delta(\lg y)$	$\Delta(\lg y)$ 为常数
10	$y = a + bx^0$	$y = f(\lg x)$	$\Delta y; \lg \Delta y; \Delta(\lg \Delta y)$	$\Delta(\lg \Delta y)$ 为常数
11	$y = axe^{bx}$	$\ln y = f(x)$	$\Delta \ln y; \Delta \ln x$	$(\Delta \ln y - \Delta \ln x)$ 为常数

例 8.6　试检验表 8.9 中的数据是否可用 $y^2 = a + bx$ 表示。

表 8.9

x	0.75	1.10	1.85	3.20	4.85	5.10	6.25	7.15	7.85
y	1.34	1.58	2.06	2.57	3.16	3.26	3.54	3.82	4.06

解　参照表 8.8，知读数值 x 与 y 的关系符合 $y^2 = f(x)$。

（1）由 x, y 的观测数据画出图形，得图 8.7 所示曲线；

（2）取 $\Delta x = 1$，在图上按 $\Delta x = 1$ 的步距依次读取 x, y^2 的对应值，列入表 8.10；

（3）依次求出 Δy^2，发现 Δy^2 已接近常数 2，再考查 $\Delta^2 y^2$，已接近于 0，所以该组数据可用 $y^2 = a + bx$ 表示。

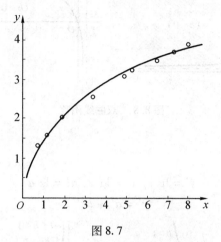

图 8.7

表 8.10

观 测 值		自图上读数值		顺序差值	
x	y	x	y^2	Δy^2	$\Delta^2 y^2$
0.75	1.34	0	0.31		
				2.02	− 0.07
1.10	1.58	1	2.33		
				1.95	0.07
1.85	2.06	2	4.28		
				2.01	0.03
3.20	2.57	3	6.29		
				2.04	− 0.05
4.85	3.16	4	8.33		
				1.99	− 0.02
5.10	3.26	5	10.32		
				1.97	0.04
6.5	3.54	6	12.29		
				2.01	0.03
7.15	3.82	7	14.30		
				2.04	
7.85	4.06	8	16.34		

8.2.3 可化为直线的常用曲线

直接根据观测数据散点分布图选择回归曲线时，须有典型曲线图型供参考比较。以下给出一些典型曲线及转换公式，它们都可通过变量代换化成回归直线形式。

1. 双曲线 $\dfrac{1}{y} = a + \dfrac{b}{x}$

转换关系 $\qquad\qquad\qquad y' = \dfrac{1}{y}, x' = \dfrac{1}{x}$

则有

$$y' = a + bx'$$

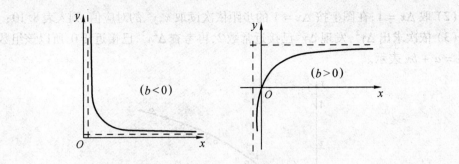

图 8.8　双曲线函数

2. 幂函数　$y = ax^b$

转换关系　　　　　　　　$y' = \lg y,\ x' = \lg x,\ a' = \lg a$

则有　　　　　　　　　　　　$y' = a' + bx'$

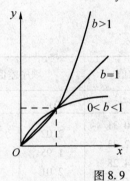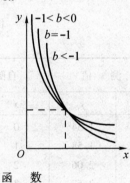

图 8.9　幂　　函　　数

3. 指数函数　$y = ae^{bx}$

转换关系　　　　　　　　$y' = \ln y,\ a' = \ln a$

则有　　　　　　　　　　　　$y' = a' + bx$

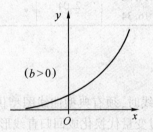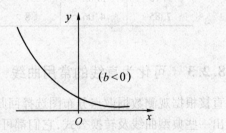

图 8.10　指数函数

4. 负指数函数　$y = ae^{\frac{b}{x}}$

转换关系　　　　　　$y' = \ln y,\ x' = \dfrac{1}{x},\ a' = \ln a$

则有　　　　　　　　　　　　$y' = a' + bx'$

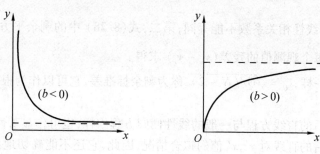

图 8.11 负指数函数

5. 对数函数 $\quad y = a + b\lg x$

转换关系 $\qquad\qquad\qquad\qquad x' = \lg x$

则有 $\qquad\qquad\qquad\qquad y' = a + bx'$

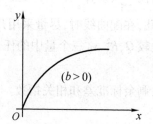 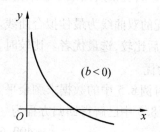

图 8.12 对数函数

6. S 型曲线 $\quad y = \dfrac{1}{a + be^{-x}}$

转换关系

$$y' = \frac{1}{y}, x' = e^{-x}$$

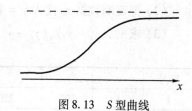

则有

$$y' = a + bx'$$

图 8.13 S 型曲线

8.2.4 曲线回归方程的效果与精度

对一元线性回归方程,除用 F 检验外,也可用相关系数 R 来衡量线性回归效果。R 的绝对值越接近于 1,回归的效果就越好,回归直线对观测数据拟合得也就越好。

相关系数用下式给出

$$R^2 = 1 - \frac{\displaystyle\sum_{i=1}^{N} (y_i - \hat{y}_i)^2}{\displaystyle\sum_{i=1}^{N} (y_i - \bar{y})^2} \tag{8.28}$$

上式的定义形式也可用来衡量曲线回归效果的好坏。R^2(或 R)越接近于 1,表明所配曲线对观测数据拟合的效果越好。但要特别注意两点:第一,这里的相关系数 R 与经过变量

代换后的 y'，x' 的线性相关系数不能等同；第二，式(8.28)中的剩余平方和 $\sum_{i=1}^{N}(y_i - \hat{y}_i)^2$ 的计算必须根据每个观测值的残差 $(y_i - \hat{y}_i)$ 求得。

与线性回归一样，$s_Q = \sqrt{Q/(N-2)}$ 称为剩余标准差，它可以作为根据回归方程预报 y 值的精度标准。

对变量代换后的直线方程与一般的线性回归方程一样，也可作显著性检验，但是它反映的是变量代换后的直线对 y'，x' 值的拟合情况，因此，它还不能确切地反映曲线方程与原始数据的拟合情况，但它可以作为曲线拟合好坏的参考。

在使用剩余平方和 Q 时要注意，Q 越小，可能认为回归的效果越好，而在化曲线为直线的回归中，如果对 y 也作了变换，那么实际上所求的回归线，情况可能有所不同。如双曲线 $1/y = a + b/x$，变换后按最小二乘的意义是使 $\sum_{i=1}^{N}(1/y_i - 1/\hat{y}_i)^2$ 达到极小值，所以还不能说此时所配的双曲线为最佳拟合曲线。因此，在配曲线时，尽量采用几个不同的函数曲线，分别计算后比较，选最优者。比较时，可比较 Q，R^2，s_Q 三个量中的任一个，Q，s_Q 小者为优，R^2 大者为优。

例 8.7　对例 8.5 中的数据求剩余平方和、剩余标准差和相关指数。

解　在例 8.5 中已解得回归方程为

$$\hat{y} = 499.666\,23x^{-0.998\,94}$$

(1) 把原观测数据 x_i、y_i 值列入表 8.11；

(2) 把观测数据 x_i 代入 $\hat{y} = 499.666\,23x^{-0.998\,94}$，求出 $\hat{y}_i$ 值列入表 8.11；

(3) 求 y_i^2，$(y_i - \hat{y}_i)$，$(y_i - \hat{y}_i)^2$ 列入表 8.11；

表 8.11

序号	x_i	y_i	y_i^2	$\hat{y}_i$	$(y_i - \hat{y}_i)$	$(y - \hat{y}_i)^2$
1	1	500	250 000	499.666 23	0.333 77	0.111 40
2	2	250	62 500	250.017 99	- 0.017 99	0.000 32
3	4	125	15 625	125.101 43	- 0.101 43	0.010 29
4	5	100	10 000	100.103 13	- 0.103 13	0.010 64
5	6	83	6 889	83.434 27	- 0.434 27	0.188 59
6	8	63	3 969	62.598 19	0.401 81	0.161 45
7	10	50	2 500	50.086 54	- 0.086 54	0.007 49
8	12	42	1 764	41.747 11	0.252 89	0.063 95
9	14	36	1 296	35.791 09	0.208 91	0.043 64
10	16	31	961	31.319 08	- 0.319 08	0.101 81
11	18	28	784	27.846 40	0.153 60	0.023 59
12	20	25	625	25.063 26	- 0.063 26	0.004 00
13	25	20	400	20.056 60	- 0.056 60	0.003 20
$\sum$		1 353	357 313			0.730 37

（4）由表中数据计算 Q, s_Q, R^2。

$$Q = \sum_{i=1}^{13} (y_i - \hat{y}_i)^2 = 0.730\,37$$

$$s_Q = \sqrt{\frac{Q}{N-2}} = \sqrt{\frac{0.730\,37}{13-2}} = 0.257\,68$$

$$\sum_{i=1}^{13} (y_i - \bar{y})^2 = \sum_{i=1}^{13} y_i^2 - \frac{1}{13} \left(\sum_{i=1}^{13} y_i \right)^2 = 357\,313 - \frac{1}{13} \times 1\,353^2 = 216\,497$$

$$R^2 = 1 - \frac{\sum_{i=1}^{13} (y_i - \hat{y}_i)^2}{\sum_{i=1}^{13} (y_i - \bar{y})^2} = 1 - \frac{0.730\,37}{216\,497} = 0.999\,996\,6$$

可见，该曲线对观测数据拟合得较好。

8.3 多元线性回归

在测试技术中，还会遇到多个变量的回归问题，即多元回归问题。

这里只介绍一般的线性回归问题，因为许多非线性问题可以转化为线性回归问题来解决。例如，非线性回归可转化为多项式回归，而多项式回归通过变量代换又可变成多元线性回归。

8.3.1 多元线性回归方程的一般求法

多元线性回归方程的求解方法同一元线性回归方程的求法类似，所不同的是多元线性回归方程的求法要繁杂得多，在求解过程中要借助于矩阵，一般求法如下。

设因变量 y 与 M 个自变量 $x_1, x_2, \cdots, x_M$ 的关系是线性相关的，且已获得 N 组观测数据

$$(y_i, x_{i1}, x_{i2}, \cdots, x_{iM}) \quad (i = 1, 2, \cdots, N)$$

那么，这批观测数据有如下结构形式

$$\left. \begin{aligned} y_1 &= \beta_0 + \beta_1 x_{11} + \beta_2 x_{12} + \cdots + \beta_M x_{1M} + \varepsilon_1 \\ y_2 &= \beta_0 + \beta_1 x_{21} + \beta_2 x_{22} + \cdots + \beta_M x_{2M} + \varepsilon_2 \\ &\vdots \qquad\qquad\qquad\qquad\qquad\qquad\qquad \vdots \\ y_N &= \beta_0 + \beta_1 x_{N1} + \beta_2 x_{N2} + \cdots + \beta_M x_{NM} + \varepsilon_N \end{aligned} \right\} \tag{8.29}$$

式中 $\beta_0, \beta_1, \cdots, \beta_M$ 是 $M+1$ 个待估计参数，$x_1, x_2, \cdots, x_M$ 是 M 个可精确测量的变量（与 y 相比，其误差可忽略），$\varepsilon_1, \varepsilon_2, \cdots \varepsilon_N$ 是 N 个互相独立且服从同一正态分布 $N(0, \sigma)$ 的随机变量，这便是多元线性回归的数学模型。

设 $b_0, b_1, \cdots, b_M$ 分别为参数 $\beta_0, \beta_1, \cdots, \beta_M$ 的最小二乘估计量，则可得回归方程

$$\hat{y} = b_0 + b_1 x_1 + b_2 x_2 + \cdots + b_M x_M \tag{8.30}$$

为获得最小二乘估计量 $b_0, b_1, \cdots, b_M$，应使观测数据与回归值的偏离平方和满足最小二乘条件

$$Q(b_0, b_1, b_2, \cdots, b_M) = \sum_i (y_i - \hat{y}_i)^2 =$$

$$\sum_i (y_i - b_0 - b_1 x_{i1} - b_2 x_{i2} - \cdots - b_M x_{iM})^2 = 最小$$

即由 $Q(b_0, b_1, b_2, \cdots, b_M)$ 分别对 $b_0, b_1, b_2, \cdots, b_M$ 求偏导数,并令它们为零,即可得正规方程。经简化,有

$$\left. \begin{aligned} & Nb_0 + (\sum_i x_{i1})b_1 + (\sum_i x_{i2})b_2 + \cdots + (\sum_i x_{iM})b_M = \sum_i y_i \\ & (\sum_i x_{i1})b_0 + (\sum_i x_{i1}^2)b_1 + (\sum_i x_{i1}x_{i2})b_2 + \cdots + \\ & \qquad\qquad\qquad\qquad\qquad (\sum_i x_{i1}x_{iM})b_M = \sum_i x_{i1}y_i \\ & \vdots \qquad\qquad\qquad\qquad\qquad\qquad\qquad \vdots \\ & (\sum_i x_{iM})b_0 + (\sum_i x_{i1}x_{iM})b_1 + (\sum_i x_{i2}x_{iM})b_2 + \cdots + \\ & \qquad\qquad\qquad\qquad\qquad (\sum_i x_{iM}^2)b_M = \sum_i x_{iM}y_i \end{aligned} \right\} \tag{8.31}$$

对二元以上的多元线性回归,用解线性方程组的方法求解时,求解过程会相当繁杂。如果借助于矩阵,问题就比较简单了。下面用矩阵形式求解。

数据模型式(8.29)可写成矩阵形式

$$Y = \begin{bmatrix} y_1 \\ y_2 \\ \vdots \\ y_N \end{bmatrix}, \qquad X = \begin{bmatrix} 1 & x_{11} & x_{12} & \cdots & x_{1M} \\ 1 & x_{21} & x_{22} & \cdots & x_{2M} \\ \vdots & \vdots & \vdots & & \vdots \\ 1 & x_{N1} & x_{N2} & \cdots & x_{NM} \end{bmatrix}$$

$$\beta = \begin{bmatrix} \beta_0 \\ \beta_1 \\ \vdots \\ \beta_M \end{bmatrix} \qquad \varepsilon = \begin{bmatrix} \varepsilon_1 \\ \varepsilon_2 \\ \vdots \\ \varepsilon_N \end{bmatrix}$$

则数学模型可写成

$$Y = X\beta + \varepsilon$$

方程组(8.31)的系数矩阵是对称的,若用 A 表示,则 A 可写成 $X^T X$ 的形式,X 称为数据的结构矩阵。即

$$A = \begin{bmatrix} N & \sum_i x_{i1} & \sum_i x_{i2} & \cdots & \sum_i x_{iM} \\ \sum_i x_{i1} & \sum_i x_{i1}^2 & \sum_i x_{i1}x_{i2} & \cdots & \sum_i x_{i1}x_{iM} \\ \sum_i x_{i2} & \sum_i x_{i1}x_{i2} & \sum_i x_{i2}^2 & \cdots & \sum_i x_{i2}x_{iM} \\ \vdots & \vdots & \vdots & & \vdots \\ \sum_i x_{iM} & \sum_i x_{i1}x_{iM} & \sum_i x_{i2}x_{iM} & \cdots & \sum_i x_{iM}^2 \end{bmatrix} =$$

$$
\begin{bmatrix}
1 & 1 & 1 & \cdots & 1 \\
x_{11} & x_{21} & x_{31} & \cdots & x_{N1} \\
x_{12} & x_{22} & x_{32} & \cdots & x_{N2} \\
\vdots & \vdots & \vdots & & \vdots \\
x_{1M} & x_{2M} & x_{31} & \cdots & x_{NM}
\end{bmatrix}
\begin{bmatrix}
1 & x_{11} & x_{12} & \cdots & x_{1M} \\
1 & x_{21} & x_{22} & \cdots & x_{2M} \\
1 & x_{31} & x_{32} & \cdots & x_{3M} \\
\vdots & \vdots & \vdots & & \cdots \\
1 & x_{N1} & x_{N2} & \cdots & x_{NM}
\end{bmatrix} = X^T X
$$

方程组(8.31)右侧的常数项也可写成矩阵形式,用 $B = X^T Y$ 表示,称为常数项矩阵,即

$$
B = \begin{bmatrix}
\sum_i y_i \\
\sum_i x_{i1} y_i \\
\sum_i x_{i2} y_i \\
\vdots \\
\sum_i x_{iM} y_i
\end{bmatrix} = \begin{bmatrix}
1 & 1 & 1 & \cdots & 1 \\
x_{11} & x_{21} & x_{31} & \cdots & x_{N1} \\
x_{12} & x_{22} & x_{32} & \cdots & x_{N2} \\
\vdots & \vdots & \vdots & & \vdots \\
x_{1M} & x_{2M} & x_{M} & \cdots & x_{NM}
\end{bmatrix}
\begin{bmatrix}
y_1 \\
y_2 \\
y_3 \\
\vdots \\
y_N
\end{bmatrix} = X^T Y
$$

如果 $b_0, b_1, b_2, \cdots, b_M$ 写成向量形式

$$
b = \begin{bmatrix}
b_0 \\
b_1 \\
b_2 \\
\vdots \\
b_M
\end{bmatrix}
$$

那么,方程组(8.31)便可写成矩阵形式

$$(X^T X) b = X^T Y$$

设系数矩阵 A 满秩,A^{-1} 为 A 的逆矩阵,且令 $C = A^{-1}$,则方程组的解为

$$b = CB = A^{-1} B = (X^T X)^{-1} X^T Y$$

这样,确定多元线性回归方程系数 $b_0, b_1, \cdots, b_M$ 的问题可归结为计算下列四个矩阵

$$X, A, C, B$$

求解上述矩阵,可借助于电子计算机。因为一般的计算机都配有专门的软件程序,在处理时,只须把数据输入调用就可以了。若没有这种软件,也不用自编程序,一般的程序是可以查找到的。

对多元线性回归方程的求解,还有另一种常用的方法,即把数学模型(8.29)中的 x_{ij} 写成 $(x_{ij} - \bar{x}_j)$ 的形式,则有如下数据结构形式

$$
\left.
\begin{aligned}
y_1 &= \beta_0 + \beta_1(x_{11} - \bar{x}_1) + \beta_2(x_{12} - \bar{x}_2) + \cdots + \beta_M(x_{1M} - \bar{x}_M) + \varepsilon_1 \\
y_2 &= \beta_0 + \beta_1(x_{21} - \bar{x}_1) + \beta_2(x_{22} - \bar{x}_2) + \cdots + \beta_M(x_{2M} - \bar{x}_M) + \varepsilon_2 \\
&\vdots \\
y_N &= \beta_0 + \beta_1(x_{N1} - \bar{x}_1) + \beta_2(x_{N2} - \bar{x}_2) + \cdots + \beta_M(x_{NM} - \bar{x}_M) + \varepsilon_N
\end{aligned}
\right\}
\quad (8.32)
$$

式中

$$\bar{x}_j = \frac{1}{N} \sum_i x_{ij} \qquad j = 1, 2, \cdots, M$$

用前面类似的处理方法,可得到它的结构矩阵 X,常数矩阵 B 和系数矩阵 A,即

$$X = \begin{bmatrix} 1 & x_{11} - \bar{x}_1 & x_{12} - \bar{x}_2 & \cdots & x_{1M} - \bar{x}_M \\ 1 & x_{21} - \bar{x}_1 & x_{22} - \bar{x}_2 & \cdots & x_{2M} - \bar{x}_M \\ \vdots & \vdots & \vdots & & \vdots \\ 1 & x_{N1} - \bar{x}_1 & x_{N2} - \bar{x}_2 & \cdots & x_{NM} - \bar{x}_M \end{bmatrix}$$

$$B = \begin{bmatrix} \sum_i y_i \\ \sum_i (x_{i1} - \bar{x}_1) y_i \\ \vdots \\ \sum_i (x_{iM} - \bar{x}_M) y_i \end{bmatrix}$$

$$A = X^T X =$$

$$\begin{bmatrix} N & 0 & 0 & 0 \\ 0 & \sum_i (x_{i1} - \bar{x}_1)^2 & \sum_i (x_{i1} - \bar{x}_1)(x_{i2} - \bar{x}_2) \cdots & \sum_i (x_{i1} - \bar{x}_1)(x_{iM} - \bar{x}_M) \\ \vdots & \vdots & \vdots & \vdots \\ 0 & \sum_i (x_{iM} - \bar{x}_M)(x_{i1} - \bar{x}_1) & \sum_i (x_{iM} - \bar{x}_M)(x_{i2} - \bar{x}_2) \cdots & \sum_i (x_{iM} - \bar{x}_M)^2 \end{bmatrix}$$

令　　$l_{ij} = \sum_i (x_{it} - \bar{x}_t)(x_{ij} - \bar{x}_j) = \sum_i x_{it} x_{ij} - \dfrac{1}{N} (\sum_i x_{it})(\sum_i x_{ij})$　　$(t, j = 1, 2, \cdots, M)$

$l_{iy} = \sum_i (x_{ij} - \bar{x}_i) y_i = \sum_i x_{ij} y_i - \dfrac{1}{N} (\sum_i x_{ij})(\sum_i y_i)$　　$(j = 1, 2, \cdots, M)$

于是

$$B = \begin{bmatrix} \sum_i y_i \\ l_{1y} \\ \vdots \\ l_{My} \end{bmatrix}, A = \begin{bmatrix} N & 0 & 0 & \cdots & 0 \\ 0 & l_{11} & l_{12} & \cdots & l_{1M} \\ \vdots & \vdots & \vdots & & \vdots \\ 0 & l_{M1} & l_{M2} & \cdots & l_{MM} \end{bmatrix} = \begin{bmatrix} N & 0 \\ 0 & N \end{bmatrix}$$

注意,这里的 A、B 与数学模型(8.29)中的 A、B 不同。

这样,A 与其逆矩阵 C 有如下形式

$$C = A^{-1} = \begin{bmatrix} 1/N & 0 \\ 0 & L^{-1} \end{bmatrix}$$

则数学模型(8.32)的回归系数为

$$b = \begin{bmatrix} b_0 \\ b_1 \\ \vdots \\ b_M \end{bmatrix} = \begin{bmatrix} 1/N & 0 \\ 0 & L^{-1} \end{bmatrix} \begin{bmatrix} \sum_i y_i \\ l_{1y} \\ \vdots \\ l_{My} \end{bmatrix}$$

即
$$b_0 = \frac{1}{N} \sum_i y_i = \bar{y}$$

$$\begin{bmatrix} b_1 \\ b_2 \\ \vdots \\ b_M \end{bmatrix} = L^{-1} \begin{bmatrix} l_{1y} \\ l_{2y} \\ \vdots \\ l_{My} \end{bmatrix}$$

这种方法有两个优点,一是常数项 b_0 与 $b_1, b_2, \cdots, b_M$ 无关;二是求逆矩阵的运算降了一阶,使运算速度加快。

8.3.2 多元线性回归的显著性检验和精度

同一元线性回归方程相类似,多元线性回归方程中的因变量 y 的总的离差平方和 S 可分解为回归平方和 U 和剩余平方和 Q。所不同的是回归平方和 U 表示 M 个自变量 $x_1, x_2, \cdots, x_M$ 与 y 的线性关系引起 y 的变化在总的离差平方和 S 中所占的比重。S、U、Q 及相应的计算如表 8.12。

多元线性回归方程的显著性检验方法是利用剩余平方和 Q 对回归平方和 U 进行 F 检验。F 检验的数学统计量为

$$F = \frac{U/M}{Q/(N-M-1)} = \frac{U}{M\sigma^2}$$

如果
$$F \geqslant F_a(M, N-M-1)$$
则认为所求回归方程在 α 水平上显著。

多元线性回归方程的精度由剩余标准差

$$s_Q = \sqrt{\frac{Q}{N-M-1}}$$

来估计。

表 8.12

来　源	平　方　和	自由度	方　差	F	显著性
回　归	$U = \sum_i (\hat{y}_i - \bar{y})^2 = \sum_{i=1} b_i l_{iy}$	M	U/M	$\dfrac{U/M}{Q/(N-M-1)}$	
剩　余	$Q = \sum_i (y_i - \hat{y}_i)^2 = l_{yy} - U$	$N-M-1$	$s_Q^2 = \dfrac{Q}{N-M-1}$		
总　和	$S = \sum_i (y_i - \bar{y})^2 = l_{yy}$	$N-1$			

8.3.3 每个自变量在多元线性回归中所起的作用

为了更好地利用多元线性回归方程对 y 进行预报和控制,人们总希望从回归方程中剔除那些次要的、可有可无的变量,以建立更简明有效的回归方程。

1. 自变量 x_i 作用大小的衡量

因为回归平方和 U 是所有自变量对 y 变化的总的影响,所以自变量 x_i 在总的回归中所起的作用可根据它在 U 中的影响大小来衡量,即去掉一个变量后,看回归平方和减少得是否明显,减少的数值越大,说明该变量在回归中所起的作用越大;反之,该变量的作用就越小。我们把取消一个自变量 x_i 后回归平方和减少的数值称为 y 对这个自变量 x_i 的偏回归平方和,记作 P_i,即

$$P_i = U - U'$$

式中,U 是 M 个自变量 $x_1, x_2, \cdots, x_M$ 所引起 y 线性变化的回归平方和;U' 是去掉 x_i 后 $(M-1)$ 个自变量 $x_1, x_2, \cdots, x_{i-1}, x_{i+1} \cdots, x_M$ 所引起 y 线性变化的回归平方和。这样,就可以用偏回归平方和 P_i 来衡量每个自变量 x_i 在回归中所起作用的大小。一般偏回归平方和可按下式计算

$$P_i = \frac{b_i^2}{C_{ii}}$$

式中,c_{ii} 是原 M 个自变量的正规方程组系数矩阵 A 或 L 的逆矩阵 $C = (c_{ij})$ 中的元素;b_i 是回归方程的回归系数。

由于各自变量之间可能存在某种程度的相关关系,所以还不能只按偏回归平方和的大小来排列所有自变量对 y 的作用的大小,因此在计算了偏回归平方和 P_i 之后,通常还要做进一步的分析。

2. 自变量 x_i 作用大小的进一步检验

(1) 凡是偏回归平方和 P_i 大的变量,一定是对 y 有重要影响的因素。但是,P_i 大到什么程度才算作显著呢? 通常可用剩余平方和 Q 对它进行 F 检验,即

$$F_i = \frac{P_i/1}{Q/(N-M-1)} = \frac{P_i}{s^2}$$

当 $F_i \geqslant F_a(1, N-M-1)$ 时,可认为自变量 x_i 对 y 的影响在 α 水平上显著。这个检验也称作回归系数的显著性检验。

(2) 偏回归平方和小的变量,不一定不显著,但对 P_i 最小的变量 x_i,如果

$$F_i < F_a(1, N-M-1)$$

即检验结果不显著,则可将该变量剔除。

3. 剔除一个变量后回归方程系数的计算

在 y 对 M 个自变量 $x_1, x_2, \cdots, x_M$ 的多元线性回归中,当取消一个变量 x_i 后,剩下的 $(M-1)$ 个自变量的新的回归方程系数 b'_j 与原回归方程系数 b_j 之间有如下关系

$$\left. \begin{aligned} b'_j &= b_j - \frac{c_{ij}}{c_{ii}} b_i \quad (j \neq i) \\ b'_0 &= \bar{y} - \sum_{\substack{j=1 \\ j \neq i}}^{M} b'_j \bar{x} \end{aligned} \right\}$$

当采用数学模型(8.32) 时,$b_0 = \bar{y}$ 不变。

例8.8　用某光栅式传感器测工件尺寸,温度 t 的变化和位移 x 的变化都对传感器输

出电压 y 产生影响,观测数据如表8.13所示,试求 y、x、t 三者的关系,并进行显著性检验。

表 8.13

$t_i/℃$	20	20.5	21	21.5	22	22.5	23	23.5
x_i/mm	8	6	4	10	16	14	20	18
y_i/V	0.8419	0.6318	0.4213	1.0531	1.6835	1.4739	2.1046	1.8948

解 具体步骤如下:

(1) 求 $\bar{t}, \bar{x}, \bar{y}$

$$\bar{t} = \frac{1}{8} \sum_{i=1}^{8} t_i = 21.75$$

$$\bar{x} = \frac{1}{8} \sum_{i=1}^{8} x_i = 12$$

$$\bar{y} = \frac{1}{8} \sum_{i=1}^{8} y_i = 1.2631$$

(2) 求出 $(t_i - \bar{t})^2$, $(x_i - \bar{x})^2$, $(y_i - \bar{y})^2$, $(t_i - \bar{t})(x_i - \bar{x})$, $(t_i - \bar{t})(y_i - \bar{y})$, $(x_i - \bar{x})(y_i - \bar{y})$ 列入表8.14,并求出它们的和 $s_{11}, s_{22}, s_{12}, s_{10}, s_{20}$ 及 l_{yy}。

表 8.14

序号	$(t_i - \bar{t})^2$	$(x_i - \bar{x})^2$	$(y_i - \bar{y})^2$	$(t_i - \bar{t})(x_i - \bar{x})$	$(t_i - \bar{t})(y_i - \bar{y})$	$(x_i - \bar{x})(y_i - \bar{y})$
1	3.062 5	16	0.177 41	7.0	0.737 10	1.684 8
2	1.562 5	36	0.398 54	7.5	0.789 13	3.787 8
3	0.562 5	64	0.708 63	6.0	0.631 35	6.734 4
4	0.062 5	4	0.044 10	0.5	0.052 50	0.420 0
5	0.062 5	16	0.176 74	1.0	0.105 10	1.681 6
6	0.562 5	4	0.044 44	1.5	0.158 10	0.421 6
7	1.562 5	64	0.708 12	10.0	1.051 88	6.732 0
8	3.062 5	36	0.399 04	10.5	1.105 48	3.790 2
$\sum$	10.50	240	2.657 02	44	4.630 64	25.252 4

由表8.14可得

$$s_{11} = 10.5, \qquad s_{12} = 44$$
$$s_{21} = 44, \qquad s_{22} = 240$$
$$s_{10} = 4.636 4, \qquad s_{20} = 25.252 4$$
$$l_{yy} = 2.657 02,$$

（3）求 b_1, b_2, b_0

$$b_1 = \frac{s_{10}s_{22} - s_{20}s_{12}}{s_{11}s_{22} - s_{12}^2} = 0.000\ 42$$

$$b_2 = \frac{s_{20}s_{11} - s_{10}s_{21}}{s_{11}s_{22} - s_{12}^2} = 0.105\ 14$$

$$b_0 = \bar{y} - b_1\bar{t} - b_2\bar{x} =$$
$$1.263\ 1 - 0.000\ 42 \times 21.75 - 0.105\ 14 \times 12 = -0.007\ 72$$

（4）求二元线性回归方程

$$\hat{y} = b_0 + b_1t + b_2x = -0.007\ 72 + 0.000\ 42t + 0.105\ 14x$$

（5）进行显著性检验

① 求 U, Q

$$U = b_1l_{1y} - b_2l_{2y} = b_1s_{10} - b_2s_{20} =$$
$$0.000\ 42 \times 4.630\ 64 + 0.105\ 14 \times 25.252\ 4 = 2.656\ 98$$

$$Q = l_{yy} - U = 2.657\ 02 - 2.656\ 98 = 0.000\ 04$$

② 检验

$$F = \frac{U/M}{Q/(N - M - 1)} = \frac{2.656\ 98/2}{0.000\ 04/(8 - 2 - 1)} = 1.66 \times 10^5$$

由 $\nu_1 = M = 2, \nu_2 = N - M - 1 = 5$,查 F 表,有

$$F_{a=0.01}(2,5) = 13.27$$

因　　　　　　　　$F = 1.66 \times 10^5 \gg F_{a=0.01}(2,5) = 13.27$

所以,所求二元线性回归方程在 0.01 水平上显著。

（6）建立方差分析表

剩余方差

$$s_Q^2 = \frac{Q}{N - M - 1} = \frac{0.000\ 04}{5} = 0.000\ 008$$

回归方差

$$\frac{U}{M} = \frac{2.656\ 98}{2} = 1.328\ 49$$

可建立方差分析表 8.15。

表 8.15

来　源	平方和	自由度	方　差	F	显著性
回　归	2.656 98	2	1.328 49	1.66×10^5	0.01
剩　余	0.000 04	5	0.000 008		
总　和	2.657 02	7			

8.4 逐步回归与多项式回归

8.4.1 逐步回归分析

在进行回归分析时,总希望求得的多元回归方程是最优的,就是说所求回归方程既要有一定数量的自变量,使之具有足够的精度;又要避免引入对因变量影响微小的因素,使之简便适用。对最优回归方程的选择途径可归纳如下:

(1) 对一元,二元,…… 直至包括所有可能的自变量的回归方程都进行显著性检验,然后按上述标准选择最优回归方程。显然这样求出的回归方程一定是最优的。但在实际处理中,要完成这样大的工作量是很困难的。

(2) 按 8.3 节中的办法,先把包括全部可能的自变量的多元回归方程求出,然后通过显著性检验逐次剔除对因变量影响较小的自变量,每次剔除回归平方和最小的一个,一直剔除到回归方程中的各自变量在给定的显著性水平下对因变量的影响都显著时为止。这种方法比前一种要简便的多,但也只能用于自变量数目不多的情况,因为自变量数目较多时,剔除次数较多,而且一开始就必须求出包含自变量个数最多的回归方程,计算量较大。

(3) 行之有效的方法是逐步回归分析。所谓逐步回归分析,是从一个自变量开始,按照每个自变量对因变量影响的显著程度的大小依次引入。每引入一个新变量后,还要重新考虑先引入的自变量的影响。如果由于新自变量的引入,使先引入的自变量对因变量的影响不再显著了,就要把先引入的自变量剔除。这样就能保证在每引入一个新自变量后,回归方程中包含的各自变量对因变量的影响都是显著的,这项工作一直进行到再没有对因变量影响显著的自变量可引入时为止。

逐步回归分析虽然是求解和检验多元回归方程的一种新方法,但并没有增加新的内容,主要是计算和检验次序的重新编排,利用 8.3 节的知识便可进行分析处理。

8.4.2 多项式回归与多元线性回归的关系

在 8.2 节中曾介绍到,有些不能转化为直线形式处理的曲线回归问题可转化为多项式回归进行处理。实际上回归多项式比较容易地转化为多元线性回归方程。例如对抛物线型回归曲线

$$\hat{y} = a + bx + cx^2$$

只需令
$$x_1 = x, x_2 = x^2$$
就可转化为二元线性回归方程的形式,即

$$\hat{y} = a + bx_1 + cx_2$$

又例如,含有一个自变量的高次回归多项式

$$\hat{y} = b_0 + b_1 x + b_2 x^2 + \cdots + b_M x^M$$

只需令
$$x_1 = x, x_2 = x^2, \cdots, x_M = x^M$$
就可转化为多元线性回归方程

$$\hat{x} = b_0 + b_1 x_1 + b_2 x_2 + \cdots + b_M x_M$$

一般来说，对于包含多个自变量的任意回归多项式

$$\hat{y} = b_0 + b_1 z_1 + b_2 z_2 + b_3 z_1^2 + b_4 z_1 z_2 + b_5 z_2^2 + \cdots$$

令

$$x_1 = z_1, x_2 = z_2, x_3 = z_1^2, x_4 = z_1 z_2, x_5 = z_2^2, \cdots$$

可得到多元线性回归方程的一般形式

$$\hat{y} = b_0 + b_1 x_1 + b_2 x_2 + b_3 x_3 + b_4 x_4 + b_5 x_5 + \cdots$$

对于任意非线性回归方程

$$\hat{y} = b_0 + b_1 f_1(z_1, z_2, \cdots, z_N) + b_2 f_2(z_1, z_2, \cdots, z_N) + \cdots + b_M f_M(z_1, z_2, \cdots, z_N)$$

可令

$$x_1 = f_1(z_1, z_2, \cdots, z_N), x_2 = f_2(z_1, z_2, \cdots, z_N), \cdots,$$
$$x_M = f_M(z_1, z_2, \cdots, z_N)$$

则也可转化为多元线性回归方程

$$\hat{y} = b_0 + b_1 x_1 + b_2 x_2 + \cdots + b_M x_M$$

这种分析处理问题的方法就是多项式回归。

可见，任何曲线，曲面、超曲面回归问题都可用多项式回归处理。或者说，无论 x 与 y 关系如何，都可用适当幂次或适当函数关系的多项式进行回归处理。

8.4.3　抛物线回归的幂次选择

如果回归多项式的形式为

$$\hat{y} = b_0 + b_1 x + b_2 x^2 + \cdots + b_M x^M$$

那么，这类回归问题就称为 M 次抛物线回归。

对一批观测数据，在因变量 y 与自变量 x 的关系比较复杂时，合理选择回归抛物线的幂次是很重要的。在没有任何依据可循的情况下，配几次抛物线合适呢？此时，可从一次线性关系配起，然后逐级提高所配抛物线的幂次，每提高一级，就进行一次方差分析，并对本级与前一级回归平方和之差进行一次检验。如果差异显著，就再升一级。

对抛物线回归来说，幂次每提高一级，转化为多元线性回归方程时就要增加一个新自变量。如果所配抛物线幂次为 M 时，本级与前一级回归平方和之差已不显著，表明再增加幂次（对多元线性回归方程来说，是再增加一个新变量）已不会使回归方程的精确性显著提高，故所配抛物线的幂次定为 $(M-1)$ 次最适当。具体方法如下：

设有一批观测值 $y_1, y_2, \cdots, y_i, \cdots, y_N$。如果第一次配一回归直线，即

$$\hat{y} = a_0 + ax$$

进行方差分析，其回归平方和 U_1、剩余平方和 Q_1 及总的离差平方和 S 分别为

$$U_1 = \sum_{i=1}^{N} (\hat{y}_{i1} - \bar{y})^2$$

$$Q_1 = \sum_{i=1}^{N} (y_i - \hat{y}_{i1})^2$$

$$S = \sum_{i=1}^{N} (y_i - \bar{y})^2$$

其方差分析表见表 8.16。

表 8.16

来　源	平　方　和	自由度	方　差	F_1
回　归	$U_1 = \sum\limits_{i=1}^{N} (\hat{y}_{i1} - \bar{y})^2$	1	$U_1/1$	$F_1 = \dfrac{U_1/1}{Q_1/(N-2)}$
剩　余	$Q_1 = \sum\limits_{i=1}^{N} (y_i - \hat{y}_{i1})^2$	$N-2$	$Q_1/(N-1)$	
总　和	$S = \sum\limits_{i=1}^{N} (y_i - \bar{y})^2$	$N-1$		

　　如果第二次配简单抛物线,即
$$\hat{y} = b_0 + b_1 x + b_2 x^2$$
同样,进行方差分析,有
$$U_2 = \sum_{i=1}^{N} (\hat{y}_{i2} - \bar{y})^2$$
$$Q_2 = S - U_2 = \sum_{i=1}^{N} (y_i - \bar{y})^2 - \sum_{i=1}^{N} (\hat{y}_{i2} - \bar{y})^2$$
因为 S 一定,$U_2 > U_1$,所以 $Q_2 < Q_1$,两回归平方和之差为
$$U_2 - U_1 = \sum_{i=1}^{N} (\hat{y}_{i2} - \bar{y})^2 - \sum_{i=1}^{N} (\hat{y}_{i1} - \bar{y})^2$$
两回归平方和之差的方差分析见表 8.17。

表 8.17

来　源	平　方　和	自由度	方　差	F_2
回归差	$U_2 - U_1$	1	$U_2 - U_1$	$F_2 = \dfrac{U_2 - U_1}{Q_2/(N-3)}$
剩　余	$Q_2 = S - U_2$	$N-3$	$Q_2/(N-3)$	
第一次剩余	$Q_1 = Q_2 + (U_2 - U_1)$	$N-2$		

　　这时,可用 Q_2 对 $(U_2 - U_1)$ 进行 F 检验,即
$$F_2 = \frac{U_2 - U_1}{Q_2/(N-3)}$$
如果
$$F_2 < F_a(1, N-3)$$
即检验结果不显著,说明增加二次项对因变量 y 的影响不大,可以不增加该项。这时,所求回归方程为
$$\hat{y} = a_0 + ax$$
如果
$$F_2 > F_a(1, N-3)$$
即检验结果显著,则说明新增加的二次项对 y 的影响是大的,应留在回归方程中。此时,可继续配三次抛物线。

　　当所配抛物线为 M 次,即
$$\hat{y}_M = g_0 + g_1 x + \cdots + g_M x^M$$

同理有

$$U_M - U_{M-1} = \sum_{i=1}^{N} (\hat{y}_{iM} - \bar{y})^2 - \sum_{i=1}^{N} (\hat{y}_{i(M-1)} - \bar{y})^2$$

$$Q_M = Q_{M-1} - (U_M - U_{M-1})$$

如果

$$F_M = \frac{U_M - U_{M-1}}{Q_M/(N - M - 1)} < F_a(1, N - M - 1)$$

即检验结果不显著,则回归方程的幂次为 $(M - 1)$ 次,即

$$\hat{y} = f_0 + f_1 x + \cdots + f_{M-1} x^{M-1}$$

抛物线回归是多项式回归的一个特例,在实际工作中,很多问题都可用抛物线回归来解决。

8.5　自回归简介

在通常情况下,物理量随时间变化的过程可被看作是一个平稳随机过程。对这样一个过程进行测试,就是把通过传感器拾取的连续变化的物理量经模／数转换,变成一个离散的时间序列: $\{x_K\}$, $K = 1, 2, \cdots, N$ 。

为了对此时间序列进行数学描述,研究这一时间序列的变化规律,需要建立数学模型。这种模型,通常被称为时序模型。在工程中,一种最常用、最普通的时序模型是自回归模型。自回归模型与回归模型有着本质的区别,回归模型所反映的是两个或多个不同变量间的依赖关系,而自回归模型所反映的则是同一变量在某一时间的取值与前一时刻取值间的依赖关系。

有关自回归模型的建模理论和实用方法的内容是十分丰富的。这里,仅就自回归模型的基本概念和用途作一简单介绍。

为便于理解,以一阶自回归模型为例开始介绍。

在本章的第一节,曾介绍了一元线性回归模型,它通常被写成如下形式

$$y_K = \beta_0 + \beta_1 x_K + \varepsilon_K \qquad (K = 1, 2, \cdots, N)$$

其中 ε_K 是一个正态分布、互相独立的随机变量。如在此模型中,取 x 、 y 的平均值为 0 ,则有如下形式

$$y_K = \beta_1 x_K + \varepsilon_K \qquad (K = 1, 2, \cdots, N) \tag{8.33}$$

β_1 和残差的方差 σ_i^2 的估计量可根据最小二乘法原理求出

$$\hat{b}_1 = \frac{\sum\limits_{K=1}^{N} y_K x_K}{\sum\limits_{K=1}^{N} x_K^2} \tag{8.34}$$

$$s_\varepsilon^2 = \frac{1}{N-1} \sum_{K=1}^{N} (y_K - \hat{b}_1 x_K)^2$$

在一元线性回归模型中,所反映的是 y_K 对 x_K 的依赖关系,而变量 $x_K, x_{K-1}, \cdots, x_{K-N}$ 之间则是互相独立的,如图 8.14(a) 所示。在时间序列中, x_K 与 x_{K-1} , x_{K-1} 与 $x_{K-2}, \cdots, x_{K-N+1}$

与 x_{K-N} 之间却是相互依赖的,如图 8.14(b) 所示。这种自身的依赖可通过一模型表示出

$$x_K = \phi_1 x_{K-1} + a_K \qquad (K = 1, 2, \cdots, N) \tag{8.35}$$

式中 ϕ_1 —— 自回归系数;

a_K —— 随机变量。

该模型反映了变量 x_K 对自己前一时刻的数值的依赖性。这一模型被称为一阶自回归模型,记为 $AR(1)$。

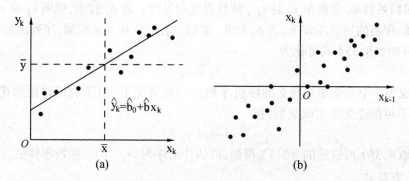

图 8.14

自回归模型中隐含着一些假定和特殊含义,对此进行分析可进一步认识自回归模型与回归模型的异同之处。

首先,模型对随机变量 a_K 隐含假定。在回归模型中,最关键的假定是,在不同时刻 K,ε_K 是相互独立的。与之相类似,在不同时刻 K,a_K 也是相互独立的,而且同 ε_K 一样,a_K 的分布也是正态的,记为

$$a_K \sim \mathrm{NID}(0, \sigma_\alpha^2)$$

其次,模型对变量数目隐含假定,在回归模型中,ε_K 不依赖于变量 x_K。同样,在自回归模型中,a_K 也不依赖于时序变量 x_{K-2},x_{K-3} 等。

自回归模型还隐含着一层特殊含义。考察式(8.35),可认为 x_K 被分解为两部分,一部分为 $\phi_1 x_{K-1}$,这是 x_K 完全依赖的部分;另一部分为 a_K,它是独立的部分。在 $K-1$ 时刻,当观测出 x_{K-1} 时,$AR(1)$ 同一元线性回归模型有类似的含义,均属"条件回归"。此时,a_K 为随机变量,x_K 亦为未知随机变量。一旦到时刻 K,即观测出 x_K 时,含义就不同了。此时,a_K 不再是一个随机变量,而是一个定数。式(8.35) 可写成如下形式

$$a_K = x_K - \phi_1 x_{K-1} \tag{8.36}$$

由此,对上式可以这样理解:$\{x_K\}$ 是一个相互依赖的时间序列,$\{a_K\}$ 为相互独立的序列。$AR(1)$ 的作用是把相互依赖的数据序列变换成相互独立的数据序列,而这一工作是通过从 x_K 中把依赖于 x_{K-1} 的部分去掉完成的。

要建立 $AR(1)$ 模型,一个重要的工作是根据 $\{x_K\}$ 估计参数 ϕ_1 和 σ_a^2。按最小二乘方原理,ϕ_1 和 σ_a^2 的估计量为

$$\hat{\phi}_1 = \frac{\sum_{K=2}^{N} x_K x_{K-1}}{\sum_{K=2}^{N} x_{K-1}^2} \Biggr\}$$

$$s_a^2 = \frac{1}{N-1} \sum_{K=2}^{N} (x_K - \phi_1 x_{K-1})^2 = \frac{1}{N-1} \sum_{K=2}^{N} a_K^2 \Biggr\}$$ (8.37)

自回归系数 ϕ_1 是衡量 x_K 对 x_{K-1} 依赖程度的尺度。若 ϕ_1 较大,说明 x_K 对 x_{K-1} 的依赖关系较强,序列的后效亦较强;若 ϕ_1 较小,说明二者的依赖关系较弱,序列的后效亦较弱;当 $\phi_1 = 0$ 时,(8.35) 式可化为

$$x_K = a_K$$

即 $\{x_K\}$ 成为一个完全相互独立的随机序列。一般情况下,由于我们讨论的序列是平稳的,所以不可能连续增大或减小,有

$$|\phi_1| \leqslant 1$$ (8.38)

对式(8.35) 所表示的 $AR(1)$ 模型,可估计出序列 $\{x_K\}$ 的一些数字特征。

(1) 方差 s_x^2

将式(8.35) 两端平方,并取数学期望

$$E(x_K^2) = E[(\phi_1 x_{K-1} + a_K)^2]$$
$$E(x_K^2) = \phi_1^2 E(x_{K-1}^2) + E(a_K^2)$$

由

$$\sigma_x^2 = E(x_K^2)$$

可得序列 $\{x_K\}$ 的方差估计为

$$s_x^2 = \frac{s_a^2}{1 - \phi_1^2}$$ (8.39)

(2) 数学期望值 μ

将式(8.35) 两端取数学期望,并考虑 $E(a_K) = 0$,故有

$$E(x_K) = \phi_1 E(x_{K-1})$$

或

$$\mu = \phi_1 \mu$$

因为 $\varphi_1 \neq 0$,故知序列 $\{x_K\}$ 的数学期望值为

$$\mu = 0$$ (8.40)

(3) 自相关系数 γ_i

将式(8.35) 两端同乘以 x_{K-i},有

$$x_K x_{K-i} = \phi_1 x_{K-1} x_{K-i} + a_K x_{K-i}$$

两端取数学期望,并考虑,当 $i \geqslant 1$ 时,a_K 与 x_{K-i} 是相互独立的,故有

$$E(x_K x_{K-i}) = \phi_1 E(x_{K-1} x_{K-i})$$

即

$$s_i^2 = \phi_1 s_{i-1}^2$$

可得序列 $\{x_K\}$ 的相关系数

$$\gamma_i = \frac{s_i^2}{s_0^2} = \phi_1^i \quad (i \geqslant 1)$$ (8.41)

上式表明,对 $AR(1)$ 模型而言,自相关系数 γ_i 是随着 i 的增大而呈指数衰减的。ϕ_1 越大,

γ_i 衰减得越慢；反之，ϕ_1 越小，γ_i 衰减得越快。γ_i 衰减得快慢直接反映了序列后效性的大小。

对于一般情况，M 阶自回规模型 $AR(M)$ 可写成如下形式

$$x_K = \phi_1 x_{K-1} + \phi_2 x_{K-2} + \cdots + \phi_M x_{K-M} + a_K \tag{8.42}$$
$$a_K \sim \mathrm{NID}(0, \sigma_\alpha^2)$$

可通过求自相关系数和解矩阵方程的方法确定 $AR(M)$ 模型的自回归系数 $\phi_1, \phi_2, \cdots, \phi_M$ 和模型阶次 M。在式 (8.42) 两侧同乘 x_{K-i}，并取数学期望，即可得到

$$\gamma_i = \phi_1 \gamma_{i-1} + \phi_2 \gamma_{i-2} + \cdots + \phi_M \gamma_{i-M} \quad (i = 1, 2, \cdots, M)$$

写成完整形式，即由 M 个线性方程组成的方程组，有

$$\left.\begin{aligned}
\gamma_1 &= \phi_1 \gamma_0 + \phi_2 \gamma_1 + \cdots + \phi_M \gamma_{M-1} \\
\gamma_2 &= \phi_1 \gamma_1 + \phi_2 \gamma_0 + \cdots + \phi_M \gamma_{M-2} \\
&\vdots \\
\gamma_M &= \phi_1 \gamma_{M-1} + \phi_2 \gamma_{M-2} + \cdots + \phi_M \gamma_0
\end{aligned}\right\} \tag{8.43}$$

写成矩阵形式

$$\begin{Bmatrix} \gamma_1 \\ \gamma_2 \\ \vdots \\ \gamma_M \end{Bmatrix} = \begin{Bmatrix} 1 & \gamma_1 & \gamma_2 & \cdots & \gamma_{M-1} \\ \gamma_1 & 1 & \gamma_1 & \cdots & \gamma_{M-2} \\ \vdots & & \vdots & & \vdots \\ \gamma_{M-1} & \gamma_{M-2} & \gamma_{M-3} & \cdots & 1 \end{Bmatrix} \tag{8.44}$$

或写成

$$P = P_K \cdot \Phi$$

由下式可直接解出 $\phi_1, \phi_2, \cdots, \phi_M$

$$\Phi = P_M^{-1} \cdot P \tag{8.45}$$

该式即为著名的 Yule—Walker 方程。解该方程一般采用递推算法，如 Levinson – Durbin 算法。

为提高自回归参数和模型阶次的估计精度，近年来，不断研究出新的求解方法，如目前广泛采用的 Burg 算法，Marple 算法等。

自回归模型及自回归谱分析方法，可有效地对某一物理过程进行预测、特征识别、分析诊断和实时控制等。由于其具有传统方法无法比拟的优越性，所以近年来得到迅速发展。目前已被广泛应用于统计科学、生物医学、地球物理、语音识别、机械振动和噪声测试工程等各个领域。随着与计算机技术的密切结合，自回归模型及其谱分析方法必将有更广泛的应用前景。

思考与练习 8

8.1　一元线性回归模型与一次函数有什么联系？又有什么差别？

8.2　在什么情况下，因变量 y 与自变量 x 之间的线性依赖关系最密切？

8.3　总离差平方和 S、回归平方和 U 及剩余平方和 Q 各代表什么意义？三者之间有什么联系？

8.4　一元线性回归中的剩余方差 s_Q^2 代表什么意义？它在一元线性回归中有哪些

作用?

8.5　显著性检验解决什么问题? 为什么要进行重复测量?

8.6　在重复测量后,求出每个测量点上的观测数据的平均值 $\bar{y}_1, \bar{y}_2, \cdots, \bar{y}_N$ 及由它们产生的 $h_{xx}, h_{x\bar{y}}, h_{\bar{y}\bar{y}}, b_0$ 是否可用下列式子计算,为什么?

$$S = h_{\bar{y}\bar{y}}$$
$$U = bh_{x\bar{y}}$$
$$Q = S - bh_{x\bar{y}}$$

8.7　在一元线性回归中,对因变量 y 产生影响的主要有与 y 存在线性依赖关系的自变量 x,除此之外,还有哪些因素对 y 产生影响? 如何反映它们的大小?

8.8　在什么条件下,一元非线性回归问题可以转化为一元线性回归问题处理? 把曲线回归模型化为线性形式后,对其进行显著性检验是否可以? 为什么?

8.9　多元线性回归与一元线性回归有哪些相似之处?

8.10　多元非线性回归、多项式回归和多元线性回归之间有什么区别和联系?

8.11　电容式位移传感器的位移 x 与输出电压 y 的一组观测数据如下

x_i/mm	1	5	10	15	20	25
y_i/V	0.105 1	0.526 2	1.052 1	1.577 5	2.103 1	2.628 7

(1) 画出点散图;

(2) 求出一元线性回归方程;

(3) 列出方差分析表;

(4) 进行显著性检验。

8.12　12 名青年学生的体重与身高的一组观测数据如下

x_i/kg	65	73	60	68	59	55	75	64	62	65	51	62
y_i/cm	166	168	158	170	160	154	184	188	171	167	165	175

(1) 画出散点图;

(2) 求出一元线性回归方程;

(3) 列出方差分析表;

(4) 进行显著性检验。

8.13　用标准测力机对应变式测力传感器进行校准时,有如下数据

序号	力值 x_i/kN	传感器输出电压 y_{ij}/mV						六次读数平均值 $\bar{y}_i$
		升程 y_{i1}	回程 y_{i2}	升程 y_{i3}	回程 y_{i4}	升程 y_{i5}	回程 y_{i6}	
1	0	0	0.002	0	0.004	0	0.002	0.0013
2	10	4.974	4.960	4.978	4.968	4.970	4.964	4.9690
3	20	9.936	9.930	9.942	9.940	9.941	9.933	9.9370
4	30	14.909	14.904	14.908	14.905	14.907	14.906	14.9065
5	40	19.878	19.871	19.886	19.879	19.884	19.873	19.8785
6	50	24.853	24.853	24.851	24.851	24.854	24.854	24.8527

（1）求出一元线性回归方程；

（2）列出方差分析表；

（3）进行显著性检验。

8.14 试检验第 8.13 题所求回归方程是否可用？并分析误差因素。

8.15 下表是某金属材料强度 x_i 与伸长率 y_i 的一组数据，试求一元线性回归方程。

$x_i/\text{MN} \cdot \text{m}^{-2}$	1	2	3	4	5	6
y_i	15	35	41	63	77	84

8.16 用作图法为第 8.15 题中数据配回归直线。

8.17 试检验第 8.15 题所求回归方程是否可用？并分析误差因素。

8.18 六角形光导纤维的极限分辨率 y_i 与直径 d_i 的关系如下表

直径 d_i/mm	1	2	4	5	6	8	10	12	14	16	18	20	25
极限分辨率 y_i/mm	577	289	144	116	96	82	58	48	41	36	32	29	24

（1）选择适当的曲线模型，并进行检验；

（2）求出曲线回归方程。

8.19 钢质零件的伸长率 y 与含碳量 x 及回火温度 t 有关，下表是一组数据，试求二元线性回归方程。

x	57	64	69	58	59	58	64	58
t	535	535	535	460	460	460	467	490
y	19.25	17.50	18.25	16.25	17.00	16.75	15.50	16.75

8.20 试对第 8.19 题求出的二元线性回归方程进行检验。

附　录

附录1　数学用表

表1　正态分布表

$$\phi(t) = \frac{1}{\sqrt{2\pi}} \int_0^t e^{-\frac{t^2}{2}} dt$$

t	0.00	0.01	0.02	0.03	0.04	0.05	0.06	0.07	0.08	0.09
0.0	0.0000	0.0040	0.0080	0.0120	0.0160	0.0199	0.0239	0.0279	0.0319	0.0359
0.1	0.0398	0.0438	0.0478	0.0517	0.0557	0.0596	0.0636	0.0675	0.0714	0.0753
0.2	0.0793	0.0832	0.0871	0.0910	0.0948	0.0987	0.1026	0.1064	0.1103	0.1141
0.3	0.1179	0.1217	0.1255	0.1293	0.1331	0.1368	0.1406	0.1443	0.1480	0.1517
0.4	0.1554	0.1591	0.1628	0.1664	0.1700	0.1736	0.1772	0.1808	0.1844	0.1879
0.5	0.1915	0.1950	0.1985	0.2019	0.2054	0.2088	0.2123	0.2157	0.2190	0.2224
0.6	0.2257	0.2291	0.2324	0.2357	0.2389	0.2422	0.2454	0.2486	0.2517	0.2549
0.7	0.2580	0.2611	0.2642	0.2673	0.2703	0.2734	0.2764	0.2794	0.2823	0.2852
0.8	0.2881	0.2910	0.2939	0.2967	0.2995	0.3023	0.3051	0.3078	0.3106	0.3133
0.9	0.3159	0.3186	0.3212	0.3238	0.3264	0.3289	0.3315	0.3340	0.3365	0.3389
1.0	0.3413	0.3438	0.3461	0.3485	0.3508	0.3531	0.3554	0.3577	0.3599	0.3621
1.1	0.3643	0.3665	0.3686	0.3708	0.3729	0.3749	0.3770	0.3790	0.3810	0.3830
1.2	0.3849	0.3869	0.3888	0.3907	0.3925	0.3944	0.3962	0.3980	0.3997	0.4015
1.3	0.4032	0.4049	0.4066	0.4082	0.4099	0.4115	0.4131	0.4147	0.4162	0.4177
1.4	0.4192	0.4207	0.4222	0.4236	0.4251	0.4265	0.4279	0.4292	0.4306	0.4319
1.5	0.4332	0.4345	0.4357	0.4370	0.4382	0.4394	0.4406	0.4418	0.4429	0.4441
1.6	0.4452	0.4463	0.4474	0.4484	0.4495	0.4505	0.4515	0.4525	0.4535	0.4545
1.7	0.4554	0.4564	0.4573	0.4582	0.4591	0.4599	0.4608	0.4616	0.4625	0.4633
1.8	0.4641	0.4649	0.4656	0.4664	0.4671	0.4678	0.4686	0.4693	0.4699	0.4706
1.9	0.4713	0.4719	0.4726	0.4732	0.4738	0.4744	0.4750	0.4756	0.4761	0.4767
2.0	0.47725	0.47778	0.47831	0.47882	0.47932	0.47982	0.48030	0.48077	0.48124	0.48169
2.1	0.48214	0.48257	0.48300	0.48341	0.48382	0.48422	0.48461	0.48500	0.48537	0.48574
2.2	0.48610	0.48645	0.48679	0.48713	0.48745	0.48778	0.48809	0.48840	0.48870	0.48899
2.3	0.48928	0.48956	0.48983	0.49010	0.49036	0.49061	0.49086	0.49111	0.49134	0.49158
2.4	0.49180	0.49202	0.49224	0.49245	0.49266	0.49286	0.49305	0.49234	0.49343	0.49361
2.5	0.49379	0.49396	0.49413	0.49430	0.49446	0.49461	0.49477	0.49492	0.49506	0.49520
2.6	0.49534	0.49547	0.49560	0.49573	0.49586	0.49598	0.49609	0.49621	0.49632	0.49643
2.7	0.49653	0.49664	0.49674	0.49683	0.49693	0.49702	0.49711	0.49720	0.49728	0.49736
2.8	0.49744	0.49752	0.49760	0.49767	0.49774	0.49781	0.49788	0.49795	0.49801	0.49807
2.9	0.49813	0.49819	0.49825	0.49831	0.49836	0.49841	0.49846	0.49851	0.49856	0.49861
3.0	0.49865	0.49869	0.49874	0.49878	0.49882	0.49886	0.49889	0.49893	0.49897	0.49900
3.1	0.49903	0.49906	0.49910	0.49913	0.49916	0.49918	0.49921	0.49924	0.49926	0.49929
3.2	0.49931	0.49934	0.49936	0.49938	0.49940	0.49942	0.49944	0.49946	0.49948	0.49950
3.3	0.49952	0.49953	0.49955	0.49957	0.49958	0.49960	0.49961	0.49962	0.49964	0.49965
3.4	0.49966	0.49968	0.49969	0.49970	0.49971	0.49972	0.49973	0.49974	0.49975	0.49976

3.50	0.4997674	3.80	0.49992765	4.10	0.49997934	4.40	0.499994587
3.60	0.4998409	3.90	0.49995190	4.20	0.49998665	4.50	0.499996602
3.70	0.4998922	4.00	0.49996833	4.30	0.499991460	5.00	0.499999713

表2 t 分布的临界值 t_α

$$P(|t| \geqslant t_a) = a$$

（ν_i:自由度,α:显著度）

ν \ α	0.10	0.05	0.01	0.0027	0.001	ν \ α	0.10	0.05	0.01	0.0027	0.001
1	6.314	12.706	63.657	235.80	636.619	20	1.725	2.086	2.845	3.42	3.850
2	2.920	4.303	9.925	19.21	31.598	21	1.721	2.080	2.831	3.40	3.819
3	2.353	3.132	5.841	9.21	12.924	22	1.717	2.074	2.819	3.38	3.792
4	2.132	2.776	4.604	6.62	8.610	23	1.714	2.069	2.807	3.36	3.767
5	2.015	2.571	4.032	5.51	6.859	24	1.711	2.064	2.797	3.34	3.745
6	1.943	2.447	3.707	4.90	5.959	25	1.708	2.060	2.787	3.33	3.725
7	1.895	2.365	3.499	4.53	5.405	26	1.706	2.056	2.779	3.32	3.707
8	1.860	2.306	3.355	4.28	5.041	27	1.703	2.052	2.771	3.30	3.690
9	1.833	2.262	3.250	4.09	4.781	28	1.701	2.048	2.763	3.29	3.674
10	1.812	2.228	3.169	3.96	4.587	29	1.699	2.045	2.756	3.28	3.659
11	1.796	2.201	3.106	3.85	4.437	30	1.697	2.042	2.750	3.27	3.646
12	1.782	2.179	3.055	3.76	4.318	40	1.684	2.021	2.704	3.20	3.551
13	1.771	2.160	3.012	3.69	4.221	50	1.676	2.008	2.677	3.16	3.497
14	1.761	2.145	2.977	3.64	4.140	60	1.671	2.000	2.660	3.13	3.460
15	1.753	2.131	2.947	3.59	4.073	70	1.667	1.995	2.648	3.11	3.436
16	1.746	2.120	2.921	3.54	4.015	80	1.664	1.990	2.639	3.10	3.416
17	1.740	2.110	2.898	3.51	3.965	90	1.662	1.987	2.632	3.09	3.401
18	1.734	2.101	2.878	3.48	3.922	100	1.660	1.984	2.626	3.08	3.391
19	1.729	2.093	2.861	3.45	3.883	∞	1.645	1.960	2.576	3.00	3.291

表3　F 分布表(1)

$$\alpha = 0.10$$

ν_2	ν_1									
	1	2	3	4	5	6	8	12	24	∞
1	39.86	49.50	53.59	55.83	57.24	58.20	59.44	60.70	62.00	63.33
2	8.53	9.00	9.16	9.24	9.29	9.33	9.37	9.41	9.45	9.49
3	5.54	5.46	5.39	5.34	5.31	5.28	5.25	5.22	5.18	5.13
4	4.54	4.32	4.19	4.11	4.05	4.01	3.95	3.90	3.83	3.76
5	4.06	3.78	3.62	3.52	3.45	3.40	3.34	3.27	3.19	3.10
6	3.78	3.46	3.29	3.18	3.11	3.05	2.98	2.90	2.82	2.72
7	3.59	3.26	3.07	2.96	2.88	2.83	2.75	2.67	2.58	2.47
8	3.46	3.11	2.92	2.81	2.73	2.67	2.59	2.50	2.40	2.29
9	3.36	3.01	2.81	2.69	2.61	2.55	2.47	2.38	2.28	2.16
10	3.28	2.92	2.73	2.61	2.52	2.46	2.38	2.28	2.18	2.06
11	3.23	2.86	2.66	2.54	2.45	2.39	2.30	2.21	2.10	1.97
12	3.18	2.81	2.61	2.48	2.39	2.33	2.24	2.15	2.04	1.90
13	3.14	2.76	2.56	2.43	2.35	2.28	2.20	2.10	1.98	1.85
14	3.10	2.73	2.52	2.39	2.31	2.24	2.15	2.05	1.94	1.80
15	3.07	2.70	2.49	2.36	2.27	2.21	2.12	2.02	1.90	1.76
16	3.05	2.67	2.46	2.33	2.24	2.18	2.09	1.99	1.87	1.72
17	3.03	2.64	2.44	2.31	2.22	2.15	2.06	1.96	1.84	1.69
18	3.01	2.62	2.42	2.29	2.20	2.13	2.04	1.93	1.81	1.66
19	2.99	2.61	2.40	2.27	2.18	2.11	2.02	1.91	1.79	1.63
20	2.97	2.59	2.38	2.25	2.16	2.09	2.00	1.89	1.77	1.61
21	2.96	2.57	2.36	2.23	2.14	2.08	1.98	1.88	1.75	1.59
22	2.95	2.56	2.35	2.22	2.13	2.06	1.97	1.86	1.73	1.57
23	2.94	2.55	2.34	2.21	2.11	2.05	1.95	1.84	1.72	1.55
24	2.93	2.54	2.33	2.19	2.10	2.04	1.94	1.83	1.70	1.53
25	2.92	2.53	2.32	2.18	2.09	2.02	1.93	1.82	1.69	1.52
26	2.91	2.52	2.31	2.17	2.08	2.01	1.92	1.81	1.68	1.50
27	2.90	2.51	2.30	2.17	2.07	2.00	1.91	1.80	1.67	1.49
28	2.89	2.50	2.29	2.16	2.06	2.00	1.90	1.79	1.66	1.48
29	2.89	2.50	2.28	2.15	2.06	1.99	1.89	1.78	1.65	1.47
30	2.88	2.49	2.28	2.14	2.05	1.98	1.88	1.77	1.64	1.46
40	2.84	2.44	2.23	2.09	2.00	1.93	1.83	1.71	1.57	1.38
60	2.79	2.39	2.18	2.04	1.95	1.87	1.77	1.66	1.51	1.29
120	2.75	2.35	2.13	1.99	1.90	1.82	1.72	1.60	1.45	1.19
∞	2.71	2.30	2.08	1.94	1.85	1.77	1.67	1.55	1.38	1.00

表3　F分布表(2)

$$\alpha = 0.05$$

ν_2	ν_1									
	1	2	3	4	5	6	8	12	24	∞
1	161.4	199.5	215.7	224.6	230.2	234.0	238.9	243.9	249.0	254.3
2	18.51	19.00	19.16	19.25	19.30	19.33	19.37	19.41	19.45	19.50
3	10.13	9.55	9.28	9.12	9.01	8.94	8.84	8.74	8.64	8.53
4	7.71	6.94	6.59	6.39	6.26	6.16	6.04	5.91	5.77	5.63
5	6.61	5.79	5.41	5.19	5.05	4.95	4.82	4.68	4.53	4.36
6	5.99	5.14	4.76	4.53	4.39	4.28	4.15	4.00	3.84	3.67
7	5.59	4.74	4.35	4.12	3.97	3.87	3.73	3.57	3.41	3.23
8	5.32	4.46	4.07	3.84	3.69	3.58	3.44	3.28	3.12	2.93
9	5.12	4.26	3.86	3.63	3.48	3.37	3.23	3.07	2.90	2.71
10	4.96	4.10	3.71	3.48	3.33	3.22	3.07	2.91	2.74	2.54
11	4.84	3.98	3.59	3.36	3.20	3.09	2.95	2.79	2.61	2.40
12	4.75	3.88	3.49	3.26	3.11	3.00	2.85	2.69	2.50	2.30
13	4.67	3.80	3.41	3.18	3.02	2.92	2.77	2.60	2.42	2.21
14	4.60	3.74	3.34	3.11	2.96	2.85	2.70	2.53	2.35	2.13
15	4.54	3.68	3.29	3.06	2.90	2.79	2.64	2.48	2.29	2.07
16	4.49	3.63	3.24	3.01	2.85	2.74	2.59	2.42	2.24	2.01
17	4.45	3.59	3.20	2.96	2.81	2.70	2.55	2.38	2.19	1.96
18	4.41	3.55	3.16	2.93	2.77	2.66	2.51	2.34	2.15	2.92
19	4.38	3.52	3.13	2.90	2.74	2.63	2.48	2.31	2.11	1.88
20	4.35	3.49	3.10	2.87	2.71	2.60	2.45	2.28	2.08	1.84
21	4.32	3.47	3.07	2.84	2.68	2.57	2.42	2.25	2.05	1.81
22	4.30	3.44	3.05	2.82	2.66	2.55	2.40	2.23	2.03	1.78
23	4.28	3.42	3.03	2.80	2.64	2.53	2.38	2.20	2.00	1.76
24	4.26	3.40	3.01	2.78	2.62	2.51	2.36	2.18	1.98	1.73
25	4.24	3.38	2.99	2.76	2.60	2.49	2.34	2.16	1.96	1.71
26	4.22	3.37	2.98	2.74	2.59	2.47	2.32	2.15	1.95	1.69
27	4.21	3.35	2.96	2.73	2.57	2.46	2.30	2.13	1.93	1.67
28	4.20	3.34	2.95	2.71	2.56	2.44	2.29	2.12	1.91	1.65
29	4.18	3.33	2.93	2.70	2.54	2.43	2.28	2.10	1.90	1.64
30	4.17	3.32	2.92	2.69	2.53	2.42	2.27	2.09	1.89	1.62
40	4.08	3.23	2.84	2.61	2.45	2.34	2.18	2.00	1.79	1.51
60	4.00	3.15	2.76	2.52	2.37	2.25	2.10	1.92	1.70	1.39
120	3.92	3.07	2.68	2.45	2.29	2.17	2.02	1.83	1.61	1.25
∞	3.84	2.99	2.60	2.37	2.21	2.10	1.94	1.75	1.52	1.00

表3 F分布表(3)

$$\alpha = 0.01$$

ν_2	ν_1									
	1	2	3	4	5	6	8	12	24	∞
1	4052	4999.5	5403	5625	5764	5859	5982	6106	6235	6366
2	98.50	99.00	99.17	99.25	99.30	99.33	99.37	99.42	99.46	99.50
3	34.12	30.82	29.46	28.71	28.24	27.91	27.49	27.05	26.60	26.13
4	21.20	18.00	16.69	15.98	15.52	15.52	14.80	14.37	13.93	13.46
5	16.26	13.27	12.06	11.39	10.97	10.67	10.29	9.89	9.47	9.02
6	13.74	10.92	9.78	9.15	8.75	8.49	8.10	7.72	7.31	6.88
7	12.25	9.55	8.45	7.85	7.46	7.19	6.84	6.47	6.07	5.65
8	11.26	8.65	7.59	7.01	6.63	6.37	6.03	5.67	5.28	4.86
9	10.56	8.02	6.99	6.42	6.06	5.80	5.47	5.11	4.73	4.31
10	10.04	7.56	6.55	5.99	5.64	5.39	5.06	4.71	4.33	3.91
11	9.65	7.20	6.22	5.67	5.32	5.07	4.74	4.40	4.02	3.60
12	9.33	6.93	5.95	5.41	5.06	4.82	4.50	4.16	3.78	3.36
13	9.07	6.70	5.74	5.20	4.86	4.62	4.30	3.96	3.59	3.16
14	8.86	6.51	5.56	5.03	4.69	4.46	4.14	3.80	3.43	3.00
15	8.68	6.36	5.42	4.89	4.56	4.32	4.00	3.67	3.29	2.87
16	8.53	6.23	5.29	4.77	4.44	4.20	3.89	3.55	3.18	2.75
17	8.40	6.11	5.18	4.67	4.34	4.10	3.79	3.45	3.08	2.65
18	8.28	6.01	5.09	4.58	4.25	4.01	3.71	3.37	3.00	2.57
19	8.18	5.93	5.01	4.50	4.17	3.94	3.63	3.30	2.92	2.49
20	8.10	5.85	4.94	4.43	4.10	3.87	3.56	3.23	2.86	2.42
21	8.02	5.78	4.87	4.37	4.04	3.81	3.51	3.17	2.80	2.36
22	7.94	5.72	4.82	4.31	3.99	3.76	3.45	3.12	2.75	2.31
23	7.88	5.66	4.76	4.26	3.94	3.71	3.41	3.07	2.70	2.26
24	7.82	5.61	4.72	4.22	3.90	3.67	3.36	3.03	2.66	2.21
25	7.77	5.57	4.68	4.18	3.86	3.63	3.32	2.99	2.62	2.17
26	7.72	5.53	4.64	4.14	3.82	3.59	3.29	2.96	2.58	2.13
27	7.68	5.49	4.60	4.11	3.78	3.56	3.26	2.93	2.55	2.10
28	7.64	5.45	4.57	4.07	3.75	3.53	3.23	2.90	2.52	2.06
29	7.60	5.42	4.54	4.04	3.73	3.50	3.20	2.87	2.49	2.03
30	7.56	5.39	4.51	4.02	3.70	3.47	3.17	2.84	2.47	2.01
40	7.31	5.18	4.31	3.83	3.51	3.29	2.99	2.66	2.29	1.80
60	7.08	4.98	4.13	3.65	3.34	3.12	2.82	2.50	2.12	1.60
120	6.85	4.79	3.95	3.48	3.17	2.96	2.66	2.34	1.95	1.38
∞	6.64	4.60	3.78	3.32	3.02	2.80	2.51	2.18	1.79	1.00

附录2　中华人民共和国法定计量单位

我国的法定计量单位(以下简称法定单位)包括:

(1)国际单位制的基本单位(见表1);

(2)国际单位制的辅助单位(见表2);

(3)国际单位制中具有专门名称的导出单位(见表3);

(4)国家选定的非国际单位制单位(见表4);

(5)由以上单位构成的组合形式的单位;

(6)由词头和以上单位所构成的十进倍数和分数单位(词头见表5)。

法定单位的意义、使用方法等,由国家计量局另行规定。

表1　国际单位制的基本单位

量 的 名 称	单 位 名 称	单 位 符 号
长　　度	米	m
质　　量	千克(公斤)	kg
时　　间	秒	s
电　　流	安〔培〕	A
热力学温度	开〔尔文〕	K
物 质 的 量	摩〔尔〕	mol
发 光 强 度	坎〔德拉〕	cd

表2　国际单位制的辅助单位

量 的 名 称	单 位 名 称	单 位 符 号
平 面 角	弧　　度	rad
立 体 角	球 面 度	sr

表3　国际单位制中具有专门名称的导出单位

量 的 名 称	单 位 名 称	单位符号	其他表示式例
频　　率	赫[兹]	Hz	s^{-1}
力;重力	牛[顿]	N	$kg \cdot m/s^2$
压力,压强;应力	帕[斯卡]	Pa	N/m^2
能量;功;热	焦[耳]	J	$N \cdot m$
功率;辐射通量	瓦[特]	W	J/s
电荷量	库[仑]	C	$A \cdot s$

续表3

量 的 名 称	单 位 名 称	单位符号	其他表示式例
电位;电压;电动势	伏[特]	V	W/A
电 容	法[拉]	F	C/V
电 阻	欧[姆]	Ω	V/A
电 导	西[门子]	S	A/V
磁 通 量	韦[伯]	Wb	V·s
磁通量密度,磁感应强度	特[斯拉]	T	Wb/m^2
电 感	亨[利]	H	Wb/A
摄氏温度	摄氏度	℃	
光 通 量	流[明]	lm	cd·sr
光 照 度	勒[克斯]	lx	lm/m^2
放射性活度	贝可[勒尔]	Bq	s^{-1}
吸收剂量	戈[瑞]	Gy	J/kg
剂量当量	希[沃特]	Sv	J/kg

表4 国家选定的非国际单位制单位

量的名称	单 位 名 称	单位符号	换算关系和说明
时间	分	min	1 min = 60 s
	[小]时	h	1 h = 60 min = 3 600 s
	天(日)	d	1 d = 24 h = 86 400 s
平 面 角	[角]秒	(″)	$1'' = (\pi/648\,000)\,rad$(π 为圆周率)
	[角]分	(′)	$1' = 60'' = (\pi/10\,800)\,rad$
	度	(°)	$1° = 60' = (\pi/180)\,rad$
旋转速度	转每分	r/min	$1\,r/min = (1/60)\,s^{-1}$
长 度	海 里	n mile	1n mile = 1 852 m（只用于航程）
速 度	节	kn	1kn = 1n mile/h = (1 852/3 600)m/s（只用于航行）
质 量	吨	t	$1\,t = 10^3\,kg$
	原子质量单位	u	$1u \approx 1.660\,565\,5 \times 10^{-27}\,kg$
体 积	升	L(l)	$1\,L = 1\,dm^3 = 10^{-3}\,m^3$
能	电子伏	eV	$1eV \approx 1.602\,189\,2 \times 10^{-19}\,J$
级 差	分 贝	dB	
线密度	特[克斯]	tex	1tex = 1 g/km

表5　用于构成十进倍数和分数单位的词头

所 表 示 的 因 数	词 头 名 称	词 头 符 号
10^{18}	艾[可萨]	E
10^{15}	拍[它]	P
10^{12}	太[拉]	T
10^{9}	吉[咖]	G
10^{6}	兆	M
10^{3}	千	k
10^{2}	百	h
10^{1}	十	da
10^{-1}	分	d
10^{-2}	厘	c
10^{-3}	毫	m
10^{-6}	微	μ
10^{-9}	纳[诺]	n
10^{-12}	皮[可]	p
10^{-15}	飞[母托]	f
10^{-18}	阿[托]	a

注:1.周、月、年(年的符号为 a),为一般常用时间单位。

　2.[ ] 内的字,是在不致混淆的情况下,可以省略的字。

　3.( ) 内的字为前者的同义语。

　4.角度单位度分秒的符号不处于数字后时,用括弧。

　5.升的符号中,小写字母 l 为备用符号。

　6.r 为"转" 的符号。

　7.人民生活和贸易中,质量习惯称为重量。

　8.公里为千米的俗称,符号为 km。

　9.10^{4} 称为万,10^{8} 称为亿,10^{12} 称为万亿,这类数词的使用不受词头名称的影响,但不应与词头混淆。

附录3　国际计量局关于表述不确定度的工作组的建议书INC-1(1980)

1. 测量结果的不确定度一般包含几个分量,按其数值的评定方法,这些分量可以归入两类:

A 类 —— 用统计方法计算的分量;　　　　B 类 —— 用其他方法计算的分量。

将不确定度区分为 A 类和 B 类与按过去的方法将不确定度区分为"随机的"和"系统的",这两者之间不一定存在一种简单的对应关系。"系统不确定度"这一述语可能引起误解,应避免使用。

任何详细的不确定度报告应该完整地列出其各分量,并应说明每个分量数值获得的方法。

2. A 类分量用估计的方差 s_i^2(或估计的标准差 s_i)及自由度 ν_i 表征。必要时,应给出估计的协方差。

3. B 类分量用量 u_j^2 表征,可以认为 u 是假设存在的相应方差的近似,可以象处理方差那样处理 u_i,可以象处理标准差那样处理 u_j。必要时,也应给出协方差。

4. 用通常合成方差的方法可以得到表征合成不确定度的数值。合成不确定度及其各分量用标准差的形式来表示。

5. 对于特殊用途,或须对合成不确定度乘以一个因子,以获得总不确定度,则必须说明这一因子的数值。

练习题答案

1.16　两台秤相对误差分别为 0.4% 和 0.5%，第一台秤精度高。

1.17　二种情况下的相对误差分别为 0.3% 和 0.4%，故有把握射中靶子。

1.18　测量的最大绝对误差为 6.25 V，故不能保证测量绝对误差不超过 ±5 V。

1.19　最大误差为 0.15% < 0.2%，该电流表合格。

1.20　分别为 3，3，2，3，2 位。

1.21　(1)26.41，　(2)4.8 × 10^{12}，　(3)79.288，　(4)36.9，　(5)1.54。

1.22　(1)0.19%，　(2)0.019%，　(3)0.19%，故数据(2)精度高。

2.21　$P(|\delta| < 4\sigma) = 0.999\ 937, P(|\delta| > 4\sigma) = 0.000\ 063$。

2.22　$P(|\delta| < 4\sigma) = 0.992, P(\delta > 0.04) = 0.004, P(\delta < -0.04) = 0.004$。

2.23　$\Delta = 0.041$ g。

2.24　$\sigma = 1.7 \times 10^{-3}$。

2.25　$P(-0.10 \le \delta \le 0.10) = 0.962\ 3$。

2.26　$\sigma = 0.003\ 5$。

2.27　$P(-\sigma \le \delta \le \sigma) = 0.5$。

2.28　加工误差服从正态分布，$\hat{\mu} = 5.001$ mm，$s = 0.006$ mm。

2.29　$\delta_{mas} = 0.86$ μm。

2.30　(1)$\delta_1 = 11$ μm　(2)$\delta_2 = 0.11$ μm。

2.31　$\delta = \sqrt{d^2 - 4a^2} - d$。

2.32　$\delta = \dfrac{1}{6}l\alpha^3$。

2.33　有系统误差。

2.34　有系统误差。

3.11　$\delta = -0.000\ 3$ mm。

3.12　$\delta V = 760$ cm^3。

3.13　$\delta P = 1.3 \times 10^2$ mW。

3.14　$\delta_a = \dfrac{1}{M}\delta F - \dfrac{F}{M^2}\delta M$。

3.15　$\omega = 712°47'48''/s, \delta\omega = 19.34''/s$。

3.16　$a_i = \dfrac{-\pi d^2 R}{4l^2}, a_d = \dfrac{\pi dR}{2l}, a_R = \dfrac{\pi d^2}{4l}$。

3.20　$\delta_a < 0.005$ mm。

3.21　$\delta l = \dfrac{P}{2\pi}\delta\omega$。

3.22　$\Delta = 0.003$ mm。

4.19　$\bar{\theta} = 30'27''$，　　$s_{\bar{\theta}} = 3''$。

4.20　$\bar{l} = 346.5393$ m，$s_l = 4.6$ mm。

4.21　$n \geqslant 4$。

4.22　$n \geqslant 3$。

4.23　$p_i = 1.5$。

4.24　$p_{\bar{x}} = \sum_1^n p_i$。

4.25　$\bar{m}_p = 6.85$ g,　　$s_{\bar{m}p} = 0.02$ g。

4.26　$\bar{L}_p = 521.39$ m,　　$s_{\bar{L}p} = 0.12$ m。

4.27　$\bar{x}_p = 150.243$,　　$s_{\bar{x}p} = 0.006$。

4.28　$l = 2.97$ m。

4.29　$\varepsilon = 29.5$ cm^3。

4.30　$\varepsilon = -0.4$ μm。

4.31　$y = 9.22 + 22.19\sin(x + 341°53') + 4.44\sin(2x + 129°04') +$
　　　　$3.84\sin(3x + 59°10') + 1.24\sin(4x + 329°55') +$
　　　　$1.18\sin(5x + 149°32') + 0.25\cos 6x$

4.32　3.05 为异常数据。

4.33　26.8 为异常数据。

5.25　$s = 0.27, s - s' = -0.02, s_S = 0.10$。

5.26　按矩法 $s = 0.242$,按贝塞尔公式 $s = 0.270$,按修正的贝塞尔公式 $s = 0.287$,按极差法 $s = 0.301$,按最大误差法 $s = 0.266$,按别捷尔斯公式 $s = 0.233$。

5.27　按矩法 $s = 0.005\,30$,按贝塞尔公式 $s = 0.005\,59$,按修正后的贝塞尔公式 $s = 0.005\,74$,按极差法 $s = 0.005\,85$,按最大误差法 $s = 0.005\,19$,按别捷尔斯公式 $s = 0.005\,94$。

5.28　按贝塞尔公式 $3s = 0.57$,按极差法 $3s = 0.58$。

5.29　$3s = 32$ μm。

5.30　$V = 294.5 \times 10^6$ mm^3,　　$s_V = 1.4 \times 10^6$ mm^3。

5.31　$P = 18.9W$,　　$s_p = 0.5W$。

5.32　$s_c = 7''$。

5.33　$s = 10s_0$。

5.34　$U_l = 2.5$ mm。

5.35　$U = 0.00075$ mm。

5.36　$U_{HB} = 10$ N/mm。

5.37　$U_L = 0.035$ mm。

5.38　$U_l = 0.0031$ mm。

5.39　$\bar{U}_{\bar{x}} = 0.03$ mm。

5.40　$N = 4$。

5.41　$U_{99\bar{x}} = 7.3$,　　$K = 2.63$,　　$\nu_e = 95$。

5.42　$U_{95} = 0.46$,　　$K = 2.57$,　　$\nu = 5$。

5.43　$u = 13$。

5.44　$\nu_e = 43$。

5.45 $\quad U_{99} = 0.54$, $\qquad K = 2.64$, $\qquad \nu = 74$。

5.46 $\quad U_{99} = 4$, $\qquad K = 2.78$, $\qquad \nu_e = 26$。

5.47 $\quad \alpha = 2°59'40'' \pm 18''$。

5.48 $\quad \gamma = 0.77$。

5.49 $\quad \gamma = -0.13$。

5.50 $\quad \gamma = \sqrt{\dfrac{p_i}{\sum\limits_{i=1}^{n} p_i}}$。

5.51 $\quad \gamma = \dfrac{s_s}{s_1 \cdot s_2}$。

5.52 $\quad \gamma_{vix} = 0$。

6.12 $\quad 3.2\%$。

6.13 $\quad s = 3.5 \text{ mm}$, $\quad s' = 3.1 \text{ mm}$, $\qquad s'' = 3.4 \text{ mm}$。

6.14 $\quad (U - U')/U = 20\%$。

6.15 $\quad U_c = 4 \ \mu\text{m}, (U - U')/U = 6\%$。

6.16 $\quad U = 0.47 \ ℃$。

6.17 $\quad s_1 = 0.007 \text{ mm}$, $\quad s_2 = 0.015 \text{ mm}$, $\quad s_3 = 0.029 \text{ mm}$。

6.18 $\quad U_S = 8 \text{ cm}, U_\alpha = 1.7'$。

6.20 $\quad s = 2h$。

6.21 $\quad x = \dfrac{1}{2}a$。

6.22 $\quad l \gg h$。

7.15 $\quad x_1 = 5.24 \text{ mm}$, $\quad x_2 = 4.92 \text{ mm}$, $\quad u_{x1} = 0.03 \text{ mm}$, $\quad u_{x2} = 0.03 \text{ mm}$。

7.16 $\quad x_1 = 10.0125$, $\quad x_2 = 10.0093$, $\quad x_3 = 10.0033$,

　　　$u_{x1} = 0.0009$, $\quad u_{x2} = 0.0009$, $\quad u_{x3} = 0.0009$。

7.17 $\quad R_1 = 2.1077 \ \Omega$, $\quad R_2 = 1.0107 \ \Omega$。 $\quad u_{R1} = 0.0038 \ \Omega$, $\quad u_{R2} = 0.0038 \ \Omega$。

7.18 $\quad a = 70.76 \ \Omega$, $\quad b = 0.288 \ \Omega/℃$。

7.19 $\quad K_0 = 43.432 \text{ N}$, $\quad K = 0.01152 \text{ N}/℃$。

7.20 $\quad \varepsilon_0 = 1.098 \ \mu\text{m}$, $\quad a = 8.6155 \ \mu\text{m}/℃$, $\quad b = 0.001806 \ \mu\text{m}/℃$,

　　　$u_{\varepsilon 0} = 0.195 \ \mu\text{m}$, $\quad u_a = 0.0237 \ \mu\text{m}/℃, u_b = 0.000652 \ \mu\text{m}/℃$。

7.21 $\quad x = 5.251$, $\quad y = 2.501$; $\quad u_x = 0.014$, $\quad u_y = 0.014$。

7.22 $\quad x_1 = 1.6312$, $\quad x_2 = 0.5111$。

7.23 $\quad u_{x1} = 0.00062$, $\quad u_{x1} = 0.00114$。

7.24 $\quad v_1 = -0.06 - 3.73\delta_1$, $\quad v_2 = -0.09 - (1.26\delta_1 + 1.86\delta_2)$, $\quad v_3 = -2\delta_1$,

　　　$v_4 = -(\delta_1 + \delta_2)$。

7.25 $\quad x_1 = 1.85$, $\quad x_2 = 1.23$, $\quad u_{x1} = 0.01$, $\quad u_{x2} = 0.02$。

7.26 $\quad C_1 = 0.20661 \ \mu\text{F}$, $\quad C_2 = 0.20512 \ \mu\text{F}$, $\quad u_{c1} = 0.00063 \ \mu\text{F}$,

　　　$u_{c2} = 0.00063 \ \mu\text{F}$。

8.11　(2)　$\hat{y} = 0.000\,35 + 0.105\,14x$,

(3)

来　　源	平方和	自由度	方　　差	F	显著性
U	4.569 20	1	0.000 01	4.57×10^5	0.01
Q	0.000 4	4			
S	4.569 24	5			

(4) 高度显著 $F = 4.57 \times 10^5 \gg F_{\alpha = 0.01}(1,4) = 21.2$

8.12　(2)　$\hat{y} = 117.60 + 0.81x$,

(3)

来　　源	平方和	自由度	方　　差	F	显著性
U	334.94	1	8.65	4.47	0.1
Q	748.73	10			
S	1 083.67	11			

(4) 显著　$F = 4.47 > F_{a = 0.1}(1,10) = 3.28$。

8.13　(1)　$\hat{y} = -0.001\,1 + 4.970\,1x$,

(2)

来　　源	平方和	自由度	方　　差	F	显著性
U	432.2869	1	0.0009	4.67×10^5	0.01
Q	0.0037	4			
S	432.2906	5			

(3) 高度显著　$F = 4.67 \times 10^5 \gg F_{a = 0.01}(1,4) = 21.2$。

8.14　回归方程可用。

8.16　$\hat{y} = -3.7 + 17x$。

8.17　回归方程可用。

8.18　$\hat{y} = 0.100\,91x^{-0.996\,08}$。

8.19　$\hat{y} = 7.989\,5 - 0.105\,2x + 0.031\,6t$。

8.20　显著　$F = 8.43 > F_{a = 0.05}(2,5) = 5.79$。

参考文献

[1] 黑龙江省标准计量管理局,哈尔滨工业大学. 长度计量手册[M]. 北京:科学出版社,1979.

[2] 鲁绍曾. 现代计量学概论[M]. 北京:中国计量出版社. 1988.

[3] 国家质量技术监督局. JJG1001 - 1998通用计量术语及定义[M]. 北京:中国计量出版社. 1998.

[4] 李慎安. 法定计量单位应用手册[M]. 北京:机械工业出版社. 1995.

[5] 费史·M. 概率论及数理统计[M]. 王福保,译. 上海:上海科学技术出版社. 1962.

[6] 郑绍濂. 概率论与数理统计[M]. 上海:上海科学技术出版社,1978.

[7] 中山大学力学系. 概率论与数理统计[M]. 北京:人民教育出版社,1981.

[8] 肖明耀. 误差理论与应用[M]. 北京:中国计量出版社,1985.

[9] 诺维茨基·Π·B,佐格拉夫·И·A. 测量结果误差估计[M]. 康广庸,译. 北京:中国计量出版社,1990.

[10] 坎皮恩·P·J. 详细表述准确度的实用规则[M]. 李琳培,译. 北京:原子能出版社,1979.

[11] 国家质量技术监督局. JJF1059 - 1999测量不确定度评定与表示[M]. 北京:中国计量出版社,1999.

[12] 国家质量技术监督局计量司. 测量不确定度评定与表示指南[M]. 北京:中国计量出版社. 2000.

[13] 叶德培. 测量不确定度[M]. 北京:国防工业出版社. 1996.

[14] 李慎安. 测量不确定度及检测辞典[M]. 北京:中国计量出版社,1996.

[15] 刘智敏. 测量不确定度手册[M]. 北京:中国计量出版社,1997.

[16] 陈奕钦. 测量不确定度"'93国际指南"应用实例[M]. 北京:中国计量出版社,1998.

[17] 钱钟泰. 执行测量不确定度表示指南ISO1993(E)的问题及解决方法[M]. 北京:中国计量出版社,1999.

[18] 武汉测绘学院. 最小二乘法[M]. 北京:中国工业出版社,1961.

[19] 中国科学院数学研究所数理统计组. 回归分析方法[M]. 北京:科学出版社. 1978.

[20] 上海师范大学概率统计教研组. 回归分析及其实验设计[M]. 上海:上海教育出版

社. 1978.

[21] 潘迪特·S·M, 吴宪民. 时间序列及系统分析与应用[M]. 北京: 机械工业出版社, 1988.

[22] 王宏禹. 随机数字信号处理[M]. 北京: 科学出版社, 1988.

[23] 吕杨生, 边奠生. 随机信号处理导论[M]. 天津: 天津大学出版社, 1988.

[24] 黄俊钦. 静动态科学模型的实用建模方法[M]. 北京: 机械工业出版社, 1988.